公元787年，唐封疆大吏马总集诸子精华，编著成《意林》一书6卷，流传至今

意林：始于公元787年，距今1200余年

意林®

一则故事　改变一生

意林青年励志馆

你只是在努力，而别人是在拼尽全力

《意林》图书部　编

吉林摄影出版社
·长春·

青年励志馆系列

图书在版编目（CIP）数据

你只是在努力，而别人是在拼尽全力 /《意林》图书部编. — 长春：吉林摄影出版社，2022.1

（意林青年励志馆）

ISBN 978-7-5498-4788-4

Ⅰ.①你… Ⅱ.①意… Ⅲ.①成功心理－青年读物 Ⅳ.①B848.4-49

中国版本图书馆CIP数据核字(2022)第002805号

你只是在努力，而别人是在拼尽全力 NI ZHISHI ZAI NULI, ER BIEREN SHI ZAI PINJIN QUANLI

出版人 车 强
主 编 杜普洲
责任编辑 王维夏
总策划 徐 晶
策划编辑 王征彬
封面设计 资 源
封面供图 耘 星
美术编辑 刘海燕
发行总监 王俊杰
开 本 889mm×1194mm 1/16
字 数 340千字
印 张 11
版 次 2022年1月第1版
印 次 2024年1月第3次印刷

出 版 吉林摄影出版社
发 行 吉林摄影出版社
地 址 长春市净月高新技术开发区福祉大路5788号
邮 编：130118
电 话 总编办：0431-81629821
发行科：0431-81629829
网 址 www.jlsycbs.net
经 销 全国各地新华书店
印 刷 河北盛世彩捷印刷有限公司

书 号 ISBN 978-7-5498-4788-4 **定价** 36.00元

启 事

本书编选时参阅了部分报刊和著作，我们未能与部分作品的文字作者、漫画作者以及插画作者取得联系，在此深表歉意。请各位作者见到本书后及时与我们联系，以便按国家相关规定支付稿酬及赠送样书。

地址：北京市朝阳区南磨房路37号华腾北搪商务大厦1501室《意林》图书部（100022）

电话：010-51908630转8013

目　录

CONTENTS

1 去看世界的繁盛，在美好的年华出发吧

2 时间不会为谁停留，要做更好的自己

3 有不一样的格局，便有不一样的人生

4 目标很重要，但也要掌握做对事情的方法

5 做迎难而上的有心人，别只是看起来很努力

6 永远奋勇向前，但切勿忽视沿途的风景

1 去看世界的繁盛，在美好的年华出发吧

告诉他们，我度过了美好的一生

□慕容素衣

那年冬天，我遇到了阅读上最大的收获——毛姆的文字。是它告诉我，好的小说是没有国界的，阅读无非是心灵和心灵之间的会晤。这个世界上，不管相隔多远，总是存在着一些相似的灵魂。

我读的第一本毛姆的作品是《月亮和六便士》，当时的阅读感受可以用“石破天惊”来形容。而在这里，我主要想谈他的另一本杰作《刀锋》。毛姆的小说，最动人的始终是人物，即使是一个小配角，在他笔下都血肉丰满。读过《刀锋》的人，十有八九都会被拉里的人格魅力所感染，就像书中出现的伊莎贝尔、苏珊、索菲、格雷等人一样，即使不认同拉里的生活方式，也会不由自主地被他吸引。

如果不是塑造出了拉里这样一个小说史上少有的人物形象，《刀锋》的故事实在是乏善可陈。书中讲述了一个美国青年拉里，第二次世界大战时以空军身份参加了战争，因为目睹了一位好友因救他而死亡，从而对人生的终极意义产生了疑问。

退役后，他拒绝就业，并因此与未婚妻伊莎贝尔解除婚约。靠着祖上的一点儿薄产，终日游荡，在世界各地漂泊，终于在印度的吠陀哲学中找到了安宁。最后，他散去家产，选择回美国做一名出租车司机，以终天年。

拉里的一生是无所事事而又上下求索的一生。当身边的人都忙于工作忙着挣钱时，他微笑着对未婚妻伊莎贝尔说：“亲爱的，我不想工作，我只想晃膀子。”我相信不只是伊莎贝尔，很多读者听到他的回答都会气愤得发抖，这叫什么话？对我们大多数人来说，生活常常和工作浑然一体，我们无法想象没有工作的生活，就像小说中的格雷一样，工作就是他的兴奋剂，失业回家让他陷入万劫不复之地。

可是拉里偏不，他明确表示自己对成就事业毫无兴趣，他宁愿把时间都花在苦读和思考上。于是，当格雷们做着股票经纪人时，拉里却躲进巴黎的图书馆内苦读；当艾略特们忙着和所谓的上流社会应酬时，拉里却跑到印度的深山中去冥想。

你要是认为拉里立志做大学问家，那就错了。

俗话说，知识就是财富，可是拉里的头脑中完全没有一丝一毫学以致用的念头，他求知若渴，只不过是出于对知识本身的热爱，他从来没有想过要把脑子里的知识化为黄金屋和千钟粟。他也撰写著作，但只是印刷数册赠送亲友而已，压根儿没想过要藏之名山，以待后世。

建功立业，著书立说，一生劳碌，归根到底，是因为我们急于在世上留下自己的印记。“君子疾没世而名不称焉”，我们是多么害怕自己泯然于众人，对大多数人来说，一想到自己要默默无闻地死去，就觉得这一生白活了。

拉里却完全没有这方面的恐惧，他博览群书，精通几国语言，最后却选择隐于人海，做一名体力劳动者。苏轼有句诗说，“万人如海一身藏”，说的就是这种状况。对拉里这样的人来说，无论避身于印度的莽莽山林，还是生活在纽约这样的闹市，都不会影响他的修行。他是一位真正的修行者，终其一生都在追求纯粹的精神生活，即使身居陋室也能甘之如饴。

记得读研的时候，和一位我非常敬爱的老师聊天。他说，他有位导师精研庄子多年，但从没有写过有关庄子的论文。一次，他问那位导师：“您做了那么多研究，为什么不写写呢？不然大家还和我一样，误以为您对这方面完全没有见解呢。”导师回答他说：“难道我们读了什么书，有过什么想法，非得让人知道吗？”

我想要是拉里听了这话，说不定会从书中跳出来和这位导师亲切握手。他们可能早就认识到，人这一生就像飞鸟掠空，无处留痕。我们读过的那些书，走过的那些路，唯一的作用只是让我们成为自己。至于是否留下印记，和生命本身相比，就显得微不足道了。

这样的人生值得一过吗？

拉里的原型、哲学家维特根斯坦在临死前留下一句话：“告诉他们，我度过了美好的一生。”

人生哪件事不苦

□连　岳

时间表面上是客观的，一天 24 小时，不增一秒，不减一秒。但它更像主观的，如许渊冲先生所说，没记住的时间，就不算是活。这就是说，一天可能是 0 小时，不存在；一天也可能是无限长，成为永恒。像许先生这样的创造者，他的一天，他的一生，通过他的作品，一直被人记住，他的生命就不会结束。

做自己喜欢的事，同时，这事为人所喜欢。悦己悦人，就是真正地活着。许渊冲先生喜欢的事是翻译，尤其是将几乎不可译的中国古诗译成外文。所以，不能误解他说的喜欢。他喜欢的，不是许多人喜欢的偷懒、混日子、投机取巧，而是实实在在的、艰苦的创作。他说的喜欢，应理解为尽自己的责任。翻译家的责任是翻译，但翻译本身很辛苦，只有意识到它是自己的责任，这辛苦才会转化成喜欢。

责任感是真正的喜欢之源。不然的话，人生哪件事不苦？识字苦、学习苦、工作苦、养家苦……没有责任感，则事事逃避，天天偷懒。有了责任感，才会在人生的每一个阶段接受那些苦，驾驭那些苦，最后由苦生乐。责任感并非负担，而是最持久的快乐之源。

你应该有一个秘密项目

□万维钢

1

张益唐是北大数学系毕业的，20世纪80年代到美国留学，因未能早早得到数学界的承认，找不到好职位，只好一直漂泊。有时候经济紧张，他还会去餐馆客串会计。

但是，张益唐一直在做自己的研究，而且是最高级的数学研究。那不是正式的工作，没有经费，也没有报酬，没有人问他在做什么，但是他非得做。终于有一天，张益唐完成了破解“孪生素数猜想”的关键一步，一鸣惊人。

我要说的是，你也应该有个秘密项目。这种感觉很好。平时该上班上班，自己私下干一件大事。这个项目不是普通的业余爱好，非常严肃认真，每天都取得进展，直到达到很高的水平。

那你可能会说，如果真是好项目，为什么非得秘密做呢？全职做不是更好？其实关键不是全职还是兼职，而是你做的这个项目，要有一点“疏离感”。也就是说你不应该跟一大帮人在一起凑热闹，应该独立地干。因为疏离感能激发创造性。

2

最近有一本新书叫《怪人：在局内人的世界里做一个局外人》，作者是奥尔加·卡赞。卡赞从小跟着家人以移民的身份在美国生活，因难以融入同学们的“主流文化”，被视为怪人。但她发现，怪人其实也有优势，就是更富有创造性。

这本书里所谓的怪人，是没有融入集体的人，用王小波的话说就是“特立独行”的人。而有研究发现，不融入集体，能刺激一个人的特立独行。

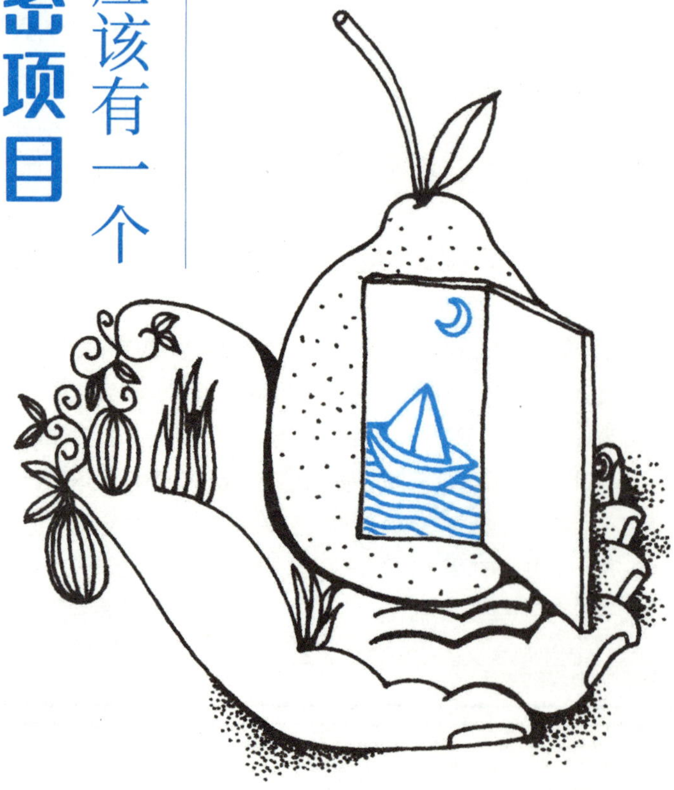

书中讲到一个实验，召集一帮受试者来做测试“创造性思维”的题。比如，能不能发现词汇之间的有趣联系，以及让你画一个外星人，你怎么画。

实验中，有的受试者是来了就开始做题，而有的受试者，被给了一个“你被孤立起来了”的心理暗示。实验人员会特意告诉后一种人，说我们有个组，别人都进组了，但名额有限，所以你不是组的成员，你要自己做。而事实上，根本就没有什么组。

结果那些获得孤立心理暗示的人，发挥了更强的创造性。他们的词汇题分数更高不说，画外星人更是放飞了自我。普通受试者画的外星人大都没有脱离经典的“火星人”卡通形象，而“孤立者”却能大胆想象：他们会让外星人的胳膊、腿等都长在身体的同一边，让眼睛长在鼻子下面。

孤立，能让你更大胆地思考。卡赞引用了一些案例，说明创造力强的人物常常是有点疏离感的人。比如，艺术家和作家小时候常常是被视为有点怪、有点特殊的孩子，最有创造性的建筑师常常是小时候经常跟着父母搬家的孩子，他们在内心永远都觉得自己是所在街区的外来者。

这样的例子我也可以补充几个。比如，爱因斯坦不但从小跟社会疏离，而且成为物理学家之后也跟整个物理学界疏离。杨振宁形容爱因斯坦是个“孤持”的人，说这正是他做出伟大发现的一个必要条件。

三

“孤持”跟“孤独”不一样，它有几分主动的意味——孤独，但是我坚持如此。为什么孤持的人创造力强呢？卡赞引用一些研究说明，这是因为“外来者”这个心态，能给人带来不一样的视角。

比如，那些在一个国家出生，然后在另一个国家长大的孩子，因为从小接触两种文化，创造力就更强。你别看他们可能连当地语言都说得磕磕巴巴，更不知道当地最流行的通俗文化，但是他们更善于理解复杂问题，处理互相矛盾的信息，以及应对不确定性。

创造是想法的连接，而越遥远的连接，往往越有意思。

外来者能提供一些来自边缘的连接。他们可能不太擅长“融入”圈子，但是他们能帮着扩大圈子。爱因斯坦出生在德国，他最反感德国式的教育，第一份工作是在专利局当助理鉴定员，但是他私下在研究物理学。像这样的人常常能身体在这里、心思在别处。所以，疏离的本质不是玩不好大家都在玩的东西，而是自己在玩另一套东西。

但是，你不能说专利局的工作耽误了爱因斯坦。事实上他多次表示，那段一心二用的经历对自己搞物理研究帮助很大，他获得了独特的眼光。

如果一个人处处扎堆，哪里热闹就去哪里，有什么新闻热点他全知道，有什么时髦的事情他必定跟进，这样的人日子会过得很有意思，因为他代表所在圈子的水平——但是他不能给这个圈子贡献新东西。所以哪怕你的主业就是你最感兴趣的工作，你也应该在主业之外再弄个秘密项目，那个项目至少能让你吸收圈外的营养。

有时候仅仅做个孤独者，干脆不怎么跟人交流，也能提高创造力。有一个创新理论叫“基因漂变”，说的是有时候因为交流少，没有互相模仿，反而多样性更强。

以此说来，张益唐没做全职数学家反而可能还是件好事。他不用担心科研经费，不用跟风发论文，不用找热门课题凑热闹，不用处处模仿别人。他自己干，反而做了别人不敢做的课题，找到了别人想不到的解法。所以秘密项目的另一个好处是，因为它是秘密的，你就不会跟那个圈子有太过密切的交流，能保留一些独创性。

祝你找到自己的秘密项目。有这个项目在，你的感觉会很好。你再也不会感到孤独，创造者的知己一般都不在本乡本土：你跟远方的某些事物连接在一起，你比别人多了一重生活，你有一个难以与人言说的秘密。

远走他乡

□虹　影

小时候，父亲说，人应该像江水一样，朝自己的目的地流去，遇到阻碍，若不能直接过去，就绕过去，但是不能停下。这些话对我来说非常重要。

上小学第一天，父亲送我去。我因为害怕，紧抓着父亲的手，他带我到小学转，看到一口井，叮嘱我：“这口井里的水，以后千万别喝。”

“别人喝，怎么办？”

“你别喝就行。”

“喝不得？”

“就是，你喝了就会两脚生根，记住没有？”父亲不耐烦了，“你长大后得远走他乡，才有志气。”

我后来真的没喝过那井水，不管天有多热，我都不喝。同学和老师都喝。父亲要我远走他乡，就是把一种梦想传给我，这也许是他心底的期待。

人生只有一天的世界

□［美］阿兰·莱特曼　译／黄纪苏

设想人在世上只能活一天。或是心跳呼吸加速，把一生压缩在地球自转一圈的时间里，或是地球自转放慢，慢得自转一圈需要百年。怎么说都成立，无论哪种情况，人都只能见到一次日升、一次日落。

在这个世界里，没人目睹过节气的变化。12月里随便哪个欧洲国家出生的人，绝见不到风信子、百合、紫菀、仙客来，还有火绒草，见不到枫叶斑斓，听不到虫吟鸟唱。12月出生的人一辈子冷兮兮。同样，7月出生的人，脸上没落过雪花，没见过一湖冰晶，没听过靴子踏雪声。

在这个世界里，人生是根据光的明暗来设计的。日暮降生的人头半辈子在夜里，便学些诸如编织修表的室内营生。他们博览多思，吃得太多，惧怕外面广大的漆黑，喜好玩味影子。早晨出生的人学种田砌墙之类的户外行当，好身板，讨厌书，不动脑子，爽朗自信，天不怕地不怕。

小暮生、小晨生们赶上光线变化便乱了套，太阳升起，暮生撞见树木海洋山峦，被天光耀得睁不开眼，于是回到家里，拉上窗帘，在半明半暗中了此残生。夜幕降临，晨生看不到鸟的飞去飞还，海的浅碧深蓝，云的懒懒洋洋，不禁号啕。

在这个人生只有一天的世界里，人们盯住时间，就像猫竖起耳朵听阁楼上的动静。光阴虚掷不得。出生、上学、恋爱、结婚、工作、老年，都集中在太阳的一升一落、天色的一明一暗之间。

人在街上相遇，手挨下帽子便匆匆而别。人们在家里相遇，客气地问过身体安康便各忙各的。人们在咖啡馆聚首，心里盘算着日影，绝不流连。时间也太珍贵。人生是流光的一瞬，是一个秋日，是一场飘雪，是马上要关闭的门缝里那留不住的光，是寥寥的几次举手投足。

暮年来临，一个人无论在白日还是黑夜，都发现自己谁也不认得。他们没那时间。父母已在中午或半夜逝去，兄弟姐妹已搬到别的城市去寻找稍纵即逝的机会，朋友已随着太阳角度的变化而变换。他和人交谈却不了解人家。他的一生是几段匆匆的事迹，没几个人见过。

他坐在床边的桌前，听着浴室里的水声，怀疑心外可曾真的有物。母亲真的拥抱过自己？自己真的和同学有过那可笑的较量？恋人真的有过一个？这一切如今都在哪儿？

他坐在床边的桌前，听着浴室里的水声，隐约感觉到光线的变化。

追星的人

□郁喆隽

用一块磁铁可以做什么呢？

一个叫杨·拉森的中年挪威男人，从十年前开始做一件遭人讥笑的“傻事”。他找到了奥斯陆市中心的一座大型体育馆，体育馆里有一个室内足球场。这个体育馆有一个巨大的拱形金属屋顶。雨水和融化的雪水会顺着这个屋顶顶棚流到边上的排水渠里。杨每周来到这里，手持一块用塑料袋套住的磁铁，尝试从排水渠的积水里吸出一些金属微粒。有时候他一无所获，有时候却会发现一些罕见的颗粒。

这些金属颗粒叫作“微陨石”，也叫宇宙颗粒，或者说就是一块较大的陨石燃烧后的残余部分。

杨·拉森原本已经功成名就，是一名职业爵士乐手，在当地颇有名气。但是十年前的一天，他坐在自家花园里吃早饭，突然发现桌子上出现了一小块烧灼的黑斑，里面有一小粒闪亮的陨石。那一刻他下定决心，要去找陨石。

每天有超过一百吨陨石落入地球，不过它们中的大部分因为太小而在大气层中烧毁，其中很小一部分没有烧尽的变成了灰尘，均匀地散落到大陆和海洋中。只有极小的一部分被叫作陨石。肉眼可见的陨石十分罕见，其余大部分是杨·拉森发现的微陨石。杨在网络上搜索到那家体育馆，它的屋顶简直就是个完美的收集器。而正是这个大屋顶激活了一个中年男人长达四十年的地质梦……

杨·拉森还和好友地质学家杨·布莱利·基列一起拍摄收集到的微陨石。这些陨石在显微镜中放大两三千倍之后，美得不可方物。为了拍摄这些陨石，他们在自家地下室搭建了一个摄影棚。因为没有专业的减震设备，在拍摄时他们不得不暂时离开地下室，因为人类心跳的震动也会影响拍摄的效果。没有人想到，他们用如此“原始”的方式，开创了一个学术分支。很多科学家也想从他那里获得少见的陨石样本，因为每一粒可能都带着独一无二的天文信息。以上是纪录片《火球：来自黑暗世界的访客》中简述的一段内容。

正如杨·拉森所言：“它们是世上最古老的物质，它们穿越了最远的距离。当我用手指把玩一颗微陨石，可以说没有人触碰过比这更古老的东西了，这简直是在凝视永恒。这些是另一个世代的灰烬，来自前一代死亡的星体，它的历史可以追溯到宇宙大爆炸。”有人问杨·拉森，为什么要做这些事。他回答道：“纯粹是好奇。”

凝望星尘时，人不再是一粒微尘。

郭襄的科研选择

□徐 鑫

金庸小说中，“科二代”很多，但没有谁像郭襄一样得天独厚。

父亲是“北侠”，师祖是“北丐”和“江南七怪”，父亲的义兄是“老顽童”，母亲是丐帮帮主，外公是“东邪”，哥哥是“西狂”，嫂子是古墓派传人。她的另外两个哥哥是“南帝”的传人，姐夫也是后来的丐帮帮主。她还得到过金轮法王的垂青。

所以，当郭襄想开始自己的科研课题的时候，拥有几乎无穷的选择。

事实上，郭襄对诸多武功也都有所涉猎。在少室山下，郭襄和无色禅师交锋，使用的十种武功出自黄药师、王重阳、杨过、周伯通等人，以及丐帮、少林派等门派。

郭襄在运用这些武功时，毫不拘泥，信手拈来，随心所欲。宗师气象，已经初露端倪。

但是，郭襄后来用来开宗立派的，不是自己依靠得天独厚的条件习得的那些武功。

郭襄后来创立的峨眉派武功分为三部分：峨眉九阳功、峨眉剑法、峨眉掌法。它们基本上是具有原创性的。

郭襄为什么会做出这样的选择呢？

郭襄的选择，最重要的一点是，《九阳真经》代表了第三次华山论剑之后最具潜力的武学方向。

从《天龙八部》直至《射雕英雄传》《神雕侠侣》，金庸武侠世界的主要矛盾，是日益增长的武功对抗需求和落后的内力增长方式之间的矛盾。

大理段氏就是个很好的例子。包括枯荣大师、段正明在内的一众大理高手，都无法练成六脉神剑，单单段誉练成了，为什么？主要是段誉通过北冥神功累积了绝世内力。

那么，有哪些增长内力的方式呢？在金庸塑造的武侠世界里，经典的、最具代表性的增长内力的武功秘籍，除了《易筋经》，就是《九阴真经》和《九阳真经》。其中《九阳真经》最合适，中正平和，研习者修炼后进境很快。

郭襄在得了二三成《九阳真经》后，放弃往昔所学，专修峨眉九阳功，并培养出风陵师太、孤鸿子、灭绝师太等人。

可以说，《九阳真经》解决了上文中提及的主要矛盾。郭襄做出这样的选择，就理所当然了。

在郭襄的选择中，如果说《九阳真经》代表了修炼内力的先进方向，那么“后发制人”的理念则代表了招数上的先进方向。

金庸武侠世界的另一个重大问题是，武功应该“先发制人”，还是“后发制人”。

张无忌在光明顶上对战少林寺“四大神僧”之末的空性，后发先至，折服空性；风清扬、令狐冲“无招胜有招”，同样是后发，在对方先发招之后，看到其破绽，再实现先至。

双方对战，都处于“薛定谔猫”的状态。一方先动，“薛定谔猫”的状态变成具体的状态，破绽暴露，另一方就可以采取相应的策略进行反击。

但“后发制人”的条件是，后发而先至。敌不动，我不动；敌未动，我已动。一味地强调后发是没有未来的。后发先至的前提是练武者有充沛的内力作为支撑。

在郭襄的选择中，武功匹配程度也是一个重要的参考因素。

同样是降龙十八掌，乔峰、洪七公性格豁达，降龙十八掌掌力刚猛；郭靖沉稳，降龙十八掌结合空明拳，刚柔相济，内力悠长，能连发十三道后劲。老顽童性格贪玩嗜武，就无法练成降龙十八掌和黯然销魂掌。

郭襄生性豁达，虽然在少室山下炫技，连使十种武功，但在开宗立派之后，武功简洁明快。

郭襄的聪明之处还在于，作为一个务实的人，她选择了先进的工具。

郭襄选择了武器，可以弥补女性气力弱的缺点。

郭襄还选择依靠根据地，建立门派。

少林寺传承千年，靠的是稳定的根据地和师承。王重阳的全真教也是如此。所以郭襄效法少林寺、全真教，开山立派。

郭襄的选择，还意味着她的武功由博转精。十八岁的郭襄，曾经十招用十种武功。四十岁以后，郭襄只留下峨眉内功、剑法、掌法，而且都简洁凝练。

在金庸的小说中，武功太博的，似乎都未达绝顶高手的层次。例如袁紫衣、杨逍、鸠摩智。老子说过："为学日益，为道日损。"

总结一下郭襄的科研选择。

第一，要选择并投资未来。"九阴"没落，"九阳"崛起，郭襄乘势而行。

杨振宁先生说过，"盛宴已过"，"研究生要选择未来五至十年大有可为的领域"。

第二，要领先，但不要太领先（后发而先至）。张锋、珍妮弗·道德纳都不是最先接触基因编辑技术CRISPR/Cas9的，只是相对较早，最终却取得杰出成就。

第三，要注意科研品位。郭襄平生慷慨，万里间关，武功也清爽干脆。

杨振宁先生说过，"科学研究，有自己的品位是非常重要的"。他还说："不只是大的科学问题需要品位，即便是一名研究生，发展自己的品位也很重要，他需要判断哪些观点、哪类问题、哪些研究方法是自己愿意花精力去做的。品位的形成受到很多因素影响，与个人能力、家庭环境、早期教育、自身性格、运气都有关系。"

第四，要注重技术。郭襄逐渐依赖剑术，携倚天剑浪迹天涯。年轻的科研工作者需要掌握先进技术。

第五，要注意团队建设和学术传承。郭襄在峨眉山定居，开派授徒。学术也需要"传帮带"。

第六，要专一。郭襄就很专一，科研如是，做人亦如是。

很多人认为，在风陵渡遇见杨过以后，那个豪爽豁达的郭襄就死了。少室山下，远去的是一个孤单落寞的背影，郭襄的一生在那一刻定格。人们甚至以灭绝师太的形象想象郭襄。问题是，能创立峨眉派一门武功的郭襄，难道不会拥有一种别样的生活吗？

就像居里夫人。

"年纪渐老了，我愈会欣赏生活中的种种琐事，如栽花、种树，对诵诗和仰望星辰，也有一点儿兴趣。

"我一直沉醉于世界的优美之中，我所热爱的科学，也在不断拓展着它崭新的领域。我认定，科学本身就具有一种伟大的美。一位从事研究工作的科学家，不仅是一名技术人员，还是一个小孩子，在大自然的景色中，好像迷醉于神话故事一般。这种魅力，就是使我终身能够在实验室里埋头工作的主要因素。"

人生的幸福 □樊锦诗

有人问我，人生的幸福在哪里。我觉得就在人的本性要求他所做的事情里。一个人找到了自己活着的理由，有意义地活着的理由，以及促成他所有爱好行为来源的那股根本性的力量。正是这种力量，可以让他面对所有困难，让他最终可以坦然地面对时间、面对生活、面对死亡。一切必然离去，而真正的幸福，就是在自己的心灵召唤下，成为真正意义上的那个自我。

让时间给出答案

□［美］小佛瑞德·爱波斯坦

那一天突然鲜明地浮现在我的记忆中。我站在黑板前，小心地用印刷体书写小学一年级老师要求我写出的词。我写完后往回走，同学们的笑声告诉我，我犯了严重的错误。有什么可笑的？我迷惑不解。老师警告说：“佛瑞德，你把所有的e都写颠倒了！”

我父亲约瑟夫毕业于耶鲁大学医学院，是著名的神经科医生。我母亲莉莲是一位精神病社会工作者，曾获硕士学位。我大哥西蒙学习没有任何问题。我弟弟艾布拉姆也注定是一名出色的学生。

而我却苦苦地挣扎，刚刚能跟上。为了逃避上学，我常常装病。到五年级时，我开始不情愿地屈服于这种念头：或许我根本跟不上课程了。但是，我的老师赫尔波特·墨菲改变了我的想法。一天下课后，他把我叫到一旁，给我看我交上去的试卷。我垂着头，羞愧难当——每一道题都答错了。

他告诉我说：“我知道你理解这些题，咱们复习一遍好吗？”他让我坐下，问我卷面上的问题。我一道题又一道题地给他做出回答。

“答对了！”每答一道题，他便这样说。他的笑容把世界都照亮了。

五年级后，我转学到当地的公办学校。在那里，我的新老师肖小姐也看出我正在努力争取进步，尽量帮我。经过长时间艰苦努力的练习书法，她建议我给校长（校长一直轻视我）展示我的书写有了多大的进步，我兴奋得发抖。

然而，校长误会了肖小姐派我去的目的。整整半个钟头，她都在批评我的书法。她得出结论：“你的问题在于你没有任何动力。你根本就不用心。”

回到教室，我浑身战栗。我从未把遇到的事告诉肖小姐。我感到无比尴尬，无地自容。

不过，我在家里看到了希望。这来自一项我非常热衷的不寻常的技能：超强的记忆力。我可以清楚地回忆起三四个星期前吃的午餐或者当时的天气情况。我总在想，为什么我擅长一件事，又不擅长另一件事呢？

我的父母感到迷惑不解，给我做了一项心理测验，测试我的智力。结果让他们吃惊，我同样吃惊——我的分数相当高。

后来，我又得到我母亲的妹妹洛蒂姨妈的帮助。她是一个温柔、善良的女人，是一名优秀的老师，经常帮助有阅读困难的孩子。

只要我写作文，最后总会把单词搞混。所以，洛蒂姨妈每周都会看我写的作文。她即便不夸奖我的字体，也会对其中的思想性赞扬一番。

慢慢地，我取得一些小的成绩。我声音洪亮，开始在学校参加戏剧演出。由于我的记忆力好，很容易便记住了台词。我还在理科学习中表现优秀，这就鼓励我拥有更大的梦想——我想学医，成为一名神经科医生，就像我父亲那样。我知道对我这样存在学习困难的人来说，那是一个不可能实现的梦想。

“我们想让你上霍尔斯特德学校。”临上十年级前的暑假里，我父亲告诉我。

霍尔斯特德学校是扬克斯市的一家小型私立学校，专门培养有严重文科障碍的孩子。在那里，我平生第一次成为最优秀的学生。

那一年，霍尔斯特德的女校长将我作为特长生推荐给马萨诸塞州沃尔瑟姆市博兰德斯大学负责招生的校长。最终，我能收到入学通知书，简直是一个奇迹。但是，博兰德斯大学对理科特长生并不重视。我的分数和自信直线下降。我勉强待了两年，最后决定转到纽约大学继续学习。

在一次重要的有机化学考试后，我感觉被打入了死牢。公布分数那天，我跑到化学楼。我细看了成绩单，一下子垂头丧气了——我没及格。我找了一位导师，努力使各科成绩保持在中上水平，直到大学毕业。

我知道，要想进入医学院，将会面临许多困难。果然，我遭到一家又一家医学院拒绝。“你不属于这里。”当地一所著名医学院的院长告诉我，“你的理科成绩说明你的情绪不稳定。”但是我知道我不是情绪不稳定，我只是在掌握某些科目的时候有很大的困难。在我父亲的帮助下，我设法进了纽约医学院。我爸爸说：“困难很大，但我知道你能克服。”

我喜欢学医。在我三年级的时候，我去护理病人，在神经外科值班。几乎每天我都能见到在外科医生技艺精湛的治疗和护理下，一个个血管畸形或身上长了肿瘤的病人转危为安。尤其是孩子，他们的恐惧、脆弱、天真、渴望打动了我。在我实习后期，我选择了儿科的神经外科。这里不仅是我施展才能的领域，还使我面临更加重大的挑战。

在毕业典礼上，当我走上主席台接受医学学位时，我看到母亲和洛蒂姨妈脸上的泪水和父亲骄傲的笑容。我一一拥抱了他们。在他们的支持下，我实现了自己的理想。可我为何要忍受这般辛苦，连我自己都说不清楚。

二十年后，我的妻子凯斯和我坐在一位心理学家的办公室，讨论我们的女儿伊莲娜，一名十岁的五年级学生。心理学家肯定了她的高智商，而伊莲娜不得不加倍努力才能跟上她的同学——就像我以前遇到的那样。当伊莲娜的测试结果出来时，心理学家告诉我们，她患有严重的学习障碍——忽然间，我被引入一个新的理解的世界。

我发现，美国每年有百分之十的学龄儿童接受测试，并被检测出有学习障碍。这些孩子智商高于平均水平，但在四个学习过程中，或是在一项，或是在综合能力上，存在困难。这四个过程是：记录过程、处理过程、记忆过程、口头表达或口述信息过程。学习困难常常被忽视或很难被诊断，许多孩子被指责为懒惰、情绪不稳定，甚至是迟钝。

这些情况就像一盏明灯，照亮了我孩童时期黑暗的角落。我告诉凯斯：“由于伊莲娜遇到的麻烦，我理解了我上学时自己苦苦挣扎的原因。”

经过许多年的研究，如今的教育学家能更精确地测试出学习障碍者，并教会他们如何做出调整。如今，伊莲娜已是雪城大学三年级学生，即将开始她的医学生涯。

根须附土

□黄德海

画家谈锡永先生在《谈锡永谈艺》里记录了一个故事。

有一年，谈先生看到一幅雪景山水，一位老前辈指导说：“看这类画，需留意树根是否抓得住山坡，因为是画雪景，树根及山坡都有积雪，所以处理得不好，便容易变成根不附土。这即是从小处做鉴定之法。此幅树根画得甚好，有积雪意而依然附土，全幅黑白处理妥帖，无疑是佳作。”

仰望星空的小业主之子

□董洁林

1676年11月，英国东印度公司“联合号”帆船从英国启程去南半球，船上有位牛津大学学生，名叫爱德蒙·哈雷。他刚20岁，自告奋勇去南半球的圣赫勒拉岛，自费为英国皇家格林威治天文台在那里观察和记录恒星，这是一件填补人类科学知识空白的大事，对当时的大航海事业也有帮助。

哈雷此行的资助主要来自他的父亲。这次耗时一年多的天文观察，初出茅庐的哈雷成就非凡，发现了一些独特的恒星和星云，编写了《南天恒星目录》，于22岁入选皇家学会成员，迅速进入了英国顶级科学家圈子。

1684年8月，哈雷从伦敦出发前往剑桥拜访著名的牛顿教授。他此行的主要目的是向牛顿请教引力问题。哈雷问牛顿：“如果一颗行星受到太阳的引力作用运动，而该引力与两者之间距离的平方成反比，那么行星会以什么曲线运动呢？”牛顿不假思索地回答：椭圆曲线。苦思良久的问题如此轻易地在牛顿这里获得了答案，哈雷大惊，忙问牛顿是如何知道的。牛顿说自己已经计算过了，并答应以后把具体计算细节寄给哈雷。哈雷回到伦敦不到三个月，就收到了牛顿寄给他的万有引力定理和相应的行星轨道计算步骤。

看见这个既解释了苹果为什么落地，又计算出行星如何绕太阳以椭圆轨道转的理论，哈雷认识到了其划时代的伟大意义。他再次来到剑桥，鼓励牛顿尽快发表研究成果，这就是牛顿的伟大著作《自然哲学的数学原理》的雏形。1687年，牛顿在哈雷的鼓励和协助下终于完成了这部巨著。

接下来，作为当时英国皇家学会秘书的哈雷，为这部著作的出版费尽了心思。一方面，他不得不经常调解胡克和牛顿这两位脾气怪异的大科学家之间的矛盾——胡克这位嫉妒心很重的皇家学会会长，对牛顿的著作能否出版起到举足轻重的作用。另一方面，当时学会经费紧张，他不得不费尽心思来解决经费问题。此时，哈雷的父亲已经去世，再也不能资助儿子的科学追求。于是他四处借债，以一己之力来资助牛顿著作的出版。牛顿的《原理》出版后，举世震惊，多次加印。哈雷的学术眼光不仅得到了学界极大的认可，他为出版该书投入的资金也得到了丰厚的回报。

哈雷也有对科学的好奇心和执着追求，从第一次目睹彗星之后，他就一直在关注更多彗星并思考这个问题。他猜想，这些体态巨大之物是不是太阳系中类似于行星的东西呢？如果是这样，彗星就应该与行星一样沿着椭圆轨道绕太阳运行，因此会周期性地进入地球人的视野。通过研究彗星在历史上的出现记录，他认为有些彗星很可能是同一颗彗星的多次出现。比如他在1682年见过的那颗很明亮的彗星，似乎以76年上下的周期，反复回到地球附近。于是，基于牛顿万有引力理论和自己的假设，他计算了这颗彗星运行的轨道，并在1705年发表的论文中预测该彗星将于1758年前后再次出现于天空。1758年12月25日，哈雷已经去世16年了，但他预测的彗星如期而至，惊喜的人们把它命名为“哈雷彗星”。

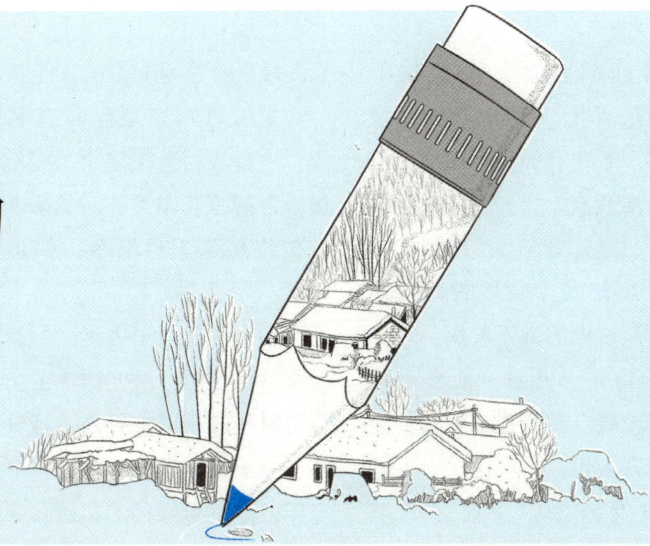

雪是永远的惊奇

□韩　东

和很多人一样，我喜欢下雪，每当窗外雪花飘舞我便十分高兴。我盼望房顶白了，下面的街道白了，我盼望世界白成一片，不分彼此，并且积雪多日不化。外面冰天雪地，正好在家里围炉取暖，或者躺在被窝里看书睡觉。我也喜欢走出门去赏雪，或者扛着铁锹加入铲雪疏通道路的队伍。总之，和雪有关的一切我都喜欢，喜欢我这个纯洁柔软却有点儿冷酷的朋友。

对雪的感情和对雨的感情，在我这里有些不一样。一位诗人说过，一场雨是对另一场雨的回忆。他的意思是说，下雨的时候人未免惆怅，会想起另一次下雨时的光景。我很赞同他的说法，但这种说法用在下雪时就不那么贴切了。在我看来雪绝不是回忆，不会引起这方面的诸如怀念、伤感的情绪。在我看来一场雪是对另一场雪的抹杀，今年的雪就是对去年的雪的抹杀。雪，太强烈了！每次都令人感到惊奇，因此它永远处于现在时，也就是所谓的“当下”。眼前的刺激还来不及接受呢，又哪里有时间回忆呵！

可以说，雪是永远的惊奇。哪怕你见过无数次下雪，再次见着仍然会像第一次看见那样新鲜。有些事情别人描绘得天花乱坠，等你见到时不过尔尔，甚至失望。雪可不是这样的事物，无论人们怎么描绘形容，见到时依然会万分惊奇，觉得超出想象。试想一个从来没有见过雪的人，突然见到，那该是怎样的一幅图景呵——请用他的眼睛看一看：整个世界都变了样子，银白一片，万物一统。降雪对地貌景观的改变比任何事物都来得更加直观和强烈。简直是翻天覆地，黑白颠倒，甚至一场战争造成的废墟都不能与之相比。其覆盖性和面积的广大可能只有海洋、沙漠、洪水可以与之等量齐观。而海洋、沙漠原先就在那里，如此规模的洪水也只在远古传说中才有，可以忽略不计。唯有大雪来去自由，以彻底改变我们所见的地表面貌为己任。

自然，它改变的只是表层，但，美就位于这一表层之上。雪的美丽或雪造就的美丽我就不说了，那么单纯，甚至单调，就像海洋和沙漠一样，乃一种无垠之美。雪地的无垠震撼人心。除此之外，雪还有诸多富于人性的细节，例如雪花的自由飘舞以及它那像几何一样的结晶构造。人性，再人性一点，于是有了雪地上脚印、傲雪的红梅、雪中送炭、人人自扫门前雪以及雪人和雪仗。雪的诗情画意当在诗人的笔下和画家的渲染中，在此不赘。雪灾和因雪造成的人祸可翻阅历史记录或求教于社会学家，我也不勉为其难了。我想说的不过是，没有见过雪就死去实在是莫大的遗憾。

有报道说，有一个患白血病的孩子时日无多，他有一个要求：去北京天安门广场看一次升旗仪式。这是一个不错的主意。但我有同样不错的主意，就是鼓动他去北方看一看下雪或者辽阔的雪原。如果这是一个北方的孩子，那我就劝他去海边，看一看大海。如果他自小生长在海边，我就劝他去看沙漠。总而言之，雪就是这样的事物——和大海、沙漠一样，见过和没有见过是不一样的，对一个和死神有约的孩子来说更是如此。

杜甫：其实我年轻时比李白爱玩

□上官云

“昔闻洞庭水，今上岳阳楼。吴楚东南坼，乾坤日夜浮。亲朋无一字，老病有孤舟。戎马关山北，凭轩涕泗流。”——《登岳阳楼》。

唐大历年间，57岁的诗人杜甫面对着洞庭湖的万千气象，写下了这样的诗句。此时，他身患肺病，右耳已聋，腿脚也不利索。没几年即离开人世。

大概就像诗中所描述的那样，不少人觉得他是一个干瘦的病老头，虽然写诗很厉害，但比起跟他齐名的李白来，似乎总缺了那么一点儿豪爽与洒脱。

实际上，别看晚年饱受老病困扰，年轻时的杜甫，却比李白还爱玩。有人统计，仅他的三次“漫游”之旅加起来，时间就足有十五年。

他年轻时也有游玩的物质条件。相比李白自述出身时的含糊其词，杜甫没啥心理包袱：他出身于京兆杜氏，那是北方的大士族。

祖父杜审言是赫赫有名的诗人，一首《和晋陵陆丞早春游望》被誉为初唐五律第一；父亲杜闲，官位终至奉天县县令。倒也衣食无忧。

由于生母早早去世，杜甫一度跟着姑母生活，被宠得十分厉害。少年时代的杜甫皮得很，板凳都坐不住，十几岁还跟小孩子一样。有一年，庭院里栽种的梨树和枣树结出果实，精力旺盛的杜甫一看，顿时满心欢喜，二话不说就上了树，三番五次爬上爬下。

“忆年十五心尚孩，健如黄犊走复来。庭前八月梨枣熟，一日上树能千回。”——杜甫《百忧集行》。

后来，二十来岁的杜甫出门游历，来到郇瑕（今山东临沂）；没多久又跑到吴越之地漫游，一玩就是五年。倒是没有完全放弃科举，中间还跑回来参加了一次乡贡。

他对长途旅游的热情有多高？开元二十四年（736年），杜甫参加进士考试，结果很糟糕：落第。他也不着急，正好父亲担任兖州司马，借着探亲的机会，收拾好行李就跑到了兖州，开启了齐赵之游。

这一游，又是好几年。“燕赵多慷慨悲歌之士”，杜甫也沾染了几分游侠之气，他结识了一众好友，读书之余，每天呼朋引伴，骑马打猎，把酒言欢，有说不完的快意。

有一回，出游之时，他在房兵曹那里，看到了一匹名贵而又身姿矫健的大宛骏马，赞叹不已。便对主人说，有了如此骁勇飞腾之马，还愁日后不能建立功勋吗？

彼时的杜甫，诗风豪迈：“放

荡齐赵间，裘马颇清狂。”“杀人红尘里，报答在斯须。”……于山水之间纵情恣肆，充满朝气与侠气，不输李白。

在洛阳，他与被唐玄宗赐金放还的李白相识，一见如故，相约同游梁、宋。没多久，另一位大诗人高适也加入了。三人一路东行，来到古吹台，醉酒而吟诗。他们一起凭吊战国时期的信陵君，弹琴赋诗，追怀多年前那个侠客盛行的时代。

此后，在山东，杜甫再与李白相遇，玩得“乐不思蜀”。两人同游齐鲁，漫游任城，后来又做伴到曲阜、兖州，访求名士，游览高山大川。关系好到了什么程度呢？“醉眠秋共被，携手日同行。”

也许是处事风格不同，在许多人的印象中，杜甫比李白“老成”，但他实际上比李白小十多岁，成名很晚。杜甫寂寂无名的时候，李白已经名动天下。杜甫对李白是相当崇敬的，动不动就要给李白写诗。所以李杜的这两次同游，后来有人比作粉丝见到了偶像。说起来，那大概是杜甫一生中最快乐惬意的一段时光。

但他很快就没法无忧无虑地玩下去了——“啃老”不是办法，总要有一个谋生之道。况且，出身于世代“奉儒守官”的家庭，求取一官半职才是亲人眼中的正途。

遗憾的是，杜甫的仕途之路比李白还不顺。考试落第不说，自荐求职的路也没走通，在长安一待就是十年，日子一天天陷入贫困的境地。

好不容易通过献赋成功吸引唐玄宗的注意，谋得一个“右卫率府兵曹参军”的职位，却是负责看守兵甲器杖的小官。已经44岁的杜甫迫于生计，只能接受这个专业极其不对口的工作。但生活依然入不敷出，小儿子也被饿死了。

安史之乱爆发，加上对时局失望，杜甫开启了漂泊西南的日子，后来辗转来到成都。由于此处有世交严武的庇护举荐，他又谋得一个职位，生活相对安定一些，还建了一座草堂，世称“杜甫草堂”。

历经生活磨难，早先的豪侠之气在杜甫的诗作中早已难见踪影，取而代之的是对苍生的怜悯和国家前途的关心与担忧。但他偶尔还是会露出“玩心未泯”的一面。

“甫于成都浣花里种竹植树，结庐枕江，纵酒啸咏，与田畯野老相狎荡，无拘检。严武过之，有时不冠，其傲诞如此。”——《旧唐书·杜甫传》。

他在风景优美的浣花溪畔种竹子、种树，还选了一个好地方建造房屋，每天尽情喝酒吟诗，也没什么架子，和田地里的农夫都能玩到一起，四处游逛。

如果能够以此终老，对杜甫来说，结局尚可。然而，大历五年（770年）的那个冬天，还是来了。严武去世后，杜甫又漂泊了一阵子。终归思乡心切，已经五十多岁的杜甫想回家了。可惜受到时局以及战乱的影响，他不光没能北归，反而被迫南下，其间大部分时间都住在船上。

在投奔舅父崔漳的途中，船行至耒阳，因江水暴涨被困，杜甫好几天没吃东西，幸亏当地县令送来酒肉才算解围。

史料记载，就在那时，杜甫在由潭州前往岳阳的一条小船上去世，只有59岁。他的死因是一个谜。有人说他是因为贫病交加去世，也有人说他被困多日，暴饮暴食，无法消化导致身故……不管是哪种原因，这位诗名正盛的杜工部，就此与诗坛告别了。

晚年，他的身体比较弱，有痛风、眼疾，还耳背。但他喜欢写诗，当沉浸在文字的世界，那些痛苦似乎都不那么重要了。

杜甫有1400余首诗歌存世，不仅受到元稹、白居易的极力推崇，对此后历朝历代的诗人、文学都产生了深远影响，被尊为“诗圣”，其诗被誉为“诗史”。

如今常有人用“传奇”来形容一个人跌宕起伏的一生，按这个标准，杜甫应该也算。他年轻时喜欢旅行，诗酒年华，比李白过得还要快意；后半生在颠沛流离中，把对苍生与时事的忧心，对百姓和国家的挚爱诉诸笔端，最后成就一代诗名。

曾有人提出过一个这样的问题：杜甫的一生是不是很不幸？

如果从生活角度说，他经受战乱、半生颠沛流离，当然苦；但他声名远播后世，虽未“致君尧舜上”，诗歌文章却得千古不朽，想来，也算是告慰了吧。

年少成名还是大器晚成

□岑 嵘

为何有的人会早早成名，有的人很晚才迎来人生巅峰？

芝加哥大学经济学教授大卫·格兰森运用创新经济学领域的理论工具提供了新的答案。格兰森说，在多个领域都会稳定出现的创新者有两种类型：一种是概念创新者，另一种是实践创新者。概念创新者的作品标新立异、独具一格。概念创新型的艺术家更擅长发现自己的想法，而非理解现实世界，所以他们会在比较小的年龄就展露才华。

而实践创新者则不同，他们往往会做大量的调查研究，积累足够的知识，创作过程缓慢、循序渐进，他们对自己的成果总是不太满意，觉得还有改进的空间。

毕加索就是典型的概念创新者，他的事业巅峰是在他26岁的时候，那个时期的作品是他所有作品中最有价值的。而保罗·塞尚就是典型的实践创新者，他总是问自己："我努力了那么久，付出那么多的作品真正达到我想要的效果了吗？"塞尚的事业巅峰是在他67岁的时候，那个时期的作品代表了塞尚绘画作品的最高水准。

这两者的区别正如两人不同的艺术观念：毕加索说"我不寻找，我发现"，而塞尚则说"我在绘画中寻找"。

在文坛同样如此，概念创新者有特殊的创作目的，他们因作品的情节和内心体验而出名，比如聂鲁达在20岁的时候写下《二十首情诗与绝望的歌》，菲兹杰拉德在29岁就写出了成名作《了不起的盖茨比》。而实践创新者，在饱尝世间艰辛，对人性充分了解后才迎来创作高峰。例如狄更斯经历了生活的种种艰辛后，在47岁开始创作《双城记》。

哥伦比亚商学院教授迈克尔·莫布森对此也有自己的解释。他说人的智力分为两种，即流体智力和晶体智力。流体智力是一个人生来就能进行智力活动的能力，即学习和解决问题的能力。它依赖于先天的禀赋，随神经系统的成熟而提高，如机械记忆、识别图形等。晶体智力是通过掌握社会文化经验而获得的智力，如词汇概念、言语理解等能力。

流体智力的峰值在20岁，然后持续缓慢地下降；而晶体智力则不同，它随着年龄的增加而上升。所以年轻人天马行空、激情四射，而老年人阅历丰富，比年轻人更睿智，日益丰富的阅历在很大程度上弥补了流体智力的下降。因此数学、物理、诗歌领域常常是年轻人的天下，而历史研究、政治领域却是中老年人的地盘。

艺术创作的两个巅峰，创意型的概念创新者在青年时，累积型的实践创新者在中老年时，和流体智力、晶体智力的不同巅峰时期吻合。

村上春树说过："对人生而言，最关键的是对自己所处的位置有明确的认识。"也许你的事业还需要耐心等待，也许你已经过了巅峰期，不过这些都不重要，重要的是明白自己的位置，并且在任何阶段都不轻言放弃。

纵身一跃

□刘荒田

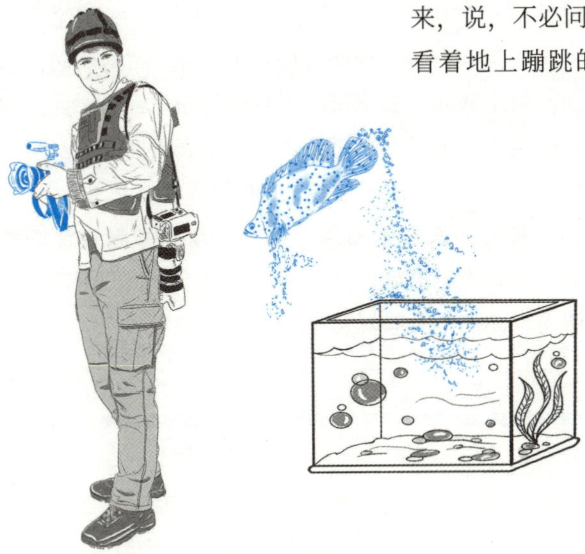

二十多年前的一天，我驾车去旧金山国际机场，迎接一位从欧洲飞回来的朋友。他是一家媒体的记者，刚刚离开硝烟未散的科索沃战场。他把行李箱放上车时，特地让我看箱子上贴的一个标签，解释说这是“全球战地记者协会”的标志。在车上，他说起此行的种种，语气平淡，言下是职责所在，尽力而为罢了。说起这个不久前接纳他为会员的团体，他的脸上洋溢着豪迈之情：“老会员天天和死神擦肩，都是地道的亡命之徒！我在采访途中认识一位土耳其籍的中年男人，全世界哪里开战哪里就有他的身影。几年前在非洲采访时，他被弹片打中，一条腿被削掉半边，进医院疗养半年，好得差不多后，一听到科索沃开战，便一瘸一拐地上前线，我是在阵地旁边和他见上一面的。”

他说在欧洲天天吃奶酪加面包，腻死了。我陪他进唐人街的中餐馆，以正宗粤菜解馋，边吃边谈战地记者群体。我问：“出生入死为了什么？”他说，表面看是为了报酬，这些没有国籍的自由人，并不是媒体巨头的正式雇员，靠出售新闻赚生活费。好在，亲临前线拍下的照片，各大通讯社必出高价。不过，这职业连人寿保险公司都拒绝投保。我苦笑自问：时时刻刻和死神较劲，这活儿能干吗？

饭后，在街上逛。路过一家鱼店。从门旁的大鱼缸传来“泼刺”一声，我抬头看，一尾鱼从水面一跃，腾空划过一道银光——所谓“跃龙门”，姿态不过如此。鱼“嗒”一声摔在过道上，继而以“游水”的身段剧烈摆动。我向站在柜台另一边的店员示意，他一点儿也不着急，慢条斯理地走出来，说，不必问，准是那一条。我看着地上蹦跳的鱼，俗称“老鼠斑”，石斑中价格最高的一种。店员一把抓住它的鳃，往鱼缸一扔。他对我们说：“一天起码十次跳到缸外，我们叫它冠军——跳高冠军。”“冠军”回到缸里，闪电一般在鱼群中穿梭，搅起串串水泡，果然是厉害角色。

友人指着鱼说：“它一跃是不是徒劳？是的，不管怎么折腾，目的地也不会改变——鼎镬，除非侥幸遇到买下只为放生的善人。”他“点题”了——战地记者不就是不甘心活在缸里的鱼吗？

送友人到旅馆以后，我独自回家，脑际翻腾着“鱼跃”的意象。是啊！波澜不惊的人生是“鱼缸”，人的归宿概莫能外。跳到缸外的鱼，被捡回来，一如战地记者穿着沾满战尘的夹克归家。他安宁的家中，可预测、少变化的“日常”等候着他。

人的九死一生之旅与鱼的纵身之跃有意义吗？如果有，在哪里？想起友人刚才出示的采访照片，其中一幅，他坐在坦克的履带旁边，一手拿着照相机，一手拿着烟斗。他告诉我，是土耳其同行替他拍的，地点就是一小时前炮弹横飞的战壕前。

“冠军”不管缸外是不是大海，高处有没有“龙门”。一跳必摔在硬邦邦的地板上，必被抓回去，出于本能，还是跳了。战地记者亦然，他们在乎的仅仅是彻底、酣畅的自由，哪怕为时短暂，且代价高昂。

原来，人生的高度难以被重复出现的庸常事件所标识，它只呈现于最精彩的时间，哪怕一瞬；最大限度地释放激情的场合，浓缩着所有变数，充满危险、刺激，然而使生命迸发炫目的光彩。海明威的《老人与海》中的主人公从海上归来，拖在船旁的巨大马林鱼，被鲨鱼吃光了肉，只剩骨架——于此，他并无遗憾，有过不屈的奋斗足矣。

同样，于作家而言，亦非所有文字都臻于不朽，只要有一些抵达无人企及的顶端——哪怕少到一句诗，便也无憾了。

钢琴界的『扫地僧』

□木 子

低调的钢琴家朱晓玫漂泊海外30多年，当过保姆和清洁工，一直过着隐士般的生活。

一次在巴黎的家庭音乐会上，朱晓玫演奏了巴赫的《歌德堡变奏曲》。一位慈祥的老太太听后，为之陶醉和感动，并和她攀谈起来。原来对方是伊朗王室的后裔，聊天中得知朱晓玫并没有固定的住所，就坚决要把自己在塞纳河边的公寓，以极低的租金租给她，还主动带她到卢浮宫去观赏。

在卢浮宫，老太太指着创作于公元前190年的《萨莫色雷斯的胜利女神》雕塑对她说："我希望你在台上像她一样自信。"老太太还说："如果我能够弹成你那样，我愿意在农场待上10年。"

就这样，朱晓玫租了那套公寓。为了不影响邻居休息，她每天等邻居们都上班后，才赶紧把自己关在家里练会儿琴，再去学校做临时教工。

不料一段时间后，出门碰到的邻居竟然问她："昨天你弹的那个，是不是斯卡拉蒂的奏鸣曲？"朱晓玫马上道歉："对不起，还是打扰到你们了。"邻居连连摆手说："我不是这个意思，一点都没有打扰，我反而很享受你的演奏！"

1994年，45岁的朱晓玫收到了巴黎城市剧院的演出邀请。这也是她第一次在巴黎演奏钢琴。对于一位默默无闻的中国钢琴家来说，这是件十分难得的事。更令朱晓玫意想不到的是，平日里"偷听"她弹琴上瘾的邻居们，居然私下买了60多张票支持她。

第一场音乐会，朱晓玫便一鸣惊人。她在欧洲的个人音乐会一票难求，在国内的演奏会门票也当天售罄。

苦行僧一样的朱晓玫很少在媒体上露面，也不做演出宣传，因为生活太俭朴和低调，还曾在演出中闹过笑话。2003年，她受邀请去比利时一家国家级的音乐场馆演奏时，被保安挡在了门外："对不起，女士，早上菲佣已经来过，不用再打扫了！"对此，朱晓玫也不以为辱，而是柔声细语地表明自己的身份。也许对她来说，除了琴声，别的都不那么重要。

对于别人夸她为天才，朱晓玫也有着自己的理解：你是不是把精力全都用在了自己所做的事情上，决定了你能不能成为天才。

有花看花，无花看叶 □潘向黎

年轻时看花都挑剔，要挑完美的才肯久久凝视。中年之后，依然爱花，但觉得朵朵都好，各有各的好处，各有各的委屈处。不，不只是对花宽容，人生到此时，已经是有花看花，无花看叶。

相爱时，被先爱的一方激发而后爱的一方，并不会对先爱的那一个特别感激、对这一点念念不忘，因为以爱回报了爱。那么，不再相爱时，被放弃或被辜负的那一方，为什么要对先从爱里走出去的那一个特别怨恨呢？你迟早会以不爱回应不爱。

人生不得意也须尽欢。

每个人都觉得自己最重要，每个人又都觉得自己很渺小。每个人都希望自己做的正确的事情得到颂扬，每个人都希望自己做不到或者做错的事情得到原谅。

天地之间，就是无数这样的"每个人"，组成了一个人世间。

生命是一种义务

□王 堃

有人曾把蝎子放到一圈燃烧的炭火中间，滚滚热浪不断向蝎子袭去，蝎子灼热难耐，在火圈里左躲右闪，想要逃出重围，却无路可逃。 火灼伤了它的身体，它疯狂地瞎冲乱撞，最后终于绝望，倒在地上一动不动了。于是，人们得出一个结论，蝎子在被火围攻而又无法逃脱之时，就会用毒针刺伤自己，用自杀来结束自己的生命，结束痛苦。

这个结论被传了很久，以至于人们经常以此来嘲笑蝎子自杀的懦弱行为，但法国昆虫学家法布尔用实验证实了这个结论其实是一种误传。

法布尔对任何结论都不盲从，而是以科学的精神亲自验证。

他抓来一只蝎子，把它放到燃烧着的炭火中间，蝎子就如传言中那样，先是四处乱撞，在左冲右突一阵之后，绝望地倒地“自杀”了。

法布尔静静地观察了一会儿，以为蝎子已经毒性发作而死，就用镊子把它夹起来，放到一层清凉的沙子上。

让法布尔没想到的是，这只“自杀”的蝎子一个小时以后竟然又活了，和没进入火圈前一样活跃。

法布尔又用另外两只蝎子做实验，结果完全一样，他由此得出一个新的结论：所谓蝎子自杀的说法，只是一种误传，那其实是蝎子在绝望中的一种假死现象，它并没有自杀。

法布尔是伟大的，他把自己的研究结论上升到了生命的境界，他说：“生命是一种严肃的东西，不能遇到点艰难困苦就把生命抛弃。我们不应把生命视为一种享乐、一种磨难，而是应该把它视为一种义务，一种只要一息尚存都必须全力以赴地去尽的义务。让生命的最后一刻提前到来，就是懦夫，就是蠢货。我们有权凭着自己的意愿决定坠入死亡深渊的方式，但这并不意味着我们有权轻生遁世。这一点，即使是地位卑微的昆虫也在发表着自己的意见，生命从不绝望。”

我可以是万物

□瓦 当

雨水缠绵已经一周，仍不见放晴的迹象。抬眼望去，绿树在燃烧，满地都是火焰与灰烬。雾气沉迷，笼罩万物，仿佛一切都在死去，一切都在孕育。黑夜从大地上升起，一颗心就融化在其中。没有悲喜，没有欲念。日复一日，我穿行于这森林般的古老的园中，渐渐遗忘了自己。

然而，我何尝不是清晨窗前鸣叫着飞走的那只白鸟，何尝不是那一串清丽的鸟鸣，何尝不是运动场看台上一件无人认领的衣服，何尝不是被自己踩在脚下的一只蝼蛄、一只蚂蚁，何尝不是迎面走来的陌生人脸上一缕稍纵即逝的笑容，何尝不是酒桌上的一个就在嘴边却未被讲出的段子，何尝不是一把锈迹斑驳的匕首，何尝不是线装书上面一枚饰有古老花纹的镇纸，何尝不是小路尽头的那片无人地带，何尝不是草原上一条蜿蜒辗转流回源头的河流，何尝不是我自己？

贝多芬掀起的青春风暴

□张振涛

少年时代，总怀揣期盼，希望找到一种媒介可以直触闪电，划开迷蒙的天空。这样的触媒是从父亲留下的破损的《贝多芬钢琴奏鸣曲集》开始的。

第一次弹奏贝多芬，仅仅弹出一行乐句，就像接通了天庭闪电。梁启超读龚自珍的诗文“如受电击”，后人读梁启超的雄文“如受电击”，傅雷二十多岁在法国第一次读罗曼·罗兰的《约翰·克里斯朵夫》，“号啕大哭，如受神光烛照”。这类触碰，均属同类。一组组和弦从乐谱上跳出来，激扬哀烈，攫人心魄。

正当我沉迷于《悲怆》之时，一位朋友带着一位女孩来听钢琴。女孩明眸皓齿，气质高贵，打量我逼仄房间的睥睨之态，像王妃驾临，只在看到那时很少见到的钢琴时，流露出一丝难以察觉的敬重。我那时还是少年，一方面是马尔克斯的《活着为了讲述》中描写的荷尔蒙胀到嗓子眼的“燃烧的少年”，另一方面又是极度不自信、胆怯腼腆、灰头土脸、浑身上下无任何看点的大男孩。没有燕尾服、白衬衫、领带领结，一身灰白蓝装，坐在漂亮的女孩面前，不敢直视。

唯有一双经过训练的手，勉强撑起一点骄傲。于是，我把所有的不自信全部交给了有点自信的双手。一旦触键，接通贝多芬，就像通电马达，四驱跑车，什么也挡不住我攀上睥睨群小的山巅。

《悲怆》响起。我想她一定在听到第一组和弦时就像我初听时一样窒息了吧。她停止了所有举动。那等于告诉我，她这辈子从来没面对过贝多芬。接下来的无声无息更告诉我，她这辈子更没有面对过键盘风暴。

沉重的引子后，第一乐章主题，犹如一道强光，从低音区推向高音区，扬起一串势不可当的声浪。换一组和弦，飓风再次登顶。十六分音符，密密麻麻，如同千千万万颗雨滴，砸落竹叶，在键盘上噼啪作响。副部主题，暴出如风，装饰音在右手交叉翻飞中，急促闪烁。

我埋头演奏，忘记了她的存在。待乐段停顿处，猛一抬头，她已满面涨红。这是黑压压的观众席里看不见的表情，这是羞涩姑娘褪去骄矜的素颜，这是近在咫尺才能感受到的急促喘息。不是每个人都能从你的双手中深谙酸楚，不是每个人都能与你的节律同步心跳。与贝多芬的晤谈，换成与她的沟通；我的执辔疾驰，换成她的神经兮兮。

我躲进贝多芬的躯体，不善外露的浪漫和有条不紊的理性，夺琴而出。贝多芬如同滚烫火炉，我则如同火炉中烧到纯青的木炭，也能通身发热，烤炙周边。贝多芬的红光，竟让稚嫩少年光焰蔽身。《悲怆》的雄浑、顿挫，赋予我一腔老成。没有机会接触西方音乐的人，不可能不在第一次面对贝多芬时失魂落魄，丢盔卸甲。女孩拒人于千里之外的高傲，被连根拔起。

作家梁永生说，男生的自信来自女生的目光。作家冯骥才说，就看你有没有借助一种力量聚焦她的目光。贝多芬义气干云，给我力量和胆量。那双长长睫毛下的眼睛，终于变成凝睇不转，崇拜敬恐。我从未被这样盯视过，那个瞬间，好像意识到什么，像汪曾祺的《受戒》中所说的："身上有一种从来没有过的感觉。"

对一个尚不自信的男孩来说，有什么比女孩的顾盼更能获得默默苦练的补偿？异性的倾慕，是大男孩敢于确立自信的支点。没有想到这是一次非同寻常的演奏。那天怎么弹完的，已然忘却，或许根本没有弹完三个乐章。女孩走后，我走到窗前，处于过度消耗而陷入麻木的"回血"状态。慢慢有了意识，踏破铁鞋无觅处的自信方式，找到了。

作曲家在教科书中都是干巴巴的，因为那些描述不与亲身经历和刻骨铭心的体验连接。青春萌动，获得自信，是每个处于成长烦恼期的少年渴望寻找的支点。那常是寻寻觅觅、兜来绕去的过程，而我第一次找到的支点，竟然是《悲怆》。这件事给我带来长久的影响。每当缺乏自信甚至患有社交恐惧症时，便想到把双手放到键盘上，从那片最能产生风景的地方，汲取自信。充电方式，屡试不爽，皆与此番经历有关。我对贝多芬的解读，以此定型。

并非要借助少男少女从懵懵懂懂到蓦然觉悟的经历来为贝多芬增光添彩，但那次演奏，的确展示了我凭借贝多芬的"暴风雨"获得自信的速效。

电影《海上钢琴师》的主角1900说："钢琴上有八十八个键，全世界都一样，我能够在这个有限的领域弹出丰富的音乐，但离开了这个有限空间，面对无限空间，就感到恐惧，无法掌控那个无限领域。"许多音乐家都是从一片可控的"风景区"，获得祛除恐惧的自信的。或许这就是过去了两百多年，还有那么多人在某个角落默默吟咏贝多芬的原因。

烧鸟"一生悬命"

□陈晓卿

每天下午三点半，池川义辉都会按时出门，十分钟后到达自己的烧鸟店。四点半，师徒五人准时开餐。十分钟用餐完毕，他们将一直忙碌到深夜。

鸡的每个部位自有奥妙，分解必须由池川亲手完成。早期日语里，鸡被称作"庭院之鸟"。烧鸟，可被理解为日式烤串，食材以新鲜鸡肉和鸡杂为主。烧鸟这种日常食物，出现于十七世纪。它起初是日本贫寒人家食用的禽类烧烤，几经演变，成为充满庶民风情的美味。

烧鸟训练要求严格，池川在做学徒时，入门第三年才进阶到穿串。烤鸡翅看似寻常，但由于骨肉并存，火候的掌握并不轻松。炭火逼出油脂，适时翻转，上下均衡受热。酱汁滋润表皮，并带来额外香气。焦香多汁的烤鸡翅，是烧鸟的基本款。

池川义辉是业内高手，每天都有食客慕名而来。他尤其擅长料理鸡的一些特殊部位。将鸡肝等内脏与蛋胞穿在一起，日本人形象地称之为"提灯"。这种奇妙组合，炙烤后能给人带来多种截然不同的体验。爱好者往往欣然销魂，但对初尝者，则是一次充满刺激的味蕾探险。蛋胞入口爆浆，浓郁绵滑的蛋液包裹内脏，在口腔里游荡，滋味复杂而玄妙。从鸡肉到鸡杂，一只鸡被精细区分出几十种美味，这大概是食材处理的极致。

将毕生心力致于一事一物，在日文的语境里，叫"一生悬命"。

神出鬼没的山

□张晓风

如果我说“那些神出鬼没的山”，你会以为我在撒谎吗？

古人用词，实在有其大手段，例如他们喜欢用“明灭”。像王维说“寒山远火，明灭林外”倒还合理。韦应物的诗说“寒树依微远天外，夕阳明灭乱流中”也说得过去。但像杜甫说“回首凤翔县，旌旗晚明灭”就不免有印象派的画风，旗帜又不是发光体，如何忽明忽暗？柳宗元的游记大着胆子让风景成为“斗折蛇行，明灭可见”，朱敦儒的词更认为“千里水天一色，看孤鸿明灭”，仿佛那只鸟也带着闪光灯似的。

大概凡是美的事物，都有其闪烁迷离的性格，不但夕阳远火可以明灭，一切人和物都可以在且行且观的途中乍隐乍现、忽出忽没，而它的动人处便在这光线和形体的反复无常吧！山势亦然，闪烁飘忽处，竟如武林高手在逞其什么怪异的扑朔迷离的游走身法。你欲近不得欲远不得，忽见山如伏虎，忽闻水如飞龙。你如想拿笔记录，一阵云来雾往，仿佛那性格古怪的作者，写不上两行就喜欢涂上一堆“立可白”，把既有的一切来个彻底否认。一时之间，山不山、水不水、人不人、我不我，叫人不仅对山景拿捏不定，回头对自己也要起疑了。所以，如果我说那“神出鬼没的山”，其实是很诚实的。

那天清晨，来到这断崖崩壁前，朋友们拿起画笔时，我心里充满恶作剧的欲望。

“我在想，如果找到一根大棍子，我把你们每个人一棒槌打昏放进大麻袋里，神不知鬼不觉地把你们拖来这山上，”我一面说，一面盘算，自己高兴得大笑大叫，“然后骗你们说你们被绑架了，这里是四川，是李白的《蜀道难》里‘连峰去天不盈尺……砯崖转石万壑雷’的绝高绝美的地方，我相信你们个个都会相信。我骗你们说这里就是‘峨眉天下秀’，我骗你们说这里就是‘可以横绝峨眉巅’的地方，你们绝对会相信，只要我找到一根大棍子，把你们一个个先打昏……”

“你这人也真奇怪，好端端的，为什么满心只想找根大棍子把我们一个个打昏……”蒋勋说得无限委屈，好像我真的手里握着大棍子似的。

对啊！我为什么如此杀气腾腾？只因在山里住了几天，就平添出山大王的草莽气味来了吗？不对，不对，我这根大棍子非比寻常，是老僧手里那“棒喝”之棒。一棍下去，结结实实，让人经过“震荡”以后，整个惊醒过来。我其实哪里是要打他们，我只是生气有人活到今天还不知道自己身在台湾可以纵目看到一流山水，我是个不时拿棒子打自己的人，我时时问自己：“你能不能放弃那个旧我和旧经验，用全新的眼睛来看这个世界？”

巨幅的悬崖近乎黑色，洁净无瑕，和山民的皮肤同色调、同肌理，看来是系出一个血源了。山与山耸立，森森戟戟如铜浇铁铸，但飞奔的碧涧是个一缰在握的少年英雄，横冲直撞，活活地把整片的山逼得左右跳开，各自退出一丈远，一条河道于是告成。但这场战争毕竟也赢得辛苦，满溪都是至今犹腾腾然的厮杀的烟尘和战马的喷沫……

同伴写生，我则负责发愣发痴，对于山水，我这半生来做的事也无非只是发愣发痴而已——也许还加一点反刍。其实反刍仍等于发愣，那是对昨日山水的发愣，坐在阳光下，把一路行来的记忆一茎一茎再嚼一遍，像一只馋嘴的羊。我想起白杨瀑布，竟那样没头没脑从半天里忽然浇下一注素酒，你看不出是从哪一尊壶里浇出来的，也看不懂它把琼浆玉液都斟酌到哪里去了。你只知道自己看到那美丽的飞溅，那在醉与不醉间最好的一段醺意。我且想起，站在桥墩下的巨石上，看野生的落花寂然坠水。我想起，过了桥穿岩探穴，穴中山泉如暴雨淋得人全身皆湿，而岩穴的另一端是一堵绿苔的长城，苔极软极厚极莹碧，那堵苔墙同时是面水帘，窄逼的山径上，我拼命培养自己的定力，真怕自己万一被那鲜绿所惊所惑，失足落崖，不免成了最离奇的山难事件。我想起当时因为裙子仍湿，坐在那里晒太阳，一条修炼得身躯翡翠通碧的青蛇游移而来。阳光下，它美丽发亮如转动的玉石，如乍惊乍收的电光，我抬起脚来让它走，它才是真正的山岳之子，我一向于蛇了无恐惧，我们都不过是土地的借道者。

想着想着，忽觉阳光翕然有声，阳光下一片近乎透明的红叶在溪谷里被上升的气流托住了，久久落不下去，令人看着看着不免急上心来，不知它怎么了局。至于群山，仍神出鬼没，让人误以为它们是动物，并且此刻正从事大规模的迁移。

终于有人掷了画笔说：“不画了，算了，画不成的。”

其他几人也受了感染，一个个仿佛找到好借口，都把画笔收了。我忽然大生幸灾乐祸之心，嘿嘿，此刻我不会画画也不算遗憾了，对着这种山水，任他是谁都要认输告饶的。

负责摄影的似乎比较乐观，他说：“照山，一张是不行的，我多照几张拼起来给你们看看。”

他后来果真拼出一张大山景，虽然拼出来也不怎么样——我是指和真的山相比。

我呢，我对山的态度大概介乎两者之间吧，认真地说，也该掷笔投诚才行，但我不免仍想用拼凑法，东一角，西一角，或许勉强能勾山之魂、摄水之魄吧！让一小撮山容水态搅入魂梦如酒曲入瓮，让短短的一生因而甘烈芳醇吧。

守得寂寞

□李大钊

近来常听人说：“我们青年要耐得过这寂寞日子。”我想这“寂寞日子”并不是苦境，实在是一种乐境。

我觉得世间一切光明，都从寂寞中发见出来。譬如天时，一年有一个冬季，是一年的寂寞日子。在此时间，万木枯黄，气象凋落，死寂冷静，都是它的特色。可是那一年中最华美的春天，不是就从这个寂寞的冬天发见出来的吗？

一天有一个暗夜，也是一天的寂寞日子。在此时间，万种的尘嚣嘈杂，都有个一时片刻的安息。可是一日中最光耀的曙色，不是从这寂寞的暗夜发见出来的吗？热闹中所含的，都是消沉，都是散灭；黑暗寂寞中所含的，都是发生，都是创造，都是光明。

唱歌给树听

□刘崇凤

那不知是从什么时候开始的。我想也许小时候我们曾这么做过，跟树说话、和花玩耍、与路边的小狗对谈……人们觉得孩子这么做好气又好笑，没人把孩子的这些举动当一回事。久而久之，我们长大了，有许多工作要忙、许多事要做，换我们不把它当一回事，除了人话以外，我们听不见其他的语言。日常的联系沟通繁不胜数，哪里轮得到树、花、路边的小狗或其他的东西呢？

我们是人，生活在浩瀚广大的宇宙中，宇宙的奥秘却随我们的失落与遗忘，逐渐模糊。

灵山顶上，一片黄土，几株小树错落，总觉得光秃秃的，即使这里可以清楚地眺望家乡美浓，晚上还有豪华的夜景做伴……可是不知道为什么，总觉得少了些什么。

阿蕨还在休息，我拿着焦黑的锅和空水瓶，决定走下去洗锅并装水，再走上来。

往前行，过了下山的岔路口，再过去是另一片平坦之地，建有木质凉亭。初搬回美浓时，曾到过这里爬树，那是自己第一次感受到浅山有其深邃，就藏在树上。我不由自主地走了过来，喜欢这里的树，它们缄默存在，却能轻易安抚人心。

看到脚边有片环状剥落的树皮，掉落在地上，又粗又厚。我抬头，“啊！”才发现那棵几乎垂死的大树。

我不太记得它了，直到看到它在风中垂死的姿态时，才赫然想起当初遇见它的样子。它曾枝叶繁茂，因枝干伸展得太美太有诗意，我驻足在它面前看望许久，好想爬上去。而今它却兀自在风中，显得凄怆寥落，没有一片叶子挂在身上。徒留枝干挺立，树皮一片片剥落，垂垂欲挂，不知道何时会掉下来。

一对上来的夫妻告诉我，这树去年遭到雷击，随后便逐渐迈向死亡。有时，生命无常。任何生命都一样。

我望着它，望着周遭的林木决定回灵山山顶，告诉阿蕨，下来看树。今晚换地方搭帐篷，就陪这里的树睡吧。

夜里，我们升起营火，备好的柴多数没用上，因为那些掉下来的粗粗厚厚的树皮，能够燃烧很久。生命的能量，在燃烧的那一刻被转换了。昨夜的火小而暖，今夜的火不太一样，树皮随着燃烧的时间越发卷曲，红艳艳的火光中，带股柔韧、带股苍劲，树皮在火中绽放，如花一般开裂，树在火中，重新开枝散叶，风如火火如风。

人们那么忙碌，会在意一棵将死之树吗？

“我跟它说过，会唱歌给它听。”阿蕨看着我，说得煞有介事。

我着迷地看着树皮在火中跳舞，又看向夜里的树。它安静萧条，但尚有气息。天上星子看望，底下旗山的灯火也闪闪照耀，红色的火光映照着我和阿蕨，夜风中，我们唱歌给树听。即兴的吟唱在黑夜里飘散，我看着夜里树凋零的样子，知道死亡不过是一个过程，再风华绝代也终将归于尘土，它存在过，一花一草都为它做见证。我们唱，从低低吟唱到放声高歌，是安抚它吗？我以为是，但老实说，其实是安抚自身，专注地诉说对这里的喜欢。

曾经人声喧嚷的晨昏，在入夜后一片宁静。阿蕨的声音纤细，我的声音悠长，我们唱，唱给山林听，让它知道，有人疼惜，有人爱。

这世界，在快速轮转之时总不小心略过许多，只有在暗夜火光前，在卷曲后盛放的树皮花前，会有静止的片刻凝结，凝结成我们难以忘怀的当下，像用千年共有的记忆，才烧出一小块的琉璃。

关于死亡、关于新生、关于家乡……无边无际的宇宙。

我起身，拍了拍身上灰白的点点余烬，身上有火的气味。再一次凝望深红的火心，红光透过眼睛钻进内里，精准、深刻，而且清晰。

“嗯，好多了。”阿蕨说。

她说的是树，还是我们？

如果可以，要继续唱下去，唱给每一株树、每一棵草、每一只归巢的倦鸟，唱给每一座庙宇、每一炷香、每一个虔诚祈祷的……似乎因此，一切会缓缓归于平静，我们会收到祝福，幻化在火的光影里，重新诞生。

我看向山下，再不多时，灯火会灭，一天又生。树的枝条在风中兀自挺立。

自那之后，我便常常跟树讲话，这件事很奇怪，我不轻易告诉别人。我不想跟别人不一样，不想别人用异样的眼光看我。我都偷偷来，看见一株生病的树，我会摸着他的树皮问他还好吗；遇见一朵美丽的花，我会蹲在她面前大方地赞赏她。

阿蕨说，一开始，她听见树跟她说话的时候，她以为自己听错了，怀疑自己是神经病。可是我羡慕她，我羡慕她能听见树的声音，那声音还分性别、分气韵老的，抑或年轻的……我听了好兴奋，跟她一起上山时，会拉着她问哪棵树有没有跟你说什么，这片森林都好吗？阿蕨其实不常回答我，多数时候她只是神秘一笑。在那一笑里，我便觑见更多更不可思议的世界。

听不见也没关系哦，我保持单向沟通，喜欢和关爱都要让对方知道。我知道我找回小时候的自然而然了，啊！全世界都可以交谈的感觉真好。于是散步时，街道变得缤纷可爱，花草树木和鸟儿，细碎交换着不知道什么的什么；下雨时，静听雨落的声响，感受水的流动；刮风时，树叶沙沙作响，风捎来了讯息，偶尔，突然听懂那么一点点时，能感受到宇宙之大、之丰盛，我仰头，会为生而为人，能参与这个宇宙，而感到荣幸。

唱歌给树听，这是一个秘密，为了保持正常，请不要告诉别人。

三股伟大的力量

□张笑宇

在古代社会与现代社会的转折中，有三股力量显得非常关键。

第一股力量叫作“伽利略的力量”。伽利略讲过两个世界体系，古典世界是静止的体系，现代世界是以运动为永恒的体系。运动是现代社会存在的方式，我们要在变革中适应这个世界——最好的状态就是不断地应对挑战，在挑战中不断适应，然后学会生存。

第二股力量叫作“伏尔泰的力量”——自由的力量。伏尔泰希望打开人们的头脑，希望大家不要被教会的神学所束缚。

第三股力量叫作“培根的力量”——科学方法论。只有通过科学的方式，进行一点点的验证，人们才能创造奇迹。培根有一个粉丝，叫塞缪尔·哈特利伯。他说，现代社会创造财富的本质叫“知识炼金术”。古代世界获取财富的途径不外乎来自土地、商贸和征服。但是，一旦掌握培根的科学方法论，人类就可以利用知识源源不断地创造财富。

斯特朗的地毯鞋

□毕淑敏

这是一家老年人活动站。在新奥尔良。一栋简陋的楼房，早先是非洲裔的旅馆。进得门来，看到的都是白发苍苍的头颅，不论头发下的面孔是何种颜色，头发统是白而暗的。人的头发真是很奇怪，不管它们年轻的时候是黑的、棕的、黄的……到了尾声，一律都会变白。我问好友安妮，白色的头发老了，会是怎样？安妮说，它们依旧是白色，但无光泽。看来，亮度比颜色更说明一个生命的状况。

有一棵树——一棵工艺树，做得很逼真，赭的树干，绿的枝条。大约有一人高，摆在活动站很显眼的地方，树上挂着很多树叶，当然也都是人造的。每片树叶上写着一些字，或者是一幅小画。比如一片蜡烛形的叶子上写着：记住我有一只大鼻子的、快乐的、镶满皱纹的脸……然后是抖动的签名。

我问活动站的站长古薇尔女士，这是什么？她说，这是曾经在这里活动，现在已经去世的老人，从天堂写给大家的信。

我的头皮轰的一声。死人是不能写信的，这是常识。我一边听着她的介绍，一边锲而不舍地惦念着那棵有着奇异叶子的树。

古薇尔女士终于讲到了这棵树："噢，是老人们共同栽下了这棵树。每一位老人都知道自己死后会在这棵树上有一个位置，用以悬挂自己的树叶。他们会在生前就写下这片叶子，然后保存在亲人那里，如果他们没有亲人了，那就保存在活动站里。当他们去世之后，他的家人就会把叶子送来，挂在这里，永远地。大家常常来看这些叶子，念上面的话，有很温暖的蒸汽，从这些叶子上蒸发出来，进入我们的眼睛……"

古薇尔女士这样说着，我看到她的眼睛湿润起来。哦，我错了，古薇尔女士久经生死，在说这些话的时候，神采飞扬，很为自己发明了这棵沟通生死的树而骄傲。水汽不是进入了她的眼睛，是进入了我的眼睛。

与楼下的喧闹相比，楼上是静谧和安详的，有几位老人在绣花和织毛线，古老的女红的气息从风烛残年的鼻孔呼出，让人走路和说话都变得叹息般轻。旁边有一个小小的橱柜，陈列着老人们的工艺品。一套极其美丽的婴儿装，雪白的翻卷的绒毛，精美的图案让人爱不释手。我很想买下，但偷偷觑见标价，要50美元，囊中羞涩，不敢问津。但我决定斟酌力量，一定买下一件老人们的作品。不单是留作纪念，也为了尽点绵力。

一双黄色和蓝色毛线织成的地毯鞋，大而柔软，蓬松得如同两只小哈巴狗。虽然我家并没有地毯，我还是决定把它们买下来。然后我对古薇尔女士说，我能和"鞋匠"照一张相吗？

古薇尔就拉着我向一位老人走去。她身材瘦小，坐在轮椅中，在身体和轮椅的空隙中，夹着两团大大的毛绒球。

她的手指干枯如藤，但依然很有力地操纵着两根毛衣针上下翻动。在她的身边，摆着刚完成的一只地毯鞋，红黄相间，鲜艳如枫。

"她叫斯特朗。今年八十六岁了，她患糖尿病很多年了，两条腿都截过了，眼睛近乎失明……"古薇尔介绍说。我这才注意到斯特朗老奶奶轮椅下的"腿"，白色的套鞋中，是冰冷的金属，风在她的腿间毫无障碍地吹过。

斯特朗老奶奶笑着说，很高兴从中国来的客人喜欢她的地毯鞋。她说，那套美丽的婴儿装也是她织的，只是现今年龄大了，有些力不从心，就专门织地毯鞋了。

我抚摸着一位没有脚的老人织出的精美的地毯鞋，心中充满痛彻的谢意。她把自己对脚的期待织进了鞋里。

2 时间不会为谁停留，要做更好的自己

如何打败“机器人淘汰三原则”

□胡　泳

2013年我写了两句话：一句是“凡是能够数字化的一定会被数字化”，比如教室、诊室这些以前难以被数字化的地方，现在都越来越被数字化影响。第二句是“凡是能够智能化的一定会被智能化”，比如智能手机、传感器、无人机、自动驾驶汽车等。今天我想加一句，第三拨到来的将会是自动化，凡是能够自动化的一定会被自动化。

数字化是经济威胁，智能化是产业威胁，而自动化是个人威胁：机器人要来抢你的工作了！自动化永远比你更快、更廉价、更精准。机器按逻辑行事，而且随着技术的不断迭代更新，将更具生产效率。

人的体能是有限的，而且已经接近最高点。在提高生产力的平台上，人没有竞争优势。所以，不是人是否会被机器替代的问题，而是在哪些方面被替代，以及被替代的程度的问题。

前两年，某互联网企业发布了内部邮件，要坚决淘汰以下三类人：1.不能拼搏的人，包括因身体或家庭原因不能拼或者拼不动的人；2.不能干的人，也就是绩效差的人；3. 性价比低的人。简而言之，这样的互联网公司不想要三类人：懒的，笨的，贵的。我戏称为“机器人淘汰三原则”。就是说，这个标准完美地符合机器人致力于替代的三种人。

这里面最危险的还不是普通职业人士，而是中层经理人。因为他拿着比较高的工资，而其工作又不是完全不可替代的。如果我是老板，我会先开他。所以，对于哪些工作受自动化影响最严重这一问题，最简洁的答案就是：那些报酬最高却又最常规的工作。

我们可以把工作分为三类：跟数据打交道、跟事物打交道、跟人打交道。你可以将它们理解为工作的三个要素，工作本质越复杂，这三个要素就越缠绕，而工作的可替代性就越低，反之则会越高。

如果你在餐馆里洗碗，你只是对付脏碗筷，那么你一定会被替代；而如果你是专利律师，你需要钻研这三个要素中的所有问题，钻研数据、钻研人、钻研事物，这样被替代的可能性就比较小。

“数据”主要涉及的是数字。会计师、分析师和计算机科学家都跟数据打交道。由于数据的本质是数学，所以很容易被一个运算法则予以自动化。那些涉及低级运算的工作很容易被淘汰。反过来，那些利用数据创造内容的工作则会成为紧俏商品。

“事物”是指工作所涉及的对象是那些无生命的物体。木匠、飞行员和电工工作的对象就是事物。工作对象是事物的人可以通过把多种事物整合为一个有用的设备或者服务来为自己寻找生存机会。

“人”的工作，顾名思义，指工作的主要任务是与人互动。低级的互动，如银行出纳员或柜台收银员，会很容易被淘汰；但需要高度人际互动的服务，像心理咨询师或出庭辩护律师，就很难被自动化取代。那些能与其顾客群建立紧密的感情纽带的人将是最不可能被机器人替换的。

分析三个要素的缠绕就会发现，当下真正能立于不败之地的是学会怎样利用数据来创造内容的人。比如编代码的计算机科学家就是这类人，因为他们能把原始数据诠释成为意义；再比如市场营销人员，如果他懂得怎样将消费者数据转化成销售策略，那他也不会被轻易替代。

脚下有根，眼里有光

口罗振宇

教育专家沈祖芸在她的《全球教育报告》里讲了一个精彩的案例，我索性跟着沈老师去了一趟那里。

这是一所山村小学，坐落在北京市怀柔区的深山里，叫九渡河小学。

2020年1月17日，学校来了一位新校长，叫于海龙。他干了一件事——在周边的几个山村贴了很多告示，招辅导老师。告示贴出来一周时间，有80多人报名。你可能有点儿奇怪，村里能有什么辅导老师呢？有。是剪纸的、做豆腐的、做灯笼的、养蜜蜂的、养鱼的、养蚕的、榨油的、做饭的等。就是这样一些普通的村民，大家有的，也无非平日里农家谋生的本事。你可能有点儿泄气，以为于校长能搞什么创新呢，搞了半天好像也就加了几门兴趣课。

于校长要求孩子，不仅要把豆腐做出来，还要卖出去。在这个挑战下，学校里原本的各种文化课程就被融进来了。怎么把豆腐做出来，科学课的内容就加进来了；怎么把各种成本核算清楚，各项收入记录明白，算术课的内容就涵盖进来了；还要卖掉豆腐，卖给其他学校的食堂和周边的餐馆，要写文案，广告能打动人，语文就应用起来了。

豆腐课的引入，只是引了一个壳，一项挑战，而国家课程标准要求的那些知识点，被于校长装进了这个壳里。磨豆腐需要计算黄豆和水的比例，孩子们提前就学会了。了解重量单位的换算关系，学会使用仪器测量质量、体积和温度。这些内容，孩子们一边做豆腐，一边就全掌握了。

类似的课程还有很多：木工课、烘焙课、瓷器课、传统手工课、养殖课、蔬菜栽培课……带着真问题，去满世界寻找解决方案，这才是学习本来该有的样子。在这所山村小学，这些被真切地实现了。

这仅仅是学校在周边的村子里找到了资源吗？不，四周的村民也有收获：磨豆腐、做木工、种菜、养鸡，这些事对村民来说，原来只是生计。而现在，九渡河小学的一个邀请，让他们成了老师。

你可以想象，他们的生活被“老师”这个新的身份点燃了，这在中国的乡土社会是何等荣耀。我和他们中的一些人聊过，他们跟我说，他们从来没有像今天这样热爱自己的这门手艺。

你看，不仅是学校有了资源，周边的村子、周围的人，也因此被照亮，有了光彩。学校和村子之间的关系，也因此改善了。

孩子在社区里长大，整个社区滋养孩子，而孩子给社区带来希望。

我在九渡河小学的大门口，看到墙上写的校训，其中有一句：“脚下有根，眼里有光。”

为什么眼里有光？因为孩子们是在解决具体的问题，是真的在寻找答案。那么，根在哪里？根就在附近的村子里，在附近的人那里。

所以，沈祖芸说了这么一句话：“教育资源其实无处不在。”

资源就在你身边。

比起含金量，学历更多是一种信号

□张 军

在我们传统认知中，教育的功能是增长能力和学识。但是2001年诺贝尔经济学奖得主之一的迈克尔·斯宾塞教授有一个有趣的理论，他更倾向于把教育看成关于个人能力的“信号发送”机制。

在斯宾塞看来，大学文凭与其说代表了你学到的知识和获得的能力，不如说它是一个可以释放的关于你个人能力的“信号”。这个信号可能包含你的学习能力、为人处世能力、自律能力，甚至是你的智商，等等。你凭借自己的文凭，把这些信号传递给你的潜在雇主。这就是很简单的对信号传递理论的理解。

信号传递理论的基础，是我们生活中普遍存在的“信息不对称”现象。我们知道，信息对于做决策和选择来说是非常重要的前提。

什么是信息不对称？用大白话来说就是“买的不如卖的精”。这就是说，在商品买卖市场，通常来说，卖家比买家更了解商品。

在劳动力市场上更是如此。一个雇主和一个找工作的人，他们之间的信息当然是不对称的。找工作的人，他的信息是一种个人信息，只有他自己才知道得最全面；而企业信息则是一种公开信息。企业想找到合适的人才，其实是很困难的，因为他们并不了解就业市场上每一个人的个人信息，比如你有多能干、多聪明，智商有多高，这些都是你的私人信息，或者说隐藏的信息。

如果企业老板不掌握这些信息，就完全不能区分求职者的好坏，他会怎么做？他只能给每个求职者打同样的分，支付差不多的工资，这样老板就只会雇用到一般水平的人。同时，水平高、能力强的人，由于不能被老板识别，不能获得更高的收入，也不愿意对自己进行教育投资——因为这种投资在劳动力市场上是没有回报的，那么这时，劳动力市场上就出现了“劣币驱逐良币”现象。

这时，老板就需要一种能把求职者的个人能力传达给他的“信号”——学历。通常来讲，能力较高的求职者比能力较低的求职者更容易考上好大学、获得更高的教育，因此老板更愿意付出成本去聘请名校生和高学历者。

一般来讲，好学校为了保证自己的声誉，维持比较高的含金量，通常会有更高的准入门槛和更严格的淘汰制度。这无形之中增加了低能力者发送信号的成本，因此只有高能力者才有能力发送文凭的信号。所以凭借教育水平，老板就可以把他们区分开来。

据说斯宾塞提出信号理论就是因为他观察到，哈佛商学院的学员毕业之后，工资往往比读哈佛之前增加好几倍。到底是因为在哈佛商学院两年的学习使得他们增加了好几倍的能力，还是因为哈佛这块金字招牌筛选出了更优秀的人才呢？研究结论是，哈佛招牌发送的信号起到了更大的作用。

这个信号传递理论，背后还有更深层的洞察。

因为劳动力市场上的活动，说到底不过是在进行供需的分类而已，也就是为潜在的雇主匹配潜在的、合适的劳动者。匹配得越好，市场也就越有效率。

一个粗糙的、初级的市场，其实就是不能很好地匹配供给方与需

将时间还给自己

□唐辛子

宫崎骏几十年来的老搭档、吉卜力工作室董事长兼制片人铃木敏夫，曾经这样介绍宫崎骏的日常生活——知道宫崎骏每天吃些什么吗？铃木敏夫说，当大家在讨论美食，说这家店好吃，那家店如何时，宫崎骏可是一次都没有尝试过。“我认识他到现在，他每天吃的都是太太做的便当：一个塞得满满的铝饭盒。为什么会塞得满满的？因为那是他的两顿饭：用筷子一分为二，中午吃一半，晚上吃一半。5分钟吃完，午饭后休息15分钟，然后从上午9点一直工作到凌晨2点。年年如此，日日如此。”

宫崎骏不仅几十年如一日吃着太太做的便当，对于游戏机、家用电脑、互联网等也都心怀警惕，认为它们都是动漫设计师的大敌。例如，电子邮件就令宫崎骏心烦，为此，他不惜花时间在吉卜力工作室进行“全员调查”。发现大家居然都在使用电子邮件，宫崎骏大吃一惊，跑去对铃木敏夫说：“铃木！大家都在用电子邮件，日本的动漫完蛋了！”因为宫崎骏认为，工作之外，还对其他东西感兴趣的家伙，是成不了好的动漫设计师的。

宫崎骏的想法是有道理的。“我愿意将时间交给你，说明我真心爱你。”衡量男女之间是否有真爱，并不是以金钱来计算，而是以时间来评估的。金钱可以反复使用，还可以不断去赚；但时间只能拥有一次，且永不再来，爱一个人，哪怕为他或她牺牲再多时间也愿意。而一个人是否真的热爱自己的工作，也是以时间来衡量的；没有其他事物比工作更吸引人，更令人们愿意花费所有的时间倾情其中。这正是宫崎骏成为世界级动漫大师的原因。

当然，并不是每个人都能幸运地拥有一份自己热爱的工作。但这不要紧。即使不热爱现有的工作，起码也应该热爱自己。热爱自己最诚实的表现，就是懂得有效利用属于自己的、今生仅有一次的时间，明白该怎样在喧嚣的焦躁中，将时间安静地、完整地交还给自己。

求方的市场。一旦不能做到很好的匹配，鱼龙混杂的现象就会出现，因为在这种市场上没有人能把一样东西跟另外一样东西很清晰地区别开来。这时候假冒伪劣就会猖獗。而一个高级的、发达的市场，一定是能够区分得越来越细的市场，可以让供给方与需求方很好地匹配。

其实，除了教育，我们熟悉的品牌、商标、广告，也都具备传递信号的功能。我记得有两个法国人，把美国各种各样的品牌、广告，比如迪士尼、麦当劳等做了一个电影，叫《商标的世界》。虽然影片只是好玩，但仔细想来，如果这个世界上没有商标、品牌，会是怎样的呢？

你错过了多少生活

□［英］阿兰·德波顿

英国著名艺术家约翰·罗斯金出生于1819年的伦敦，他的大多数作品都围绕着一个主题，即如何拥有美景。罗斯金认为，只有一种办法可以正确地拥有美，那就是尝试通过艺术，通过书写或绘画来描绘美丽的地方，而不考虑我们是否具有这样的才华。你画得好不好并不重要，绘画最重要的作用是教我们去观察：不是走马观花地看，而是关注。树干是如何与树根相连的？雾是从哪里来的？为什么一棵树的色泽似乎比另一棵更深？——在素描的过程之中，类似的问题不断出现并得到回答。

在一篇文章中他写道："让两个人外出散步，一个是优秀的素描家，另一个则对这类东西毫无喜好。他们顺着一条林荫道往前走时，对这片景色的感受会有着很大的区别。一个将看到一条小路和树木，他会认为树是绿色的，但他不会对此做任何思考。他会看到阳光闪耀，并觉得很舒服，仅此而已！但素描家会看到什么？他的眼睛习惯去探求美的原因、美的最细微的部分。他抬头向上看，观察阵雨般散射的道道阳光是如何从头顶闪烁的树叶间洒落下来，直到林间充满翠绿的光。他会这里看看，那里看看，一根树枝从树叶的遮蔽中伸出来。他会看到翠绿色的苔藓散发的宝石般的光芒，还会看到色彩斑斓的地衣，白色和蓝色，紫色和红色都交织、混合在一起，织成一片鲜艳夺目的锦缎。接着，他会看到凸凹不平的树干和扭曲的树根，树根在陡峭的河岸像蛇一样延伸开去，而岸边铺着草皮的斜坡，被有着千万种颜色的花朵镶嵌。这难道不值得细细品味吗？然而，如果你不会素描，你只会经过这条绿色的小路，当你再次回到家时，你不会觉得有什么值得一提或回味再三，你仅仅是走过了它。"

罗斯金不仅鼓励我们作画，他还认为我们应该写。写作就是用文字画画，这样做可以巩固我们对于美的印象。在湖区给一个朋友的明信片上，我带着某种绝望，匆忙写道："这里景色很美，天气潮湿、多风。"罗斯金会将这样的语句更多地归因于懒惰，而不是缺乏能力。他认为，我们有能力进行大量丰富的语言描绘。导致失败的结果仅仅是因为我们没有问自己足够多的问题，没有精确地分析我们的所见和所感。

整个成年时代，罗斯金都对英国人拒绝更有深度地谈论天气而感到沮丧，他们加诸天气的形容词总是"潮湿、风大"。这尤其让罗斯金感觉不适："在整个喋喋不休的人群中，谁能告诉我，今天中午，环绕着地平线的一大片绵延的白色高山，究竟是何种形状，那峭壁又有何种姿态？谁看见了从南面照射过来的狭长光束照耀着山顶直至白雪融化、崩流而下形成的像蓝色的雨滴？谁看见了当昨晚阳光不再照耀，被西风吹得犹如凋零的树叶般的朵朵乌云在空中的舞蹈？"罗斯金曾得意地说，他将天空装进了瓶子里，就像他的酒商父亲将雪利酒装进瓶子里一样小心翼翼。这里有一篇日记，记载了1857年秋天，在伦敦，罗斯金将天空装进瓶子的一天：11月1日，一个红晕中的早晨，翻腾的云呈现出柔软的红色，云边的红更加鲜艳，接着渐渐变成紫色。灰色的云朵由西南飘来，从其下方向它们靠近。地平线上，飞云和卷云之间则是灰色的积云。多美的一天……远处所有的紫色和蓝色、树丛中迷蒙的阳光、绿色的田野……小心观察那精美的景致，蓝色的天空中散漫了金色的叶子，栗子树纤细而矮小，星星将黑暗衬出。

培养王安忆

□张新颖

作家王安忆的母亲，也是作家的茹志鹃写过一篇文章：《从王安忆说起》。文章写于20世纪80年代初，却没有发表，是王安忆从她母亲的遗稿中发现后交给我的。

文章主要回答了她母亲经常遇到的一个问题："你是怎么培养王安忆的？"母亲是作家，女儿又成了作家，人们好奇，提这样的问题，也很自然。

"于是我在不同场合，针对不同对象反复说，我有三个孩子，假如我能够培养作家的话，我就要培养三个。而事实上我家老大是一名教师，一个较好的语文教师；老三是一名售票员，是个文学爱好者，可见王安忆并不是我所能培养出来的。"

其实这要看怎么理解"培养"这个词。茹志鹃特意说到的，有这么几点。

一是教育上的。"在孩子还小的时候，我除了给他们吃饱、穿暖，还给了他们一些看不见、摸不着的东西。要给孩子一些感情上的、文学上的熏陶。孩子们还小的时候，背过一些唐诗宋词，先是背，然后让他们懂一些诗里的意境。这千万别误会是让他们死背书本，我曾在深夜里，听见过邻居叱责、威逼孩子做功课的声音，这样'关心'孩子的功课，其效果不知怎么样。不过可以肯定的一点是，大人、孩子都十分疲劳，看见做功课，都认为是一件苦事，一件恐怖无比的事。"

二是对写作才能的发现。王安忆刚过了16岁的生日就去淮北插队，母亲除了每月寄10元钱给她吃饭，便是一星期写两封长信："她也给我回了两封信，信里写了她的劳作，生活，环境，农村里的小姐妹、老大爷、老大娘，也写他们之间发生的纠纷。我发现她写的这些平常的生活情景，生动亲切，如见其人，如闻其声，使人看了就难忘。她写的有些事，我直到现在都还记得。比如她们下工回家以后，农村生活的寂寞、刻板，一旦听见井边有人吵架，正在挑水的丢下水桶，正在切菜的丢下菜刀，纷纷赶出去看，结果，人家不吵了，大家就叹一口气，不无遗憾地又纷纷回到屋里挑水、做饭。有一年春天，她写信来说，乡亲说燕子不来做窝，这家人一定是恶人，要倒霉的，而她住的那间屋子，梁上还是空的。过了几天她来信报告说，有一天早上她一睁眼，就看见梁上有燕子来做窝了。她写的都是一些小事，但从这些琐碎的事里，我了解了她的生活、她的思想感情，甚至她的形象，都能透过她的文字感觉到。"

三是不管。王安忆在中国作家协会文学讲习所（现鲁迅文学院）学习时，曾把她写的《幻影》寄回来给母亲看。"我就写了长长的一封回信，详尽地提了意见。王安忆的父亲却说，让我不要管她，让她自己去摸索，去走路。"这话给茹志鹃提了一个醒，"我提这些意见是为什么呢？无非是要她照我的意见写，要把她纳入我的思路轨道上来进行创作。这篇如此，以后呢？篇篇如此吗？这有利吗？这对我、对她不都是一件苦差，一件极累的事吗？想到这里，我便立即又追了一封信去，收回前信的意见，要她照自己的想法写。从这时开始，我基本不看她的初稿。弄到后来，连她已经发表或者已经得奖的作品都来不及看了。忠实的读者倒还是她的父亲。"

"回想起来，不去管她，让她自己去探索，去走路。这恐怕和王安忆在创作上较快地形成自己的一种表现方式有点关系。在她的成长道路上，如果说我有点作用的话，这可以算一功。"

西南联大的年轻人

□李晓明

2021年首映的纪录电影《九零后》，由16位平均年龄超过96岁的传奇老人联袂“出演”：许渊冲、杨振宁、杨苡、王希季、巫宁坤、马识途……这样的“演员”阵容，可谓空前绝后。他们共同的身份是西南联合大学学生。

“亡国灭种”之危

1935年，北平学生“一二·九”抗日救亡运动爆发。当时年轻人的心头都像有一团火在燃烧。

16岁的杨苡开始给巴金写信。她回忆道：“巴金的《家》跟我们家很像。我想走，像《家》里面的觉慧那样出走，他老是叫我忍耐，所以我就很生气。”

“我崇拜的人，除了我哥哥（杨宪益），当然就是大李先生，巴金的哥哥，他是我的暗恋对象。”100岁的杨苡性情率真，一股新时代自由女性的清风扑面而来，却又带着岁月沉淀的醇厚与哀伤。她深深怀念的大李先生，病逝于1945年。

杨苡中学毕业后，被保送南开大学。但在照完毕业照的第二天，卢沟桥事变爆发。不久，北平、天津相继陷落。北大、清华、南开的诸多师生，暂避于长沙临时大学。冯友兰在国立西南联大纪念碑碑文中将之与历史上多次发生的外族入侵、“衣冠南渡”相提并论。彼时的悲痛与怅惘，是联大学子的共同记忆。

那一年，杨振宁15岁。他后来在纪念邓稼先的文章中写道：“那是中华民族任人宰割的时代，是有亡国灭种的危险的时代。”

1937年11月，淞沪会战打响3个月后，日本人攻陷上海，沿着京沪线往南京打。那一年，巫宁坤17岁，他就读的扬州中学宣布解散。巫宁坤回忆起当年的情境，抑制不住，悲从中来，语不成声：“我们有个女同学，唱高音的女同学上台去，唱当时最流行的歌曲，‘我的家，在东北松花江上……’”

此时，距惨绝人寰的南京大屠杀，还有一个月。

壮志不屈

1937年12月13日，南京沦陷。不久，日军逼近武汉，长沙告急。临时大学开学不过3个月，不得不再次撤退，这次的目的地是大后方昆明。有近300名学生没有走，他们选择参军或以其他形式参与抗战。

查良铮一路走一路念英文，有些学生沿途照相，有的收集民歌，学机械的观察水车如何灌溉。有的看到贫困山区缺水少电，在三四年级时决定学习水利专业。这一路走去，历时68天，跨越三省上千座村庄，跋涉3500多千米，也是一堂生动的国情教育课。

考进西南联大，王希季选择了机械学系：“那个时候，就是很单纯地想工业报国，要打日本。”老先生回首当年，语气中透着决绝。杨振宁和邓稼先在联大亲如兄弟，联大同学回忆，二人常在一起念古诗，其中就有唐代李华的《吊古战场文》，寄托了凄恻悲愤之情。

每逢乱世，多难殷忧之际，人们往往从历史和传统文化中寻找精神力量。联大学生、历史学家何兆武先生认为，“这给了我们一个千载难逢的机会，去体验人性的幽深。那在几千年的中国历史中形成的人性，以最浓缩的形式在最短的时间内迸发出来”——“衣冠南渡”的历史文化意象，家国濒临危亡的巨大心灵冲击，涤荡生发出联大师生们实践道德理想、坚守文化人格的深宏境界。

穆旦有句诗：“我们明亮的血里奔流着勇敢。”联大的这批年轻人，他们的勇敢并不仅仅是匹夫之勇，更有捐躯弃身的德行之勇。

中兴业，须人杰

许渊冲回忆，在联大读书时，有一半时间是在跑警报。日军不时空袭昆明，师生们四散躲避，是谓跑警报。做过清华大学国文系主任的刘文典教授当时有一句名言：“我跑警报是为了保存国粹，你跑是为了什么呢？”真可谓逃命路上的灵魂之问：你的生命有什么价值？

联大学子各有各的回答。有的投笔从戎，浴血沙场；有的读书救国，赓续文脉。

国立西南联大纪念碑上刻有834位从军的学生名字。有的战死，如缪弘。父亲缪斌投日加入汪伪政府，缪弘携弟缪中逃离家庭，随后考入西南联大，报名参军，赴战之心决绝。同学回忆，他有为国牺牲的决心。1945年7月底，在一次攻打机场的战斗中，同行的美国兵怕死退了下来，作为翻译官的缪弘却和士兵们一起冲锋，不幸阵亡。11天后，日本投降。

有的九死一生，如查良铮，他的笔名是穆旦。同学回忆他外表沉静，可是能感觉到他内心深处燃烧着一簇烈火。1942年，他投笔从戎，参加中国远征军，随杜聿明的军队前往缅甸战场担任翻译，后被迫退入野人山，亡命热带雨林。

还有的，一心问学，各擅其才。那个时代，正如联大校歌里写的，“中兴业，须人杰”。

吴大猷回忆联大时期的李政道，感觉有些不可思议：“他求知心切，简直到了奇怪的程度。”殊不知，学习之于李政道，是生命存在的意义。在入联大之前，李政道迫于战乱，中学都没有毕业。1941年自最后沦陷的上海英法租界逃亡时，他年仅15岁，兵荒马乱中只得随难民流亡，一路贫病交加，身无分文，却在赣南的一座图书馆中，因自学一套大学物理教材而顿悟生命的价值。他读到萨本栋所著的《普通物理学》中讲牛顿力学的部分时，非常新奇：原来这个复杂的天地间居然有可以普适的定律！由此，他踏进了物理学的殿堂。

“活着有什么意思？人为什么活？”李政道在历史纪录片《到大后方去》中，面对镜头说，“在赣州那段孤独无助的岁月，在敌机轰炸之下的逃难路上，环境再危险、再艰苦，还是要想办法鼓励自己生存下去。怎么鼓励自己呢？每一个人都有生存的意义。都是生命，可我跟蚂蚁不一样，我可以了解这个宇宙是怎么演变的，世界万物遵循什么规律，而蚂蚁不能。”

艰难困苦，玉汝于成。联大最终孕育了8位未来的“两弹一星”元勋、92位院士、2位诺贝尔奖得主、5位国家最高科技奖获得者，还有100多位名满天下的人文大师。短短8年的存续时间，联大培养出如此多的杰出人才，无疑具有深刻的教育史、精神史和文化史的研究价值。

纯粹人格之美

马识途先生在摄制组拍摄完成后，专门给西南联大博物馆的一位学生写了几句话，他说：“年轻是一笔财富，可是它也可能成为你的负担，就要看你怎么生活。”

联大的学生们无不是认真生活的人。那时候的学生，可以徒步3500里，去上一所最好的大学；可以穿越一座城去听闻一多的讲授；可以激扬文字，畅言科学与民主，“违千夫之诺诺，作一士之谔谔”；可以淡然于20世纪50年代经济繁荣、消费横行的美式生活诱惑中，劈波斩浪，回到百废待兴的中国，各尽其力……他们，莫不怀着“做人杰”的梦和强烈的信念感，寻找中国未来的出路。

《九零后》中，最打动人的莫过于一个词：pure（纯粹）。

同学讲述：“邓稼先赞赏一个人或一种行为，用的就是pure。谁的思想纯洁、境界高尚，他就说这个人真pure。他的这个标准，既用来评价别人，也用来要求自己，以至于同学们干脆叫他pure。这个外号是对他的特点与本质再恰当不过的写照，他真好像是一个透明的人。”

在家国遭逢剧变的20世纪30年代，一代年轻人因缘际会，他们上下求索，无问西东，身心皆经历动心忍性的锻造，因此淬火而升华，最终化为一种纯粹的人格，才有了穿透时光，动人心魄的美。

为什么总觉得自己不如朋友受欢迎

□吴 军

美国有位教授在做调查和数据处理时发现，通过统计得到的结果和实际情况不相符。他把这种现象叫作“视察者悖论”。

比如，美国有记者到监狱里调查现存犯人们的服刑时间，发现人均服刑时间特别长，超过13年，于是他们很容易就得出“法律太严苛”的结论。但是法官告诉他们，犯人们的平均服刑时间只有3.6年。为什么会这样呢？其实道理很简单，因为短刑期犯人很快就被释放了，而记者去调查，更大概率见到的都是被判了很长刑期的犯人，其实是陷入了统计的陷阱。

严格来讲，视察者悖论其实不是悖论，而是一种偏差。这种偏差也可能会影响到我们对自己的认识。

举个例子，很多人跟我讲过，他们一直担心自己不受欢迎。因为感觉身边很多朋友人缘都很好，相比之下，自己好像没什么朋友。

其实这是一种错觉。

1991年，社会学家斯科特·菲尔德提出了“朋友关系悖论”，它正是视察者悖论在社交关系上的翻版。

菲尔德统计发现，80%的人都觉得自己不如自己的朋友受欢迎，因为他们的朋友有更多的朋友。那些人都没有说假话，也不是谦虚，但是这个结论显然有问题，如果把所有人在受欢迎程度上排个名，你位于前50%和后50%的概率应该是一半一半才对。

假设你的社交水平是平均值，张三人缘比你好，李四人缘比你差，那张三和李四谁更有可能是你的朋友呢？显然是张三。

假如所有人都是自由交往，那大概率你的朋友就会是那些人缘好的人，人缘不好的人你可能也不会和他们成为朋友。这对于每个人都适用。这样下来，每个人的朋友中，大部分都会是那些人缘好的人。对比之下，自己好像就变成了人缘比较差的那一小部分。

有了社交网络之后，大量真实的数据进一步支持了菲尔德的结论。大家发现，每个脸书的用户平均有44个好友，但是如果我们去看一个用户的好友有多少好友就会发现平均是104个，是44的2.5倍。换一个角度来看，脸书的用户，有76%的概率不如自己的朋友受欢迎。但其实背后的道理只是，人缘好的人更有可能成为大家的朋友。

所以，你觉得自己不如朋友受欢迎，并不等于你的社交能力低于平均水平，而是因为你和朋友对比，陷入了视察者悖论。

类似的道理，如果你因为自己职级晋升得不够高，或者没有周围同事升得快而烦恼，或者觉得自己经济状况不够好而烦恼，其实这些都和朋友关系悖论的情况差不多。

首先，你看得见的人通常是比你更受欢迎的，那些不太受欢迎的人你可能根本没有注意到。

其次，一个人要想在一个单位中做到足够高的位置，需要较长的时间。很多人会在入职的前几年就离开，这些人被你忽略了。

最后，很多人觉得自己收入低，是做了错误的比较。有的人是和平均值比较，但平均值会受到极端值的影响，比如有一个超级富豪，就把财富的平均值提高了一大截，但他只是一个人而已。还有的人是和一起玩的同学比较，但实际上，有时间、有意愿和你玩或者参加同学聚会的，多半就是情况比较好的那些人，只和他们做比较对你自己并不公平。

科学属于全人类

□董洁林

年轻的时候，玛丽·居里夫人是我的偶像，相信她也是很多理工科学生的偶像。这主要是因为居里夫人取得的科学成就和荣誉亮丽得晃人眼。一位从落后并被占领的波兰去巴黎求学的普通女孩，怎么会出落得如此非凡？人们会不禁暗暗思量：我也可以！玛丽是家中5个孩子里最小的，她父亲是华沙一所中学的老师，母亲因患有肺结核不能工作，家庭没有什么财产，经济的拮据可想而知。她17岁就出去做家教赚钱，还寄钱资助在巴黎学医的姐姐。1891年，24岁的玛丽奔赴巴黎，走向了物理学之路。

玛丽在科学上的辉煌是从1898年发现放射性新元素镭和钋开始的。此时，她刚刚完成了第二个学士学位，与居里先生结婚三年，二人共同在一间简陋的实验室工作。自1896年开始，玛丽选择了放射性元素作为研究方向，发明了从沥青和矿渣中提纯这些微量元素的方法和工艺，并主要承担了从成吨的原材料中提取元素的沉重工作，居里先生也逐渐把自己原来感兴趣的压电晶体学放在一边，投入放射性元素的研究之中。1903年，36岁的玛丽和44岁的居里先生因为发现镭等新元素而获得了诺贝尔物理学奖。之后，荣誉纷至沓来。

成就和荣誉人人都想要，但魔鬼在细节之中。有多少人可以像居里夫人那样数年不拿工资在实验室里没日没夜地干活？又有多少人可以在一个藐视女科学家的社会环境中，不求前程心无旁骛地投入科学？至少，我没有做到。其实，我们这代人从事科研的条件比居里夫人那个时代，无论硬条件还是社会大环境都好太多了，但仍然有太多因素让人半途而废。于是，完成物理学博士之后，我与我年轻时的理想及偶像渐行渐远。

最近，在科学史的研读中，我再遇居里夫人，受到震撼的不是她取得的科学成就和荣誉，而是凸显其科学精神的细节。例如，1902年居里夫妇在讨论是否为提纯镭元素的方法和制作工艺申请专利时，他们明确知道这些技术很有商业价值，可以赚很多钱。与此同时，他们的生活拮据，实验室也非常需要钱，但他们最后决定把提纯技术和工艺无偿公布出去，美国布法罗自然科学协会以及很多世界各地的科学家和企业向他们索取制作工艺时，他们都耐心回信、一一相告。他们认为只有这样才符合“科学精神”。又例如，1921年居里夫人去美国，主要议题是去接受美国人民捐赠的1克镭。在参加捐赠仪式的前夜，居里夫人看见了捐赠协议，上面写明这一克是捐给她个人的。她立刻要求将协议更改为捐赠给她领导的实验室，她不愿意在万一她意外身亡的情况下，这笔财富由她的女儿们继承，因为这样不符合“科学精神”。

“科学精神”内涵非常丰富，不同时代、不同的人可能有很不一样的解读，这些解读甚至可能是彼此矛盾的。在居里夫人心中，科学精神是一种公益精神，科学是属于全人类的。无论历史上还是今天，都有很多像居里夫妇这样具有利他主义精神、践行科学属于全人类的科学家。正是由于这些极其聪明而又纯粹的人，人类才能从众多动物中脱颖而出，成为文明的物种。面对今天汹涌澎湃的各种科技潮流，我们需要不断仰望这些美好的人和事，心怀感激。

内向的人生不孤独

□梁 义

假如你在大街上遇到了不太熟的朋友，会做出什么反应？是上前打招呼，还是绕道或者假装拿起手机看不到？选择前者的大多是外向的人，而选择后者的基本上都是内向的人，内向的人和外向的人对生活有着不同的看法和体验方式。外向者靠与他人接触获得能量，而内向者则通过独处获得能量。这并非说外向的就是好的，不同的人有着不同的与这个世界接触的方式，很难以好坏区分。

内向的孩子在成长的过程中受过很多否定与质疑，这种来自外界的评价总会使内向的孩子对自我表示怀疑，无法建立真正的自信。每种性格都不能以简单的好坏做粗暴的判断，在某些领域，内向的人则更容易取得成就。他们比一般人更有能力投入自己专注的事物中，他们的被动不等于没想法，他们的孤独也不等于冷漠，他们的逃避也不等于拒绝，可能就是无法克服自己的恐惧。

美籍华裔媒体人杰茜卡·潘从小就是个害羞内向的人，这种内向也让她意识到自己和别人不一样，而使她更加害怕与他人接触，害怕他人发现自己的“奇怪”。在22岁生日那天，杰茜卡的几个大学同学在漆黑的教室突然出现，给了她一个大大的惊喜，杰茜卡的眼泪当时就忍不住涌了出来。所有在场的人都以为她流下的是感动的泪水，然而只有杰茜卡自己知道她是被这些人着实吓到了。然而她的噩梦并没有结束，这些朋友、家人和泛泛之交都坐在她的床上休息、寒暄，而这张小床恰恰是她躲避人群，最为安宁的小天地。一个内向的人的内心世界极为丰富，而外人却难以了解，在如此情绪波澜中，别人只能从她的目光中看到不安。

如果杰茜卡的人生没有发生变故，或许她会永远躲在壳里。然而，后来她失业，朋友们也都搬走，巨大的孤独感笼罩着她，当只有一人时，她发现自己并没有感到舒适，而是希望获得认同，希望和别人产生联系。曾经的她害怕与人打交道，却选择了做电视记者，起初，在镜头和聚光灯前，她全身僵硬，甚至连话都说不出来。看到她的履历你会发现，她从美国前往中国、澳大利亚、英国等地，是希望在新的地方可以有新的人生，有不一样的表现，然而事与愿违。她越来越拒绝尝试新事物，当现实的最后一根稻草压垮她之后，她希望彻底改变自己。

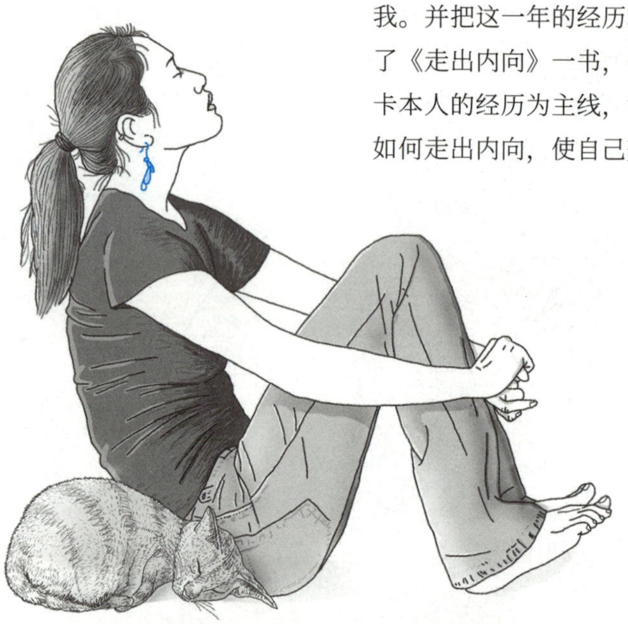

杰茜卡开启了“外向的一年”计划，她给自己设计了与陌生人搭讪、公开演讲、用社交软件寻找好友、婚礼演讲、单口喜剧表演以及说走就走的旅行等，借此挑战自我。并把这一年的经历和感受写成了《走出内向》一书，书中以杰茜卡本人的经历为主线，讲述了她是如何走出内向，使自己变为一个全新的人。

杰茜卡并没有否定自己的内向性格，而是深入自己性格中隐藏的部分，将内向害羞但又渴望社交的一面很好地释放出来。通过自己的改变，将内向性格之中可以与外界和平共处的一面，很好地利用起来。杰茜卡针对内向人的性格特点进行了一系列的尝试，其中通过社交软件交友本来是对内向性格的朋友一种很友善的交友方式，却被人们冠以一些负面意义。因此，杰茜卡提出了问题：“通过社交软件寻找好友令人感到羞耻吗？”

一些研究表明，我们在25岁后便开始慢慢失去朋友，30多岁时，我们的社交圈逐渐缩小，并在之后的日子呈现逐年缩小的状态。杰茜卡30岁左右时，身边的亲密朋友要么搬走了，要么生了孩子，要么忙于家庭。她越来越发现自己认为永远不变的友情，会被现实的孤独慢慢侵蚀。可是当你已经是一个成年人，该去哪儿交朋友呢？对于外向性格的人，这或许不会成为问题，他们的问题或许只是交友质量高低的问题。但是对于内向性格的人，怎样去交友才是他们最大的问题。从杰茜卡对自己的分析看，她的朋友基本上都是“分配”来的，不是学校的同桌就是大学的室友，要么就是工作后邻桌的同事。内向的人被动的特质使得他们对于情感的获得都是被动接受的状态。

一个内向的成年人对于交友这件事很难启齿，因为对人说出来会感觉自己过于悲伤和孤独，告诉别人的同时，还会让人觉得你没有朋友。而现在互联网的社交软件可以很好地解决这个问题，每个人都可以通过展示自己与有相同兴趣爱好的人进行互动交流。这对于害羞的内向的人而言，无形中回避了很多尴尬的场景，其实非常适合内向的人拓展自己的朋友圈。

杰茜卡通过在社交软件上交友发现，我们依赖于互联网，恐惧与他人见面，渐渐地，大多数人就丧失了与他人面对面交流的能力。如果在虚拟环境中认识的人，只是存在于虚拟环境，依赖于社交软件，那么这个人永远无法和你建立起朋友必要的信任。意识到这一点的杰茜卡尝试约网友见面，希望把网友变为生活中的好友。

杰茜卡大胆邀约，抱着开放的心态，请人喝咖啡或饮料也不会损失什么，即使对方拒绝你，也没有什么关系，或许对方也是个内向害羞的人。与他人面对面接触，可以获得更多的信息，也容易获得所谓的“心灵感应”。有研究表明，一个人平均要花上50个小时的时间和另一个人相处，才会把他当成普通朋友。等到你和他相处了90个小时后，还合得来，你就会把他升级为好朋友。

自我的意识和改变的动力最重要，内向的人如果不能挖掘出自己内在的渴望，也就很难谈到拥有战胜挫折的意志。对于在社交软件中交友的事，杰茜卡曾在一夜之间被29个人拒绝，但是她放开心，继续邀约。最终认识了阿尔比盖和汉娜这两位好友，并在他们周边为杰茜卡营造了一个小社交圈。

杰茜卡从来不否认自己内向的性格，也不会刻意打压自己的性格，就像她在《走出内向》里所说的一样：“我害怕自己如果一成不变，待在深渊，就永远无法进入更广阔的世界。”她不过是在自己内向的性格上加以拓展，不会让自己永远龟缩在那个保护壳中。舒适区里的生活固然舒适，但没有什么是永远的，舒适区外的冒险也会给你的人生带来不一样的体会，可能还会扩大你的舒适区。对于内向的人，杰茜卡的故事只是告诉你，内向没有什么不好，内向的人也能将生活过得精彩。

寻　找

□郃　筐

人生下来就是为了寻找，寻找你要找的那个人。

或许你始终找不到，因为就连你自己也说不清楚，你要找的究竟是个什么样的人。他（她）有着什么样的面容，什么样的眼神？这个人的形象就像天空中飘过的一片云，始终是模糊而变幻无常的。他（她）或许就潜伏在你周围的某个角落，你甚至能感受到一阵怦怦的心跳和急促的呼吸；有时候又感觉离你很远，远得如难以捕捉的一声叹息；有几次你甚至差点儿就抓住了，他（她）却迅速地消失了，像一阵风隐藏进一棵晃动的草里。

这种寻找或许要持续一生，直到你白发苍苍垂垂老矣，直到弥留之际，或许你才明白，你要找的人不过是另一个自己。

人生而不同，你有何不同

□安知灰鱼

在很早的时候，我就听过这样一句话：人生而不同。我记得，当时语文老师用“世界上没有一模一样的两片叶子”来为这句话做补充。一直以来，我对这句话的认识只停留在“知道每个人都不一样”的层面，直到5年前的那场病。

那年大一，我放暑假回到家，妈妈见到我的第一句话就是：“怎么瘦成这样了？”我也不知道自己瘦成了什么样，只记得我的历史最低体重只有36公斤。妈妈以为我只是在学校没吃好，努力给我做了很多好吃的，但是我怎么吃都胖不起来。

临近开学，我的体重还是没有增加，并且开始出现后背疼痛的症状，半夜疼醒后的我无法再次入睡，只能听着隔壁传来的呼噜声，趴在床上等天亮。

后来实在忍不住了，我只好告诉父母。父母陪我去县医院检查，医生建议我去市医院检查；去了市医院后，又被建议去更大的医院。我和爸爸去了更大的肺科医院，医生看了一眼我的肺部扫描片，马上联系住院部，给我腾出一个床位，说第二天就安排我做支气管镜。

我后来才了解到自己的检查结果：肺结核、支气管结核及有肺不张，当时我的右肺被压缩到正常体积的1/3。

第二天我做了支气管镜，用一根特殊的管子，从鼻腔伸到肺内的气管里，然后直接打药进去，再取一点组织出来，让堵塞的地方疏通——前后一共做了5次。

不过那段时间最难熬的不是这样的手术治疗，也不是每天要吃的一大把的药，而是深夜里的孤独。

我住的病房是五人间，除了我，都是当地人，晚上都各自回家。我心疼水土不服的爸爸，把他也赶回家了。晚上夜深人静的时候，这间传说是全院最大的病房里只剩下我一个人，孤独感被无限放大。我全无困意，但是想到医生说熬夜对病情不好，我便逼着自己入睡，越是如此，越是失眠，陷入恶性循环。病友换了一批又一批，唯独我“坚守”了两个月。

住院期间，我仍关注着班级的动向，得知有一次小测验要计入期末成绩，我从行李箱里拿出书本，看了几天就上了考场，结果看到试卷的时候，我蒙了，因为我连题目都看不懂。

人生中第一次交了白卷，连名字都不敢写上去，最后和几个同学匆匆道别便逃回医院。

我知道，这个时候继续上学已经晚了，辅导员也建议我休学一年。

这一年的经历改变了我的很多人生观念，让我脱胎换骨。

忘了是在怎样的机缘巧合下，我开始接触网络文学。怀着紧张和希冀，我写了第一本网络小说。毫无意外，没有读者，没有点击量，没有签约，没有稿费，自己默默写了十几万字就完结了。

幸运的是第二本成功签约，我拿到了第一笔稿费，虽然文笔和情节稚嫩到自己都不忍回头看。但最重要的不是稿费，而是文学给我打开了另一扇门。

2

妈妈终于如愿让我的体重增加了10公斤，顺利返校后，我要和大二的学生一起上课。曾经的学弟学妹成了我的同学。新的班级，新的同学，新的舍友，但他们喜欢叫我学姐。每次听到这个称呼我都备感压力，既然被喊学姐，成绩总不能太差。

大一刚入学那会儿，一位学长说平时上课不听没关系，60分万岁，多一分浪费。有了学长的“教诲”，此后但凡听不懂的课，我就趴在课桌上睡觉，心里想着学长说了，期末有重点。这点倒是不假，像我这样本来基础就好一点的，还能拿奖学金。

如果没有之后那一年的沉淀，大二时的我肯定还是这样。

返校后新学期的第一节课，看着邻桌熟睡的同学，我突然意识到似乎有什么东西在发生变化。那是我第一次思考自己的未来——难道我的大学就是一次又一次地应付期末考试吗？毕业后这些成绩能带给我什么呢？

我的专业是临床医学，一个专业性非常强的专业。医科学生从入门到真正独立走上临床，需要耗费相当多的精力和时间，所以我决定认真学习。

此后，我开始了教室、食堂、宿舍、图书馆四点一线的生活。虽然每次临近期末还是会有一本本的“重点”传到我的手上，但我把它们收好，一页也没有翻过。

我有一颗想当医生的心，也有一副不太适合当医生的身体，一天3次、一次8片的药我吃了730天。最后一次复查时，医生交代我尽量不要熬夜，不要太劳累，以免复发。

偏偏医生就是一个要经常熬夜值班、特别劳累的职业，这在我第一次实习值夜班时就感受到了。本就睡眠浅而且入睡困难的我，好不容易在值班室里合上眼皮，急诊病人来得比周公更快。一阵忙活后，我再次努力睡觉……那一刻我想起了肺科医院的那张床。如此几个循环后，我抬起头望向窗外，天已经微亮……

那是我第一次对当医生这件事产生迟疑。别人嘲笑我太矮，说我够不到手术台的时候我没有屈服；别人说我读了6年本科混得还不如一个专科生的时候我也没有屈服。但是第一次值夜班后，我害怕了，不管成绩多优秀，不管救死扶伤的愿望有多迫切，我更想活着，这很现实。

因为，我和别人不一样。我的身体经不起过度消耗，我必须过自律健康的生活，我的身体注定我去不了大医院。我热爱文学，喜欢写小说，我可以赚稿费，这是一条我随时都可以走的路。当然，这只是备选的山间小路，至少目前我仍然坚持走在医学的道路上，如果有一天我的身体承受不了了，这就是我的后路。

马克·吐温说：“人的一生最重要的两个日子，一个是你出生的那天，一个是你明白自己为何出生的那天。”我不敢说自己已经明白了，但是我已经开始思考并且得到初步的答案。那么你呢，朋友？你是否也开始思考，既然人生而不同，那你和别人相比究竟有何不同呢？

犹　豫

□王鼎钧

风来鼓帆之前，勿忘划桨。

“犹豫”本是一种野兽，生性多疑，只要听见一点风吹草动，马上爬到树顶避难。可是，这棵树保险吗？如果敌人不在地面而在空中怎么办？它回到地上，东张西望，惴惴不安，忽而认为时间紧迫，赶快再爬上另一棵树。它的生活方式就是整天爬上爬下，结果累死，或者累得筋疲力尽，被猎人捉去。

这种兽族早已灭绝。它们的名称能够流传下来，是因为人们要拿它们的多疑寡断引以为鉴。一种生物，只有别人“以此为戒”时才有一提的价值，未免太悲哀了！

恰当地观赏这个世界

□王安羊

合上埃莱娜·费兰特的《那不勒斯四部曲》之后，我决定去意大利看看。

出发之前，有人给予我丧气的“小祝福”：“小偷多，一个人不安全，语言也不通。”的确，人们总说“不听老人言，吃亏在眼前”，但我还是固执地认为，无论听或不听劝告，一切风浪到最后都会迎刃而解。于是，本来就只会半吊子英语的我，学了三句半意大利语就买票上了飞机。

到了佛罗伦萨，这里并不像有些人想象的那么穷凶极恶，当然也没有那么梦幻。服务员挂着职业微笑，招揽大家来消费。我曾试图拼读菜单上的意大利语，不耐烦的服务生嘲笑我之后，索性开始用蹩脚的英文与我对接——他们并不想教我。

无所事事的第四天，我跳上奔赴锡耶纳的火车，路途中总有好心人帮我。回程时，当我正欣赏意大利小镇人们的绅士衣着，听着零星的、我所知道的单词时，已经驶过了三四站。完了！车子带着我奔向了荒郊野外。

下车后的我傻眼了：这是一条双车道的乡村公路，一侧是大山，另一侧是旷野，零星点缀着几家4S店。永恒的三大问题向我扑来：“我是谁？我在哪儿？我要去哪儿？”沿着来路往回走，公路上车流很快。意大利山区的夜晚冰冷刺骨，我却吓得冒了一身汗，想着头顶有能过火车的吊桥，前方是可能随时会奔出野兽的树丛，身后可能有追赶我的“坏人”。这时我抬头看了眼天空，发信息对朋友说：“锡耶纳的夜晚繁星密布，还挺美。”

一辆菲亚特小车开了过来，一位后来被我称为“锡耶纳女士”的女子走下车来。我冲上去就问：“你会说英语吗？”“我会，怎么了？”我把困难叙述一遍，锡耶纳女士微微一笑：“很正常，我们也经常发生这种事。我一会儿送你去，但我要先买个汉堡充饥。”我表示我可以给车钱，她微笑着拒绝，让我跟她去快餐店买吃的。

来到快餐店她回头问我：“你是要坐火车吗？”我说是的。她拉着我转身走出来，说：“火车可不等人，我这就送你去火车站。”在车上，她热情地和我聊了一路，只用了10分钟就把我送到火车站，并一再叮嘱我：“待在人群中，处在光明之下。”下车前，我要了女士的E-mail，互相交换了名字，她还给了我一个大大的拥抱和两个贴面吻。

来之前人们担心的事件我都没有遇到，还在仅仅停留半日的意大利小镇里遇到了美好的锡耶纳女士。看来人类对于未知的恐惧已成习惯，一些人依靠经验，一些人依赖别人，一些人只能靠自己。

旅途的终点不在于到达，而在于能够开启新的、观赏世界的方式。“不听话”的我快乐地走到了今天。许多人的生活大同小异，其实他们忘记了安全区里也存在风险，不冒险，怎能看到这边的风景？坐在人烟稀少的车站里，我不再觉得到处是野兽，危机四伏，只是庆幸我没有低头寻找那六便士，而是抬头仰望天空看到了月亮。

一慌张 你就输了

□张天娇

从容是最让人着迷的一种风度气质。遇事慌乱是正常反应，能镇定自若的少之又少，所以令人印象深刻。不过，同样是从容，大家依然会分出个高低优劣。如果是“我自横刀向天笑”视死如归的正面人物，你会佩服得五体投地。假如遇到的是“用烧红的铁通条烫自己肋骨，眉头不皱，谈笑自若”的土匪汤玉麟，你只觉得惊悚外加恶心。

《太平广记》里记载过这么一件事：唐朝的卢承庆做尚书时，专门负责考核官员。有一个官员负责漕运，遇到大风，翻了船，损失了粮米。卢承庆在评语中写道：监运失粮，考中下。那个人神态自若，没辩解要退下。卢承庆认为这个人很有雅量，改评语为：非力所及，考中中。那个人既未表示高兴，也未表示惭愧。于是卢承庆又改了评语：宠辱不惊，可以考中上。

《世说新语》里关于谢安的记载有好几篇，最著名的就是淝水之战捷报传来，丞相谢安看了之后继续下棋，客人问战事怎么样了，他淡淡地说：“小儿辈遂已破贼。”本来事情到这里很完美了。可《晋书·谢安传》中记载同样的事情时偏偏多了两句话：谢安回到卧室，由于太高兴，用力过猛，把木屐齿弄断了。史官接着评价：“其矫情镇物如此。”编修《晋书》的是东晋灭亡200多年后的唐朝官员，崇尚壮丽酣畅的他们实在忍不了了，必须加上这么一句。

公平地说，谢安不是只在这一件事上镇定自若，《世说新语》成书于南朝，此时离谢安故去不过几十年，更有发言权。比如谢安乘船出海，遇大风浪，别人惊慌失措，他却神态安闲。比如桓温设宴想趁机杀害谢安，谢安反倒朗诵起诗来，对方最终没下手。

《世说新语》里有很多关于“雅量”的故事，都是泰山崩于前而面不改色的极品：有人是倚着的柱子被雷劈了，继续写字；有人是家里着了火，慢悠悠地穿上鞋让侍从扶出去；有人是将军纵马闯入院子，依然面无表情。他们所展现的“从容”让你无法区分究竟是刻意为之还是与生俱来，这种镇定自若还成为被朝廷任用的重要依据。当然他们都有一个共同的身份：士族子弟，普罗大众就是再从容也很难得到这样的机会。

晋朝病态地崇尚“旷达”“优雅”也是有原因的，经历过东汉末年和三国时期的频繁战乱，处处都是“白骨蔽平原”，而这种风度气质更像一种对恐惧慌乱多年的补偿和校正。

《国史补》中记载唐朝受宠宦官鱼朝恩到国子监当着百官讲《易经》，意在羞辱学者王缙和元载。王缙确实十分生气，而元载却表现得怡然自得。鱼朝恩对手下说：“怒者常情，笑者不可测也。”数十年后，元载成了宰相，把鱼朝恩一党剿灭。看风格，这更像一个带有预言色彩的故事。不过，如果真的想复仇，愤怒应该更接近于常人的表现，也更能迷惑对方，过于从容反倒惹人注目。

每条路都是少有人走的路

□万维钢

1

大概是我儿子9个月大的时候，我和妻子带他去医院做例行体检。医生做了一些测试，看他会不会爬，会不会翻身，和人交流的情况如何。我们还按要求填写了一份很长的问卷调查，内容都是关于孩子是否掌握某些技能。

医生做完测试，又看了我填写的问卷，告诉我们："你儿子的发育程度落后于平均水平。"我非常震惊。一直以来我看儿子比谁家的孩子都好，结果居然低于平均水平？不但如此，医生甚至想派遣一名工作者定期来家里给我儿子做训练！我当即拒绝。后来我们也没有进行什么特殊训练，而他现在一切正常，如果说有哪里不正常，那大概是他因数学突出，被学区贴了"有天赋学生"的标签，有专门的老师定期给他做高级数学训练。

那么，是否存在一个对所有孩子都适用的成长节奏，规定孩子就应该在几个月大的时候，掌握特定的几项技能？又该如何衡量一个孩子是否达标呢？

《平均的终结：如何在崇尚标准化的世界中胜出》一书的作者、哈佛大学教育学教授托德·罗斯说，过去的医学界，的确相信在孩子的成长过程中存在各种阶段性的里程碑。比如一个孩子从最开始学会爬到最后学会走路，要经历一个固定的过程。专家甚至制作了一个从出生到直立行走过程中的进度表，包括不同阶段要掌握的不同爬行动作。但在1998年，科学家克伦·阿道夫为了研究孩子到底是如何学会走路的，对28个孩子进行了实地观察。通过这28个孩子，她竟然总结出了25种从爬行到走路的成长模式——可以说每个小孩的过程都不同！有些小孩可能直接跳过爬行这一步，学会了走路；有的小孩在中途出现过退步。但不论如何，最终所有的孩子都学会了走路，都走得一样好。阿道夫得出结论：所谓成长阶段，是没有科学根据的说法。

2

如果连学走路这么一件简单的事情，每个孩子的成长过程都不一样，那么成年人的学习和工作成长，又怎么能一样呢？

过去我们都有个观念——学什么新东西，学得快就表示聪明，学得慢就是笨。而现在在心理学家看来，学习的快慢并不是一种"特性"，而与"情境"相关。有的人学这个快，学那个慢；有的人学这个慢，学那个快——你并不能从一个人学习某个特定东西的快慢来判断他的能力。比如，我考驾照的时候表现非常出色，一次就完美通过，可我的实际开车技术并不好；而有的人考驾照三番五次才过，但开车技术反而很好。学习是一个多样化的过程，并不存在一种所谓"正常"的学习轨道。

职场也是这样。在很多人心目中存在一条"标准的"职务升迁轨道——多少岁大学毕业，多少岁混到公司中层，多少岁应该拿到什么职称。我认为这些说法都不太靠谱，还不如说凡是按部就班这么一路走下来的，都是平庸之辈。

科学界也是如此。很多人以为要成为科学家，就得从小聪明，

来自井底之蛙的邀请

□俞春江

一只青蛙生活在小河里，它白天捉虫子，夜晚唱歌，过着幸福的生活。

在不远处的深井里，还生活着它的朋友，另外一只青蛙，尽管水井阻隔了它俩的来往，但它们还是好朋友。每当夜幕降临，它俩就大声地唱歌，聊天儿，相互倾吐着心声。

可是，河水被污染，变得又黑又臭，河里的青蛙的歌声越来越少了。井底之蛙十分同情朋友的遭遇，热情地发出了邀请：“你快过来吧，我这里的水可舒服啦！又清澈，又凉快！”

“怎么可能呢？”河里的青蛙根本不相信，“你一定说错了！水流清澈是很久以前的事了。现在太臭了，到处都一样！”

“不对不对，井里的水确实很好，你快来吧！”

“唉！”河里的青蛙长长地叹了一口气，“难道我的见识还会比你少吗？在这条小河里，我游过很多地方，没有一点儿纯净的河水了！我的朋友，你别安慰我了。我再等等吧，或许，下一场大雨会好些的……”

奇迹终于没有出现，河水再也没有清澈起来。几天后，河里的青蛙死了。

朋友的歌声没有了，井底之蛙难过极了！“井水确实是干净的呀！如果它肯接受我这个井底之蛙的邀请，也许不会被污水害死。”

井底之蛙为这个残酷的事实而伤心。而它的朋友到死也不知道井底之蛙的见识虽然有局限，但是对于那口深井来说，它可是最有发言权的啊！

从好大学毕业，20多岁拿到博士学位，30多岁拿到教授职位。但是有人通过研究发现，成为一名成功的科学家，至少有7种不同的路线图！有55%的科学家的确是走了前面说的那个快速通道，但剩下的45%路线各异——有的人做过好几期博士后，有的人在科学界做了几年之后，因为经费不足被迫离开过学术界，甚至失业在家一段时间，后来重回学术界，这种情况甚至时常发生，但都阻挡不住他们在科研事业中取得成功。而且这些走了“弯路”的人，成就并不比那55%的人差。

每一条路，都是少有人走的路。我们总以为存在一个“标准”的路线，但凡偏离就是错误，这个认知是如此根深蒂固，以至于科学家专门给它取了个名字，叫“标准偏误”。

我认为我们思想中的“标准偏误”可能更严重一些。我们的城市人口非常密集，大量的人聚集在一起就容易发生互相模仿。更何况我们比较热衷社交，文化崇尚合群，这也更容易出现模仿现象。比如我们每个大学都有自己的网上论坛，大家可以在上面议论学校的各个方面，发布各种各样的攻略。我当年申请留学时，就从这些攻略中受益良多，包括什么时候考托福、怎么拿到申请、推荐信怎么写……甚至办理出国手续进行例行体检时，需要打几针预防针，上面都写得清清楚楚。这就特别容易让人有标准偏误。如果有人未能按照攻略走，他就会感到不安！

不同的人走同样的路线，很大程度上是批量生产，或者互相模仿的结果，这种现象并不“正常”。不同的人走不同的路线，最后都实现了自己的目标，这才是真正的“正常”。无论招兵买马还是修炼自我，都祝你千姿百态，不拘一格。

网络化生存的王尔德

□苗 炜

王尔德，英国作家，写过剧本、诗歌、小说和评论文章，他有很多金句流传，比如“抵抗诱惑的唯一方法就是接受诱惑”，比如“每当有人同意我的说法，我就觉得自己肯定是错了”，再比如“只有肤浅的人，才不会以貌取人”。

他还有一些逸事流传。比如他出访美国，海关人员问他有什么要申报的东西，他说，我除了才华之外，没有什么要申报的。这件事不知真假，但感觉王尔德能说出这样的话。这符合王尔德的作风。他说过，人生的第一要务就是摆姿态，至于第二要务是什么还不知道。他还说过，比起作品，艺术家更重要的任务是打造自己的传奇。

王尔德就是一个打造了自己传奇的作家。他是牛津高才生，年少得志，但41岁那年被控有伤风化，被判入狱两年，身败名裂，出狱后穷困潦倒，1900年死在了巴黎。他的墓在巴黎的拉雪兹神甫公墓，墓地上有雕塑，按照他的诗歌《斯芬克斯》中的意象，是一座小小的狮身人面像。如果你去看王尔德的墓，会看见雕塑上永远有很多红色的唇印，那是人们用亲吻来表达对他的敬意。

王尔德的一位朋友曾经评价王尔德，无忧无虑是一种天赋，活得无忧无虑就得到了一大半的幸福。什么叫无忧无虑呢？不焦虑，挣一个子敢花两个子，虱子多了不咬，债多了不愁，这就是一种天赋。爱嘚瑟，也是一种天赋。王尔德的父亲是个医生，非常健谈，妈妈是个诗人，喜欢社交，父母喜欢在家里搞派对。王尔德1854年出生在爱尔兰的都柏林，在一种富足而成功的家庭环境里长大，很小的时候就喜欢精美的服饰。

他进入牛津大学莫德林学院读书，学习成绩很不错，但花钱的本事也不小。买的东西有蓝色玻璃杯、烛台装饰品、各式葡萄酒杯、镀金的早餐瓷器等，他买这些东西是为了在宿舍里招待同学一起喝酒，宿舍会摆满百合花及各种装饰品。他学的专业是古典文学，从他的趣味上来说，他是个唯美主义者，喜欢研究美学。但他的唯美主义并不停留在文学理论及诗歌创作上，他讲究房屋的装饰，讲究华丽的服饰，会欠裁缝和珠宝商的钱，以至于学校会出面要求他还钱。在爸爸威廉去世之前，王尔德未曾为钱发过愁，但爸爸死了之后，王尔德面临困难，他要考虑找一份挣钱的工作。妈妈给他写信说，你还不用去找一份卑贱的工作，你可以把爸爸留给你的一栋房子卖掉，拿着卖房子的钱轻松过十年。这不是挺好吗？这种对钱的态度有点儿异于常人。

按理说，爸爸威廉留给他的遗产，精打细算是能过日子的，但王尔德是炫耀性地消费，要富丽堂皇的衣服、精美的瓷器和地毯。大学

在未来等着那头熊

□张君燕

奥尔多·利奥波德是美国享有国际声望的科学家和环境保护主义者。利奥波德在威斯康星长大，从小他和兄弟们就喜欢在丛林中玩耍，他的父亲也常常教他们制作木质玩具，有时还会教他们打猎。丛林中时常有野兽出没，学会打猎也算是一种防身的技能。

有一次，利奥波德和哥哥去丛林中打猎，半天下来，竟有不小的收获，打到了好几只野兔和松鸡。准备回家时，他们突然发现了一个大猎物——一头黑熊。利奥波德和哥哥很兴奋，在这里很少能遇见黑熊，而且猎杀如此庞然大物也是他们一直以来的梦想。不过，在打出第一枪之后，他们就后悔了。与父亲比起来，他们的枪法简直太糟糕了，这非但无法制服黑熊，反而会给自己带来极度的危险。意识到这一点后，利奥波德和哥哥赶紧撤退了。

与大黑熊失之交臂，让哥哥懊恼不已，接连抱怨了好几天才肯罢休。利奥波德倒是没有过一句抱怨，但是从那天之后，他每天都会练习射击，向父亲请教狩猎黑熊的技巧，还坚持跑步、打拳，以锻炼体能。见此，哥哥笑着说：“算了吧，黑熊已经跑了。我敢保证，这两年我们都不可能再遇见一头黑熊了。”利奥波德没有说话，却仍然坚持自己的锻炼。后来正如哥哥所说，他们居住在威斯康星的几年时间里，确实没有再遇到过一头黑熊。

直到后来，利奥波德从耶鲁大学林学院毕业后，进入位于新墨西哥州新成立的美国林务分局开始了自己的林业和环境保护与管理生涯。在一次工作中，利奥波德遭到一头黑熊的突袭，最终他孤身制服了那头黑熊。这件事情引起了很大轰动，人们对利奥波德佩服不已，纷纷向他讨教经验。利奥波德对人们讲述了年少时的那件事，并笑着说：“我已经等了它十几年。自从当年错过了那头熊，我就告诉自己，要随时做好准备，在未来等着它。”

在人生中，当我们能力不足的时候，会错过很多机会和可能。很多人错过后，只是哀叹几声就算了。但其实这件事情并没有结束，现在赶不上没有关系，我们只需要不断提高自己的能力，做好准备，在未来等着下一次的机遇。

毕业之后，他没能得到自己申请的工作，卖掉家里的一栋房子，带着三千英镑，王尔德来到伦敦，和朋友租了一间房子，他打算用自己的才华征服伦敦。他先在社交圈里结识了画家惠斯勒，结识了威尔士王子，结识了几位女演员，他给这些女演员写诗献花，他打算给这些女演员写剧本，成为一名剧作家。

王尔德知道，自己的行为方式和语不惊人誓不休的说话方式肯定会引来嘲笑，但接受他人的嘲笑就在他的计划当中。

我看王尔德的生平，觉得他特别适合网络时代的传播，因为他留下的妙语实在太适合社交媒体了，也因为他对待名声和打造自己传奇的态度，太适合今天的潮流。他说“我年轻时认识到钱很重要，到老了发现果真如此”。他说“借钱就向悲观主义者借，因为他们不会期待你还钱”。当然，他受审，被搞得身败名裂，也是潮流所致。

土地并不是只用来长庄稼的

□申赋渔

大门外有一块水泥地，显得与周围的一切格格不入。惊蛰过后，我请了一位泥瓦匠来把它敲掉。

水泥地北边靠墙，东、南、西三边都是没有整理过的土地。东边长着一簇野蔷薇和一棵芭蕉。南边是一棵杜鹃，杜鹃也是野的。有一天，它自己从地里长了出来。这样长出的花，一点儿不用打理，壮实得很。

西边这块地就让我操心了。这是一块两百多平方米的土地，一直荒着，除了杂草，什么都不长。父亲说被人糟蹋完了。我不听他的，觉得它充满生机。春天刚开始，荠菜就钻出了嫩芽，接着是酢浆草长出小小的圆叶，一簇一簇。点缀在它们中间的是黄鹌菜、石头花、萝卜七，还有沿阶草和蛇莓。父亲几年前栽的韭菜也稀落地长出了几根。

雨水过后不久，这种随意和谐的状况忽然被打破。这是一种叶片细长，颜色嫩绿的野草。起先看起来还清新可人，可是很快就露出了野性。它四处蔓延，慢慢包围了散淡自在的野菜、野草，然后用力挤压，很快就淹没了一切。唯一还在跟它争斗的，只有酢浆草。

这个侵略性极强的家伙，名叫“加拿大一枝黄花”，有人给它起了一个反差很大的好名字，叫“黄莺”。我不满意它的蛮横，随手拔了两棵。一拔，不由得大吃一惊。看起来无害甚至可口的东西，竟然长着粗壮结实的根系。长长的一条根，在地底横着向前疯长。

这片表面繁荣的土地，的确已经死了。我在泥土中发现了水稻、麦子、玉米、大豆的根，一些正在腐烂，一些依然坚硬。在“一枝黄花”到来之前，它的地力已经耗尽。“一枝黄花”给了它致命一击。

这片不大的荒芜的地块，不被任何人在意，却是我的全部。它可以睡着，却不能死去。土地的死亡，是所有事件里最为可怕的。土地是一切生命的开始。即便是最小的一块土地，里面也包含一种神秘而巨大的力量。

第二天一早，我开始拔除“一枝黄花”。工作了六个小时，我腰酸腿痛，已经不能继续。我绝望地发现，“一枝黄花”的根系，已经成了一张不可清除的网络。它在泥土之下，它在泥土之中，它和泥土纠缠为一个整体。它绑架了泥土，同时让泥土窒息。

在发现可怕的“一枝黄花”之前，我就约好了东村的泥瓦匠，请他来把我门外的水泥地拆了。水泥底下的土地是无法呼吸的。当他挥动大铁锤开始工作的时候，我才醒悟到，水泥底下的这块土地，是“一枝黄花”唯一没能攻占的地方。水泥拆除之日，就是“一枝黄花”占领之时。

听到我唉声叹气，泥瓦匠停住大锤。

“耕一耕就好。”他看了看被我弄得一片狼藉的田地。

第二天一早，我才起床，泥瓦匠就来了。他骑着电动车。他的儿子骑着三轮电动车。车上放着一柄铁犁，这柄像是从摩崖石刻上取下来的铁犁，就是解放我这块土地的神秘武器。

泥土一垄一垄地被犁开。已经开花的荠菜，能吃出酸味的酢浆草，父亲栽下的几株韭菜，还有满地的“一枝黄花”，全都被连根犁起。泥水匠的儿子拎着一只蛇皮口袋，在泥土中捡拾着“一枝黄花”的根。

泥水匠的儿子是个时尚青年，头发染成了低调的黄色，穿着一件修身的白衬衫，一条做旧的蓝色牛仔裤，脚上是一双白色的旅游鞋。我担心他的鞋被新耕的泥土弄脏，让他站到水泥地上歇一歇，我去捡。他朝我笑一笑，低头继续捡着暴露在外的那些可恶的根茎。

“整天趴在电脑旁。星期天，让他出来动一动。接一接地气。”泥水匠说。他的儿子在一家网游公司工作。

年轻人几乎不说话。他的目光是柔和的，脸上带着笑容。父亲让他做这做那，他都去做。然而在他的神情动作中，不是顺从，而是宽容，或者是一种对和父亲争执的不屑。

地耕完了，“一枝黄花”的根被塞了整整一袋。泥水匠交代儿子：“这种草厉害得很，不能沾泥，沾泥就活。你要放到水泥地上晒，把它晒死。”

儿子应答着，把犁放到三轮车上，“呜”的一声开走了。泥瓦匠摇摇头：“你不要看他们年轻，从来没吃过苦，不行。耕地、砸水泥，这些重活都做不了，不如我这个老头。”

泥水匠还不是老头，他属猪，才五十岁。不过头发已经花白，脸上有着许多斑点和皱纹。他的身体很壮实，也因此吧，他对以后的日子既焦躁又有信心。

“烂泥糊不上墙。”泥水匠说，“这么大的人不谈女朋友，工作也无所谓，什么都不在乎，每天还快快活活。”

“一代人有一代人的活法。”我说，“等他们知道自己要什么了，会做的。”

“有意思吗？这样有意思吗？”泥水匠说，“不成家，不立业。”

泥水匠在村子里有一幢三层的楼房，镇上有一个小门面房，还给儿子在城里买了一套小公寓。照理说应该安居乐业了，但他还是一天都不肯歇。他一直在向我打听，哪里有更多的活儿。他说他什么都能做，木工、瓦工、电焊、油漆、水电安装，都行。

泥水匠不欠债，还给儿子备下了一笔结婚资金。一家人衣食无忧。他还是恐慌，总要不停地忙。问他为什么，他说不出。一天不出来挣钱，就慌得不行。他总是说：“我要苦钱啊。不苦钱怎么行？”

儿子呢？儿子不问他要钱。对城里的那套房子也不怎么在意。对于这座忙忙碌碌的城市，他不觉得有多好，也没觉得有什么不好，只是他活着的一个背景。与女朋友谈一场恋爱，还不如打通一个好游戏。

“他不接地气，活在梦里。”泥瓦匠说，“长多大他都不会过日子。”

花了三天时间，泥水匠帮我把院子里的田地全都平整好。他指导我，这里种青菜，那里栽西红柿，那边长茄子，靠墙支起一个架子可以长丝瓜。

“你把这块地弄好，就不用买菜了。”他拎了一桶水在院子里冲脚。地里的活儿干完之后，他光着脚在地里走了几圈。他说脚踩在泥土上舒服，走一走，接一接地气。

泥水匠走了。我脱掉鞋袜，光着脚，在这新翻的泥土上来回走着。水边的青草散发着春日的清香，一群鸟儿欢鸣着，从岸边枫杨树的顶上飞过去。夕阳把刚刚长出新叶的枫杨的树影，投在这褐色的土地上。土地也是新的。吹在脸上的风带着泥土的气息。三十多年了，离开家乡之后，我就没有这样踩在泥土上了。这是真正的土地的感觉，新鲜、湿润、温暖，像刚刚劳动过的母亲的手。

我不打算在这块土地上栽种任何作物。它应该休息了。泥瓦匠答应给我送来几袋草木灰，还要送我一盆蚯蚓。“有蚯蚓的地，才是活土。”他也承认这块地已经奄奄一息。他说，活土才长庄稼。可是，土地并不是只用来长庄稼的。土地并不总是深邃沉默，任人摆布。它会说话唱歌，也会悲伤哭泣。只是我们不知道。

我赤着脚，站在新翻的土地中央，四周安安静静。我的脚陷在泥土里。松软的泥土紧紧握着我。握着我的脚跟、脚心，和每一根脚趾。我像是从大地上长出来的一株野蔷薇，一棵桂花或者河岸上的那棵枫杨。在泥土中，我重新联结上了与大地的情感。我开始变得安静。在我的心真正变得安静的时候，大地将开口和我说话。它要比我们自己，更知道人类的命运。它知道一切生活于其上的生物的命运。

什么样的孩子长大以后赚钱能力更强

□周欣悦

一般人认为听话的乖小孩长大后可能更有出息，殊不知讨人厌的坏小孩长大后一样可能赚到大钱，甚至赚得更多。

什么样的孩子将来可以赚大钱？是从小在班级里考年级前十名的别人家的孩子？是一向遵守纪律、言听计从的乖小孩？是心地善良、乐于助人的暖男暖女？还是调皮捣蛋、不服管教的“差等生”？

曾发表在心理学顶级期刊《发展心理学》上的一项研究，对745名小学六年级的学生进行了长达40年的追踪。研究者用个性量表测量了当时学生们的智商、个性、成绩以及生活水平，比如“你是否认为要做学生应该做的事”“你是否很努力地认真做家庭作业”等。其中有一项很重要的指标叫作“蔑视和破坏规则”，比如“你是否和妈妈顶过嘴”等。此外，研究者还让老师对这些学生的用功程度进行了打分。40年后，研究者对这些人进行了追踪调查，他们评价了自己的事业有多成功，汇报了平均月收入是多少。

通过回归分析，研究者发现，这些人小学时“蔑视和破坏规则”的指数和40年后的收入是成正比的，这项指标是除了受教育年数和智商以外，对收入影响最大的因素。此外，收入最高的恰巧就是那些当时淘气又不怎么听话的孩子。

研究者发现，讨人厌的人要比讨人喜欢的人收入更高，特别是男性。对于男性来说，在讨厌指数上每增加1分（总分为5分），年收入就会增加6958.08美元。

研究者调查了工作条件相似的560个人，根据大五人格理论测量了他们的亲和性、情绪稳定性和外倾性。大五人格中的亲和性代表的是讨人喜欢的程度。一个亲和性高的人热心、有爱心，与人交往中在意他人感受，富有同情心，说话做事让人感到温暖。研究者还调查了这些人的教育水平、工作历史、工作时间等，最后询问了他们每年的税前收入。

结果发现，在教育水平、工作背景等条件都相似的情况下，亲和性越高，年收入越低。越是随和，就越赚不到钱。这种现象在男性身上表现得更明显。亲和性低于平均水平的男性的平均年收入要比亲和性高于平均水平的男性高出18.31%，约9772美元。而亲和性低于平均水平的女性的平均年收入只比亲和性高于平均水平的女性高出5.47%，约1828美元。在赚钱方面，亲和的人是不占优势的，特别是那些脾气好又热心肠的“暖男”。

亲和的人应该更受欢迎，为什么赚钱能力却不如那些不亲和的人呢？

研究者猜测，这与他们的工作目的和重心有关。于是研究者又调查了1961个在职工作者，除了人格和收入的测量外，还问他们，“你觉得工作中最重要的是赚钱吗”“你有多享受和家人、朋友之间的

愿你能手握寸铁

□徐立新

一家书店的中央放着一架钢琴，供读者免费弹奏。我每次去时，都能听见有人在弹，他们大多是孩子，弹得都不是太好，时常有中断和小错，但他们认真的样子让人欣慰。

上周，终于发现了一个弹得不错的，她是个十三四岁的女孩，十指一落，顿时惊艳全场，包括我在内的很多人，都被她流畅动听的琴声吸引了，情不自禁地放下正在翻阅的书，就连正在理书的店员也纷纷放下手里的活儿，沉醉在琴声之中。

一曲终了，立即响起了一阵热烈的掌声，女孩自信地扬了扬眉，又弹起了一首，依然很好听。

这时，有读者缓过神了，发现她竟一直是站着弹的，于是立即从阅读区搬来一只凳子，让女孩坐下来弹。

原来，任何事，只要做好了，都会令人肃然起敬，自己也能从中收获自信。

我有一个钢琴弹得很好的朋友，四岁时，母亲便让她每天跟着镇上的一位钢琴老师学习。后来，母亲又带着她去城里拜师学艺。每周末，母女俩都要从镇里到城里，一路上很疲乏，但母亲逼着她坚持，风雨无阻地学琴、练琴。

练习了近十年，她考到了钢琴业余的最高级，正打算全力朝专业音乐院校进军，可此时，一位资深的钢琴老师泼了她母亲一盆冷水："你的孩子不适合考专业院校，她的手太小了，即便付出再多的努力，有些曲子依旧没法弹好！"母亲没有再坚持，放弃了计划，转而让她上了普通高中。

很多年以后，我的这位朋友说，她从未后悔过学钢琴，反而谢谢母亲当年逼迫自己坚持，让她此生拥有了一技之长。"上大学时，系里都知道我钢琴弹得好，一有活动都会叫上我；工作后，单位联欢，我的钢琴节目是必上的；业余时间还能去琴行当老师；也因钢琴与我的丈夫结缘……当我烦了、累了，只要坐到钢琴前，弹上一曲，顿时心里会舒畅很多。我现在收获的比当年付出的，要多得多。"

我自身也是个例子，从高中时，我就坚持利用课余时间写作，付出了比他人更多的努力和坚持，后来成了作家和记者。

当然，我不是鼓励所有孩子都去学钢琴，或者练习写作，而是说人生漫长，得选择一件感兴趣的事坚持下去。凡事坚持到底，必会成为所长，也必能从中找到乐趣和幸福感。

做任何事皆可白手起家，却绝不能"手无寸铁"。这里的寸铁便是一技之长，有了它，握着它，我们的一生，才会更加从容和自信。

谈心"等。结果发现，赚钱的重要性果然和性别、亲和性、收入息息相关。那些亲和性低的人，会觉得赚钱更重要。而且男性的亲和程度普遍比女性更低。这就说明，亲和的人收入少是因为他们更看重社会关系，而脾气不好的人收入高是因为他们把赚钱看作首要目标。

虽然亲和性高的人收入相对较低，但他们在人际交往等其他方面要略胜一筹。这会给他们带来什么好处呢？研究者继续测量了他们的生活满意度、压力水平、社交参与度以及朋友圈的广度。结果显示，亲和性高的人生活满意度更高、压力水平更低、社交参与度更高、朋友圈也更广一些。

靠天靠地，先靠自己

口王　伟

新西兰孤悬南太平洋，早年间植被茂盛，食物丰富，没有猛兽和毒蛇的袭扰，非常适合鸟类栖息繁衍。久而久之，许多鸟类翅膀退化，失去了飞翔的能力。

18世纪后期，欧洲殖民者大举开发新西兰，砍伐森林，开垦荒地，还带来了牲畜放牧。无翼鸟不会飞也跑不快，猎捕起来不费吹灰之力，不到两百年，大部分无翼鸟就悄无声息地绝种了。

在所有无翼鸟中，几维鸟体形最小，一般只有2公斤重，它们白天躲藏在挖掘的洞穴里，太阳落山后才出来觅食，因此很难被人发现。

尽管如此，等人们察觉时，几维鸟已成为唯一幸存的无翼鸟品种，数量正在急剧减少。

人们为了保护几维鸟，专门开辟了保护区，还研究人工繁殖的方法。然而，几维鸟的繁殖比想象中困难多了——不仅繁殖率低、生长期长，孵化率也不高，一些雏鸟在破壳过程中体力不支，甚至被闷死在蛋壳里。

于是，动物保护志愿者在雏鸟即将孵化出壳的那几天里，日夜守候在鸟蛋旁边。当听到鸟蛋里有动静，雏鸟在啄蛋壳的时候，志愿者就会小心翼翼地将蛋壳剥开，帮助雏鸟顺利出壳。可是，被解救的雏鸟一副病恹恹的样子，通常撑不过三天。

原来，自然孵化的雏鸟在出壳后的一周内无法进食，仅靠肚子上的卵囊提供身体所需营养，此后才会自主寻食小虫和浆果。出壳时，雏鸟先在蛋壳上啄出洞来，接着用尽全身力量向前钻，卵囊就会被蛋壳挤压进肚子里，只有这样，卵囊中的营养才能被源源不断地输入体内。人为地剥去蛋壳，也就省略了打通营养供应管道的过程，这样出壳的几维鸟逃脱不了饿死的命运。

世上有许多事可以请人代劳，唯独成长是别人替代不了的。靠天靠地，先靠自己。

经得住

口羊　白

《醒世恒言》里有个有趣的故事，说一个叫薛某的唐朝进士，因病发烧，高烧到第七天，渐入睡梦，梦中自己燥热难耐，于是跃入水中，化为一条金色鲤鱼，遇一老者在船上垂钓。鱼饵馨香诱人，薛某游过去正准备张嘴去吞，忽意识到自己是人幻化的鱼，心想：我明知这饵上有钩，若是吞了，岂不被他钓了去？何必要冒险吃钓钩上的饵。于是，他到船周围游了一圈。怎奈那饵的香味太浓，愈来愈觉得饥肠辘辘，最终他没抵挡住诱惑，张嘴去吞，结果成了老者的钓物。

薛某从一开始，就识破了骗局，结果呢，还是上钩了。由此可见，对于骗局，识破只是基本认识，经得住诱惑，才是真功夫。人要时时刻刻战胜诱惑、克服贪欲和侥幸心理，才不至于被迷惑。

“我们”与“他们”

□何 帆

1954年，美国俄克拉何马州立大学的几位社会学家做过一项社会实验。他们精心挑选了22个孩子，这些孩子要尽可能地一样：他们都是11岁，男孩，学习中等，其中没有戴眼镜和胖得引人注目的孩子，都没有不良嗜好，之前互不熟悉。研究者将孩子分成两组，每组11个孩子。一组叫响尾蛇，另一组叫飞鹰。

孩子们并不知道自己是实验对象，他们以为自己要参加一个为期三周的夏令营。头一周，他们各自活动。到第二周，研究者才告诉他们，还有另一组男孩。研究者想看看，当两组男孩互相接触之后会发生什么。

两队男孩看到对方，都本能地产生了敌意。他们刚开始也一起打棒球、拔河、玩寻宝游戏，但很快就出现了冲突。当响尾蛇队看到飞鹰队踢球的时候，就想赶他们走。棒球比赛获胜之后，响尾蛇队把自己的旗帜插在球场上，愤怒的飞鹰队队员把旗帜撕碎、烧掉。飞鹰队赢了拔河比赛，响尾蛇队夜袭飞鹰队的营地，把床掀翻，将蚊帐撕碎，还抢了一条蓝色的牛仔裤来当他们的新旗帜。飞鹰队的报复是，第二天白天袭击响尾蛇队的营地。要不是研究者干预，局势就会失控，因为孩子们已经带着棍子和球棒倾巢出动了。

怎么让孩子们和解？研究者告诉男孩，可能出现了新的敌人，因为营地的水管被人破坏了。要把供水系统修好，他们得齐心协力，把卡车推上山坡。让这群男孩彼此仇视的原因，是在“我们”之外，出现了“他们”；让这群男孩再度合作的原因，是出现了更厉害的“他们”——所以，所有的男孩都成了“我们”。

找同伴是人类的本能，区分“我们”和“他们”本无可厚非。人们很善于鼓励团队内部的合作；但从另一面来看，我们生来是排外的，为了保护自己，为了“部落”内部的团结，我们会有意无意地寻找来自外边的假想敌。这是一种强大的力量，强大到如果我们不了解、不时时刻刻提醒自己，就会把我们自己吞噬掉。

失去本我的水

□黄小平

水在两种情况下，容易失去本我。一种是当水沸腾时，水蒸气不断上升，水从液态变成了气态，而失去了其液态的本性；另一种是当数九寒天时，环境十分恶劣，水结成了冰，成为固态，而失去了其液态的本性。

对应水失去其本我的两种情况，人在以下两种情况也容易失去本我，一种是人在上升阶段，而浮躁张狂，保持不了一颗平常心，容易失去本性；另一种是人在艰难困苦时，容易失去本性。

孟子说的“富贵不能淫，贫贱不能移，威武不能屈”，就是告诫我们，人无论是处在顺境还是逆境，“富贵”也罢，“贫贱”也罢，面对“威武”也罢，都要保持本我，不失去本性。

观棋不语的学习

□佚　名

在纽约中央广场有市集，有人卖旧书、二手物品，也有街头艺人表演。我到得早，人还不多，路边摆了几张小桌，上面放一盘棋，两把椅子。没有人坐下来，棋局没有开始，棋子都在原位。

记得小时候庙口榕树下也常常有人弈棋，多是象棋。将士相车马炮，弈棋的人多沉默不语，充满心机斗智；旁观的人也安静观看，即使看出下一步输赢，也微微笑着。我在一旁多话，大人就摇手阻止，指点给我看棋盘上写的“观棋不语真君子”。我慢慢观察，旁观者中有许多高手，他们多不言语，看到一步好棋，唯点头默默赞美；看到一步棋走错，也只是眉头微锁，透露一点点担忧遗憾。

“观棋不语真君子”，慢慢知道，棋盘上这句话，像是提醒观棋的态度，其实也是提醒在人生路上静看风云、不兴风作浪的冷静包容吧！

常常记起童年时庙口弈棋者的气定神闲，他们在输赢之外，另有一种豁达智慧。

做一个“适者”

□黄小平

严复翻译的《天演论》，其中有这样一句话：物竞天择，适者生存。意思是生物间的生存竞争遵循自然的选择，能适应的才能生存下来。从表面上看，这句话强调的是自然的作用，所有的生物，当然也包括人，只是适应自然的“适者”。这样看来，人与生物只能做一个被动而无所作为的“适者”，却无可奈何地接受自然对我们的选择。

但我不这样看。我认为，做“适者”，是顺应自然，而不是顺其自然。生活中，我们常常看到这样的人，对一件事不想付出努力和汗水去争取时，就借口说顺其自然吧。顺其自然的不是“适者”，只是“人为刀俎，我为鱼肉”的弱者，这样，只能被自然和生存规律所淘汰。

“适者”，是指为适应自然而努力改变自己，不是坐等观望，等自然把我们给“适应”，而是我们去主动适应自然，去改变自己，让自己成为自然的一分子、成为自然的一部分，成为一个真正适应自然的“适者”，与自然同生共存。

做一个积极有为的“适者”，顺应自然而不顺其自然，才是我们应有的人生态度。

3

有不一样的格局，便有不一样的人生

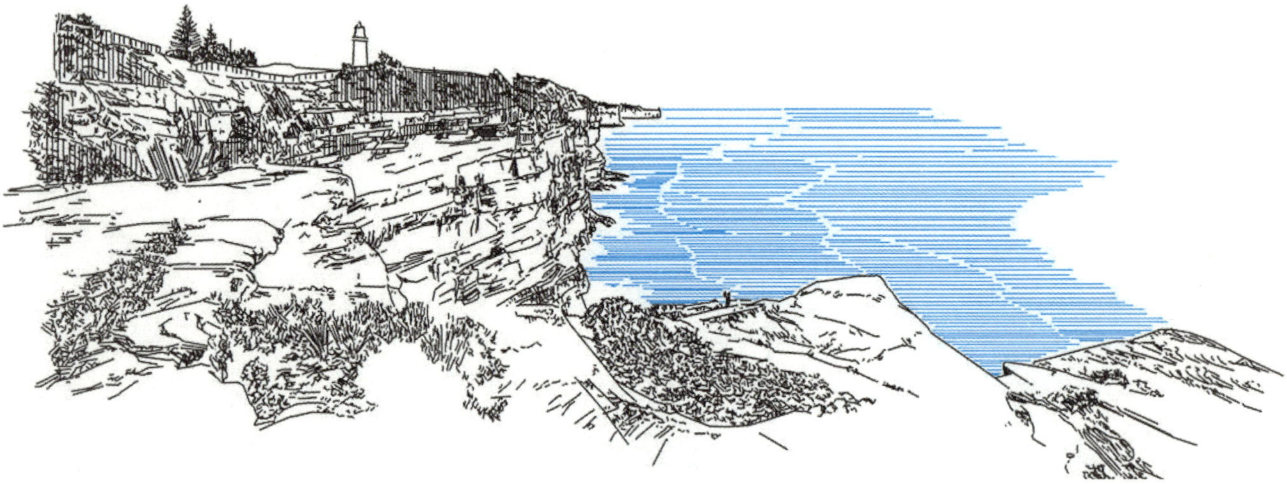

苏东坡的『坡』与海明威的『海』

□张 炜

有一本书叫《海明威与海》，抓住了“海明威”与“海”的意象对应，讲了海明威的海洋性格，写他一生与大海的不解之缘：不仅是作品内容多与大海有关，而且实在有着男子汉迎风破浪的闯荡精神。海明威喜欢海上冒险，“二战”时曾把自己的游艇改成一条侦察船。晚年，他在古巴哈瓦那海边买下一座院落，命名为“瞭望山庄”，“瞭望”的对象当然是大海。他的许多作品都写到了海。

海明威身上没有多少“土性格”，也缺乏许多作家向往的田园诗性。他是一个很野性的人，性情十分开敞，热衷于野外冒险。他的性格是不安的、多方游走的，像水一样漫流和冲荡，当然很难安稳地居守土地。要写作就要有一个相对安静的窝，这样才能持续地思考和阅读，然而这对海明威而言只是短暂的时光，从其一生的行迹看，只要在一个地方安稳待一阵，他很快就无法忍耐，一定会出行，去打猎，去钓鱼，去看拳击，或者去畅快地旅行。

树木是需要扎根于土地的，而动物，包括人会到处游走。与海明威属于同一时期、同一国籍的作家福克纳甚至有过一个妙比，他说上帝凡是要它四处走动的，就把它做成长的，比如牛和马、火车等；凡是不让它走动的，就将它做成高的，比如树木、烟囱、人等。这可爱的联想和比喻也许包含深刻的道理，他本人就有这样的觉悟，也有这样的恪守，一辈子尽可能地待在自己的农场里，实在不得已才出一次门，比如为了生计到好莱坞去写电影脚本等。

如果一定要将他们二人做一个比较和区分，那么海明威显然更像“水性格”，而福克纳则是“土性格”。单就生长的需要来讲，种子非常需要土的培植，要在土中不断地萌发。水中也有许多植物，如水草等，但毕竟不如泥土上的绿植多。所以一个作家的“土性格”，往往意味着强大的生长力。福克纳写了近二十部长篇小说，海明威只写了四五部。海明威的写作仿佛有些困难，不到六十岁就丧失了创造力。而福克纳的创作显然更富生长力，去世前仍有诗集和长篇小说出版。

苏东坡是中国历史上最高产的作家之一，他的作品数量为北宋文人之首，其创造力无与伦比，好像随手就是锦绣文章，从无艰涩。他谪居黄州的时候开垦了一处坡田，“东坡”之号由此而来。他从此打算做一个农民，踏踏实实地跟当地农民学习种地。“一蓑烟雨任平生”这个名句，就是他在这儿写出来的。他一生渴望安居，想学陶渊明，拥有属于自己的一片田园，但命运偏偏让他到处奔波，不让他在一个地方扎下根来。但他是生就的“土性格”，生长力异乎寻常：只要有一点机会就要伸展绿芽。

苏东坡出生在多水的南方，一度对干旱的北方，如密州等地极不适应，但一旦安定下来就要精心经营。他对山河大地充满探胜心，挚爱而好奇，所以旅途上总是十分用心地品味赏览山水风光。但这并不意味着他能够适应奔走辗转的人生，相反，这成为他最痛恨的事情。晚年谪居海南儋州时，他和大海有了密切接触，也度过了最苦最难的一段岁月。当时他已经做好在凄风苦雨之地了结一生的准备，搭起草寮安顿自己，然后开始读与写，完成了平生最引以为傲的几部著述，还创作了许多辞章。他之所以具有强大的生长力，是因为心中始终拥有一片肥沃的田园。

原来所谓“土”与“水”的性格区别，只不过是一个人的心灵状态：或者像水一样汹涌，或者像土一样沉厚。水是流动不宁的，时而激扬奔腾，不然就成了一潭死水；而土是沉默固守的，接受阳光雨露的滋润，然后即有萌发和生长。总之这是两种不同的形象，没有什么好或不好。我们在这里将其比喻为不同的写作者、不同的性格，也只是借用和联想而已。我们也应该知道：所有的比喻都是蹩脚的。

苏东坡如果没有在黄州开垦的那片坡地，也就没有了一生最满足的几年田园生活，甚至连他传扬天下的名号也不会有。这块坡地对他真是非同小可。种植者必要依赖土地田园，这是多么简单的道理。而对一心思念和留恋田园的苏东坡来说，要得到一小块可以厮守的土地却是那样难。除了在海南岛的临海而居，另有在山东半岛登州出任了五天太守，他这一生都在大地上辗转，他的作品写尽了各种植物，对他而言好像没有不毛之地，只要有一点机会就能播种和收获。

他有“苏海”之称，这既指作品的数量，也说其宏大的气象。一切都有赖于他那片坡地上的强大生长力。哪怕处于极端的干旱和龟裂，在他人看来已经没有一丝生长的可能——如“乌台诗案”时被羁押在狱，在日夜折磨催逼的严酷环境里，他竟然还能写出惊人的辞章。原来，生长就是土地的常态。

海明威的“海”则有着迥然不同的风格。海里有冰山，有鲸鱼，也有海洋植物。大海掀起的风暴潮是惊人的，它会吞噬和漫卷大片陆地。海在阳光下安静着，等待风，等待激扬的时刻。水面下有一种庞大的动物突然出现，让人惊叹。一座冰山之所以雄伟，是因为它的绝大部分在水下。海明威真是一个传奇人物，他有那么多的故事，提供了那么多的谈资。他停下来的时候，就像一片静海那样平淡。

且做大小事，成全优劣人

□石　兵

人只有会做事和不会做事之分，并无只做大事不做小事或擅长小事却不驭大事的差异。因为无论大事小事，往往都印着意料之外的标签。不会做事的人通常茫然失措、自乱阵脚，会做事的人常有泰然自若、情理之中的笃定。

小事做来需保持细心，大事做好需掌握方向。一件事再大，也要从小处入手，一件事再小，也要从大处着眼。

甲君眼高手低，小事不屑做，大事做不了；乙君谦恭谨慎，小事求顺遂，大事求不败。久而久之，两者之间的差距越拉越大，终至天差地远。

做事的始终是人，人才是决定一件事的根本。一个人将所有事都当小事，终会毁于事；把所有事都当大事，肯定败于事。成功后再大的事也看作小事，失败后再小的事也视为大事，只有生着这样的前后眼、拥有这样的是非心，才能真正掌控好事与人之间的关系。

事在人为，也讲求自然而然，但水到渠成从来都是因为有人引水挖渠、勤勉不懈，绝不是因为有人随俗浮沉却坐享其成。

且做大小事，成全优劣人。

不要让『没钱』毁掉你的生活

□艾小羊

前段时间我联系上了一个发小，从谈话中感觉她很焦虑，尤其是对钱。她经常跟我说，她有房贷、孩子还小、水果又涨价了、两年没去商场买衣服，最多去给孩子买双鞋，花了300多块钱呢。

起初我以为她收入很低，后来无意中了解到她的家庭收入，绝对已经达到大城市中产阶层的水平。

她说：“我也总在反思自己，为什么这么爱钱。主要是因为小时候穷怕了，现在赚钱再多，也不敢乱花。”

“你觉得钱是这个世界上最重要的东西？”我问。

“当然。”她回答得很快，然后疑惑地问，“我记得那时候你家也很穷啊？”

其实这个问题，我也想过。

那时候，我们都住在甘肃金昌，父母是大型工矿企业的职工，虽比农村家庭的经济情况好一点，却也是家家户户都穷。但印象中，父母从没在我们面前说过“穷”字。

我妈手巧，带动我大姐用巧手装点了家里的每一处：手工刺绣的门帘、枕套、电视机罩，钩花的茶杯垫、头巾、外套。还有我们穿的毛衣，是母亲用旧毛线织成的，拼出很好看的图案。前两年看到米兰时装周秀场上的一件复古款毛衣，我心想，这不就是我小时候穿过的那种吗？

物质的匮乏并没有妨碍我们获得快乐。至今记得童年最闪亮的日子，是有一年儿童节，我跟姐姐穿着皮凉鞋走在路上。小孩的脚长得快，没人舍得给孩子买皮凉鞋。我妈不知道使了什么招数，竟然用爸爸要扔的一双黑皮鞋，加上我们穿破的布鞋的底，制作了两双一片式的牛皮凉鞋。两个小孩一路上迎着叔叔阿姨的赞美与同龄小朋友的羡慕，那是一种富足的感觉。

我爸的拿手好戏是用最便宜的食材做出最美味的食物。印象最深的是一道名为“酥白肉”的菜，好吃到无法形容。我爸得意扬扬，一直不告诉我们是用什么做的。成年后我才知道，它的原材料是猪油膘，就是市场上卖得最便宜的“板油”。

有一次，工厂福利社进了一批海鱼。因为运输时间长，鱼不新鲜了，卖得非常便宜。大多数人不敢买，也不知道怎么吃。我爸大手一挥，买了500斤，把家里所有的大盆小罐都拿去腌鱼。此后的一年，我家每个星期可以吃一次鱼，这在当时是非常奢侈的。

同学来我家做客，对腌鱼赞不绝口，从此认定我家很有钱。上大学以后，有一次说起我们小时候都很穷，她说：“你家不是啊，经常有鱼有肉的。”鱼是臭鱼，肉是板油，但我爸有一双妙手。

一个人，年轻时要与他人相爱，中年时与生活相爱，晚年与智慧相爱。这些，不需要很多的钱，但需要很多的精力、耐力，以及好奇心，需要你对生活上瘾，不偷懒、不逃避，精心准备一饭一蔬。因为有钱，见过很多好东西，水到渠成地明白要善待自己，这种境界不难达到。但真正难的是无论贫富，都不把自己对于生活的无知与粗糙，全部归结为“没钱”——这两个字背的锅，已经太多了。

蜗牛或玫瑰花瓣

□周春梅

雪白的墙上有一个暗黑的斑点，你会怎么办?

大约一百年前的冬天，英国的一个温暖舒适的房间，壁炉里黄色的火光照在书页上，壁炉上的圆形玻璃缸里插着三朵菊花。一个女人喝完了下午茶，沉浸在悠闲宁静的心境里，视线无意中沿着壁炉上移，看到雪白的墙壁上有一个暗黑色的圆形的小小印迹。

这个女人并未急于擦拭掉这个斑点。她手上的烟刚点燃，在缭绕升腾的烟雾里，她开始浮想联翩——著名的意识流小说《墙上的斑点》就此诞生。英国作家伍尔夫这篇最为人熟知的小说，大概就源于她的浮生半日之冥想。如今试图通过冥想暂得超脱的人们，或许可以读读《墙上的斑点》，看看冥想可以达至的丰饶世界。墙上的斑点，到底是一枚钉子，还是一片夏天残留下来的玫瑰花瓣，或是木块上的一条裂纹？作者的联想富有历史感和诗意，也不乏对现实的嘲讽和反思，意识如河流潺潺流淌，文字则如苏轼称赞一位画家所言："随物赋形，尽水之变，号称神逸。"让我们跟随一条支流，感受片刻"神逸"：由木块上的裂纹，伍尔夫想起了木头的生成，想起了树如何在草地上、森林里、小河边自在地生长，长了许多年，一点没有注意到我们。波兰女诗人辛波斯卡在《植物的沉默》中，取了同样独特谦卑的视角："我知道叶子，花瓣，核仁，球果和茎干为何物，也知道你们在四月和十二月会发生什么事。虽然我的好奇未获回报，我仍乐于为你们其中一些弯腰屈身，为另外一些伸长脖子。"这样的好奇不可能获得植物直接的回应，上天却自有回报，我们看到伍尔夫有如神助的文字："树木把小河点染得这样翠绿一片，让你觉得那只一头扎进水里去的雌红松鸡，应该带着绿色的羽毛冒出水面来。"还有什么样的文字，能帮助我们更好地理解"青翠欲滴"？

她还想象小昆虫在树皮的折皱上吃力地爬过去，或者在树叶搭成的薄薄的绿色天篷上晒太阳，它们红宝石般的眼睛直盯着前方，这时候它们的脚会感觉到多么寒冷啊……也让人想起日本诗人小林一茶的俳句："不要打哪，苍蝇搓他的手，搓他的脚呢。"神奇美丽的自然、敏感善良的心灵、精准生动的表达，最后融汇成这样的文字，而当我们用心阅读和感受时，这些美也融入了我们的灵魂。当一棵树的生命在自然界结束后，伍尔夫想象它还有一百万条坚毅而清醒的生命分散在世界上："有的在卧室里，有的在船上，有的在人行道上，还有的变成了房间的护壁板，男人和女人们在喝过茶以后就坐在这间屋里抽烟。这棵树勾起了许许多多平静的、幸福的联想。"就这样，作家从遥远的一棵树又回到了眼前的房间、"我"的冥想。

墙上的那个斑点到底是什么？谜底也许会让人失望：竟然是一只蜗牛！其实，那个斑点是什么完全不重要，重要的是，人的灵魂可以跳出眼前这间小小的居室，翱翔于如此辽阔的世界。

对于有些人来说，这只蜗牛只是障目的一叶；对于另一些人来说，这只蜗牛则是无穷想象的起点。

巨鲸潜行

□盛文强

巨鲸停靠在沙滩上，犹如一艘入港的游轮，附着在鱼身的海水分成小股流下来，渗进沙滩里不见了。这是一条白鲸，在沙滩上与白沙混在一起，鲸鱼的圆头直指大陆深处，海就在身后，它想翻身回去却是动转不灵了。

我们听到鲸鱼搁浅的消息，急忙赶到海边，正好和它走了对面，我们在路上跑得太急，没看到鲸鱼已经到了眼前，差点儿撞进鲸鱼嘴里，好在它的嘴正闭着，我们急忙向后跃开，坐在沙滩上喘息着。

鲸鱼睁开眼睛望着我们，它分叉的尾巴垂直于地面，下半部浸在水里，尾巴的方向指明它来自看不见的海洋深处，现在这条尾巴开始左右扭动，居然在平地铲出了深坑，巨尾又是一阵急摇，沙滩上下起了一阵沙雨，湿润的细沙落进每个人的衣领。它极力掉转身子，想回到海里去。

我多想帮它转过身，可惜我无法像对待细小的金枪鱼那样对待它——这条巨鲸横在我面前，足有二十多米长，对我来说无异于史前怪物，它的身子是白色的，就像石灰岩的白色，在月光下呈现出冰冷的蓝，显然是一条白鲸，和鱼有关的一切常识在它面前轰然塌陷。海藻附着在它身上，更增添了它的疲惫。牡蛎在靠近眼睛的地方连成一小片，就像长了皮癣，它没有时间去管牡蛎们，任它们自由生长，正如一个面有饥色的行人急匆匆赶路，毫不顾及裤管上的泥点。

人越聚越多，环绕在鲸鱼四周不敢靠近，生怕鲸发作起来，我们仰头看着它的脊背，就像看着起伏的山岭。巨鲸身子底下的沙滩已经被压出了深坑，它越是挣扎，就陷得越深，全身的重量在沙滩上摇摇欲坠，它的身子正好栽在沙坑里，即便如此，它的额头还是高出我一大截，这种互相打量的场面是极为尴尬的，我甚至感受到了巨鲸心中的愤怒，因为它剧烈收缩的心脏震得地面打战。

夜空中传来遥远的回声，敲打在每一个人心上，留在渔村里的人更加惊慌，窗户上的玻璃不住颤抖，眼看就要震裂，老人抱着孩子冲出院门，来到海边的开阔地上，这时他们望到了海边的巨鲸。巨鲸一声长鸣，尖锐的声波盘旋着升到夜空中，回荡在耳鼓，在那一刻，人们暂时丧失了听觉，每个人的后背上都是热汗涔涔，不多时，孩子们的哭叫声形成了新的轰鸣。

巨鲸搁浅的夜晚注定是不会宁静的，这样的夜晚让人心惊胆战。然而巨鲸这样的庞然大物，只能生活在海洋空间里，一旦离开海水浮力的托举，单靠自身的重量足以把内脏压伤，所以我们赶到海滩后看到的鲸要比实际体形矮了许多，从它搁浅开始，痛苦的变形已经在它身上进行，我们看到的鲸鱼已经不是完整的鲸鱼了，即便如此，还须仰视才能看到它微合的眼睛。

那样的夜晚，我们守在海边不愿离去，眼见着巨鲸一点点塌陷，却无能为力，每个人心中都盈满悲伤。

人群中传出几声叹息，更增添了肃穆和沉恸，正如一个孩子看着自己手上漏了气的气球，从饱满的浑圆状态变成了坑坑洼洼的一片，最终归于沉寂，这是无可奈何的事情，却总会让人揪心。

巨鲸的肋骨啪啪爆裂，体内的爆裂声显得遥远，巨鲸低吼着，猛地屈起身子，头和尾支撑地面，想做最后一跃，但它很快恢复了平静。

我们眼睁睁看着，却没有办法出手相救，在这平庸的年代里，没有天生神力的人，荒村僻壤，也没有紧急的巨型起重机器，巨鲸搁浅只能死去，它是迷途的孩子，早知有这一天，它就不必出发了。从搁浅的那一刻起，它的命运已经无可挽回，因为难过而产生的寂灭感长久地萦绕在左右。

我一遍遍回忆那晚的情形，这时巨鲸或许正横在我的窗外。事发那天晚上，它不该贴着海岸前进。它来到岸边还是夜里，没有人察觉。它在黑夜浮出水面，顺着洋流一路北上，它走过的路连成一条柔软的曲线，漆黑的深海里因此有了白发。它只顾着低头赶路，一不留神被冲到了海滩上，起初搁浅在一层浅水里，它借着惯性朝前冲了一阵子，把自己送上了沙滩。

那天夜里，巨鲸发出雷鸣般的吼叫，响彻了周围的十几个村子，那是巨鲸自身塌陷时绝望的悲鸣，起初凌厉无比，音调一路走高，这来自它肥硕的韧带，到最后却带着轻微的颤音。

我们已经睡下多时了，都被吼叫声惊醒，起初骂声一片，后来听到了巨鲸无助的颤音，人们的心都软下来，纷纷披上衣裳走出家门，来到海滩上，这时巨鲸已经奄奄一息，发出警笛似的长鸣。

作为全过程的目击者，我只记得月光照在它身上，大部分被吸走了，众人不敢靠近，巨鲸的吼叫掀起了大风，我们紧紧摁住了帽子，只能远远地目送着巨鲸的生命离去。

许多年后，我走在沙滩上，脚下的沙子骤然隆起，变成高山，不远处又有沙滩轰然塌陷，露出无底的深坑，沿海的整片沙滩都在晃动。我们纷纷倒地，很多人被沙子覆盖，只露出半个脑袋，那是鲸鱼潜伏在沙滩下面，它随便伸了个懒腰，就足以让我们的存在超出我们所能见到的范围。沙滩开裂，我们开始漫长的奔跑，巨鲸扬起的沙子撒落下来，遮住了眼前的路，沙沙的坠落声中，细小的颗粒已经无处不在。

以后的许多年，我经常见到许多拍打着水花的小鱼，它们扭着腰身，露出简单到不能再简单的条纹，故意在水中发出大声，吸引人们注意，可惜我是见到过鲸鱼的人，对那些小鱼只能嗤之以鼻。

不为了回报而做事

□罗大伦

您坐公共汽车给老大妈让座，有两种态度：一种是本能地让座，觉得人就应该做好事；另外一种是认为自己要做好事，让大家都夸我是好人。这两种态度不同，结果也不同。持第一种态度让座的人，老大妈坐下了但没说谢谢，他不在意；老大妈到站下车了，没把座还给他，他也不怨恨。但是持第二种态度的人，老大妈坐下没说谢谢，边上人都没赞许他，他就会不高兴，甚至会叫老大妈站起来，把座还给他。

这种要求回报的人，如果别人一点儿回报没给他，他就不做了，从此终止了这方面的努力；而另外一种人，就按照心中的善念去做事，坦然面对一切，无所谓回报。

有个法师救了掉在水里的一只蝎子，蝎子蜇了法师一下。大家嘲笑法师愚蠢，明知道蝎子蜇人还要去救它。法师的回答特别好，他说：“蝎子蜇我，那是它的本性，但是我不能因为它的本性而改变我的本性，我的本性是救它。”

这种为心中的善念去做事的人，做事就会持久。天之道就是这样一种状态，不为了回报而做事，把自己的位置放得很低，隐藏在幕后，生养万物。

“三无”数学家

□顾静怡

在数学王国中，保罗·埃尔德什绝对是最怪的数学奇才。他是1984年沃尔夫奖获得者，他的一生犹如闲云野鹤。无财产、无妻小、无固定居所，被称为“三无”数学家。

1913年，埃尔德什出生在布达佩斯。他天生喜欢数学，是极具数学天赋的天才。3岁时，他已经无师自通地学会解算3位数的乘法，更让人惊讶的是，4岁时他还独自发现了负数。在埃尔德什心里“数”是上天赐给他的快乐。

埃尔德什徜徉在数学的海洋里。大学一年级，他用比前人更简单的方法重新给了贝特兰猜想一个初等证明。有人评价：“同样是移栽一枝蔷薇，有人用的是铲车，而埃尔德什只用汤勺就做到了。”大学二年级，他进一步将贝特兰猜想推广到其他算术级数中。1934年，他又将贝特兰猜想作为博士论文发表了。很快，埃尔德什在数学领域受到了广泛的关注。

1938年，埃尔德什成为普林斯顿高等研究所的一员，与伟大的物理学家和数学家爱因斯坦、歌德尔、奥本海默等一起工作，开始了自己漫长的数学生涯。他把自己的时间最大限度地用于数学，心里唯一牵挂的就是他的数学笔记本。他总是随身带着笔记本，随时记录自己的数学灵感，一生写满了10本数学笔记。

20世纪50年代后期，他开始了旅行般的生活。他犹如闲云野鹤，没有固定住所，成了一位在世界各地巡回访问的学者。在60多年的数学生涯中，他随身带着两件旧行囊，不停地奔波在“数”的旅途上，过着“流浪”的生活。

他永无休止地寻求着数学妙题和数学知己，以疯狂的速度探访着一个又一个数学家，与他们一起工作，合写论文，很少在一个地方待一个星期以上。

然而，因为“为人笨拙，不循常规”，埃尔德什的薪水很低，可他一点也不在乎。他把仅有的津贴和薪酬都给了亲友、同事、学生，甚至陌生人。每次在街头遇到流浪汉，他都倾囊相助，自己却过着苦行僧般的生活。他把自己的猜想和真知灼见与其他数学家分享，对数学界经常会发生的成果优先权之争却从不放在心上。

埃尔德什除了“数”之外，对任何问题都不感兴趣。由于长期过度用眼，他的一只眼睛失明了，医生告诉他唯一的办法就是等待眼角膜移植。

一天，埃尔德什坐在飞机上，等待起飞去国外做数学演讲。这时医生通知他合适的眼角膜捐赠者已经找到，需要他马上去医院做眼角膜移植手术。埃尔德什不愿意放弃演讲，他觉得数学比眼睛更重要。然而，眼角膜移植不能等。在大家的再三劝说之下，他才不情不愿地下了飞机。谁知进了手术室，当医生把灯光调暗准备手术时，他又闹起来了。理由是一只眼睛手术，另一只眼睛照样可以看书。实在拗不过他，最终医生只能在他和另一位数学家的讨论中完成了眼角膜移植手术。

他把一切都奉献给了发现数学真理，把在不同的数学领域与大量合作者发表的1475篇高水平的学术论文留给了后人。因为在他心里，数学才是他一生的财富。

没法交心？
那是你不会一对一

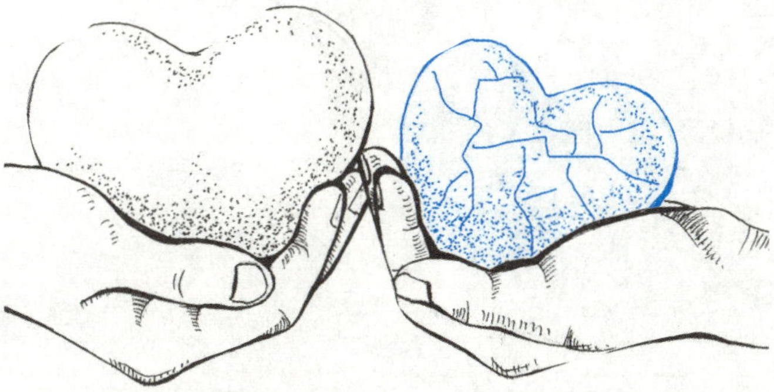

□［日］松浦弥太郎　译／陶　芸

我不管着手什么事情，最初考虑的一点便是：建立一对一的关系。

如果是一对一，那么一定会产生一个约定。这个约定不一定是语言上的，也有可能是相互之间心灵产生的约定。如果这个约定得以实现，你便向前迈出了一步。

我是一个对于不同的世界充满好奇的人。小时候，好像每个地方，都是居住在此地的孩子们自己圈起的地盘似的。如果骑着自行车去外面的公园玩耍，公园地盘上的孩子就会对我加以戒备。他们会偷偷观察我——好像“来了一个以前没看到过的家伙”。

他们一般为一群人，或者是两个人，我和他们搭话，通常情况下他们都不会理睬我。虽然他们不会欺负我，但是他们会以拒人于千里之外的态度进行自我防卫。

我一直不喜欢这种感觉。有一天，我终于找到了解决这个问题的一个途径，那就是，如果你认真去寻找，你一定会发现一个孤单的小孩。一次我有意识地寻找到一个孤单的小孩并且和他搭讪，没想到的是，我们竟然展开了对话。我问：“你，几年级？”“六年级。”“是吗？我是五年级的。你在做什么？”

当对方有很多人的时候，我一个人前往，别人对我基本上是不予理睬的，但如果是一对一的情况，就不会有心理抵触，也能顺利地开展对话。

这只能说是一个小小的发现，但对于我而言，即使到了现在，也是一个堪称宝贝的秘诀。

我从高中退学后去美国的那段时间，都是用这种方法来寻找我的居所的。我会去我不知道的街道，然后开始寻找可以搭讪的朋友。我首先盯上的是“单独一人”，一人对两人不行，两人对两人也不行，一人对三人也不可以。但是，如果是一对一的情况，那么，人际关系一定会构建起来。

“如果不是一对一，一般难有进展。”在职场上，我更有感触。当你想提出某个方案，想推销你的某一商品时，你会和中间人一同前往，或者和团队一同前往，这也会达到一定的效果。但是，一个项目，如果总是好几个人一同行动，非常遗憾，其进展都会比较迟缓。由于各自的责任分散，大家的进取度也有所不同。

有时候，“共有”还会成为一种羁绊。信赖、理解、约定、共鸣都只产生在一对一的时候。这时，我用得最彻底的还是一对一。人和人相对而坐，相对而视，相互交谈，自然会打开相互的心灵。

比如，我打算向否定我的人传达我的想法，或者是想说服某人的时候，我会努力去创造一对一的交流环境。

在交涉过程中，很多情况都是不知道结果如何，很多情况也可能不会如你所愿。因为，对方也有自己的情感，也有自己的立场。但是，如果是一对一，不管是怎样的结果，互相都会对对方有所理解。

不管是和多么伟大的人，或者是处于什么高位的人进行一对一的交谈，如果你能重视你们一对一时产生的哪怕是“极小的约定”，这以后，一条新的道路一定会在你的脚下延伸。

富足而饱满的灵魂

□张　希

晚年退隐浙江老家的元代著名画家赵孟頫，某日迎来了一个不速之客——一位头发花白凌乱的老头。老者言明要拜在赵孟頫门下学习绘画。虽说这些年慕名来学画的人不少，但赵孟頫还是第一次见到这么老的。他问其年龄，来人答：五十岁。虽有外甥王蒙的引荐，赵孟頫仍有些疑虑：这人年纪是不是太大了。再者说，其人已经具备相当高的诗书画的技艺，五十岁再学艺，目的是不是那么单纯呢？他又能学进去多少呢？老者显然看出了赵孟頫的心思，他安心住了下来，从此悉心向赵孟頫学画，以自己的实际行动向老师表明态度，并以“松雪斋中小学生”自比。赵孟頫字松雪，松雪斋是其书斋。赵孟頫最终还是收下了这个年过五十，比自己小十五岁的学生。

那些日子里，老者专心临摹老师的画，完成老师布置的作业。赵孟頫发现他静气凝神观察景物时，如木雕泥塑一般。观察之后，他总要认真构思一番，才下笔作画。

在松雪斋潜心十载，这位六十岁的老者，又一次做出了在当时人看来匪夷所思的决定——他开始云游天下，而且说走就走，一路结交江南各地同好诗、书、画之人，朋友遍及儒释道三家。他一路走一路画，以这种独特的方式，寄情于天地山水。

转眼间，又过去了许多年，老者选择在富阳定居下来。面对滔滔的富春江水，他细品人生四季之美，用心绘制成了《富春山居图》《富春大岭图》等多幅画作。当然，他并不知道自己用了四年时间绘制成的《富春山居图》，会成为流传千古的旷世奇作。是的，这位老者便是元代著名画家黄公望。

后来，曾与其同游的师弟无用禅师，几经周折找到了黄公望，手捧那幅举世无双的《富春山居图》，激动得老泪纵横。黄公望则开怀大笑，二话不说，将它赠予师弟。将这幅心血之作拱手相让，黄公望来得干脆利落，没有丝毫迟疑。这是何等洒脱！然而，值得玩味的是，无用后人将此画变卖换钱，从而让《富春山居图》开始了近六百年传奇而曲折的经历。

现在的人们，总爱将“成功”二字挂在嘴边。我不禁想问什么才是成功？是豪宅名车、锦衣玉食？是名闻天下、财源广进？仅就人生这根时间轴上几十年有限的长度而言，以上这些恐怕都不算成功。黄公望的故事，让人明白：真正的成功是将自己最喜欢的事情做好，以自己最喜欢的方式去生活。

黄公望可谓少年得志，以“神童科”入仕，之后的仕途却相当不顺。书吏做了很多年，受上司牵连入狱。从年少入仕到中年入狱，世事无常，人生的跌宕起伏，让黄公望彻悟。所以，他出狱后，彻底远离名利场，用宝贵的后半生找寻真正属于自己的人生。友人郑元佑曾描述晚年的黄公望：“头蓬、面皱、丝鬓垂。”不修边幅的黄老先生，泛舟于太湖，悠扬的笛声，吹得好不畅快。他独自攀山越岭，举瓦罐豪饮浊酒，笑声回荡于山谷之中。这又是何等逍遥！

常听人说，这辈子要活出个“样儿”来。黄公望并不追求什么

你的未来藏在格局里

□王　伟

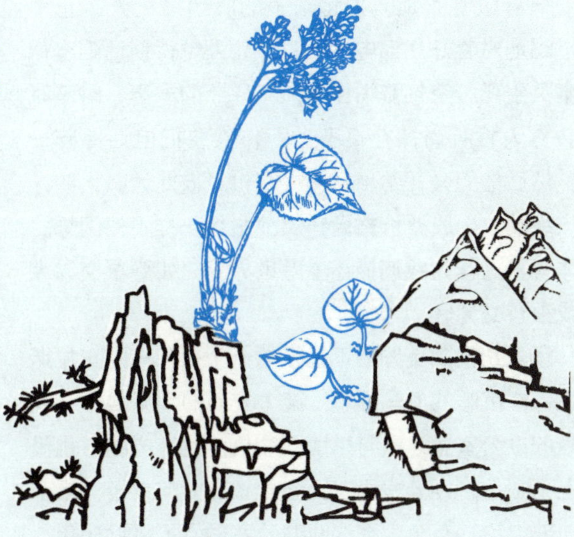

苏耶跋摩二世是吴哥王朝最具雄才伟略的国王，在开疆拓土的过程中，苏耶跋摩二世虽然有两万士兵冲锋陷阵，但是每到紧要关头打头阵的，是仅有500人的近卫武士。他们训练有素，武器精良，彪悍勇猛，经常在敌阵中左冲右突，杀开血路，逆转不利战局。因此，近卫武士是国家倚重的亲信力量，其社会地位仅次于王公大臣。

然而，要想成为近卫武士并不容易，每年国家得先从贵族家庭7岁男孩中挑选出体格强壮者，送入兵营接受经年累月的残酷训练，时不时还要遭受体罚和挨饿，而且不能反抗、逃跑，意志薄弱和武艺不精的人都会被无情淘汰。到了18岁，经过层层筛选留下来的男孩，尚不及最初入兵营人数的十分之一，参加受封仪式后，才能成为真正的近卫武士。

受封仪式会是一幅什么样的感人画面？你或许会脑补在威严肃穆的王宫大殿里，或虎虎生威的演兵场上，受封者意气风发地跪在国王宝座前面，国王颔首微笑，一一赐予宝剑。

错！

正式的受封仪式没有这般体面，甚至有点狼狈不堪：受封者在进入王宫接受敕令前，要先徒步走过宫门前长长的街道，迎接他们的不是鲜花和掌声，而是围观人群的口水和拳脚。这是苏耶跋摩二世安排的秘而不宣的环节，这个环节有助于他识别出荣辱不惊的合格近卫武士。即将受封的男孩正值春风得意，也是容易忘乎所以的膨胀时刻，稍有风吹草动就会露出马脚。如果有人躲闪拳脚，擦拭口水，甚至出手还击，苏耶跋摩二世站在宫门上便可以看得清清楚楚，这种人并不缺乏能力，可以在战场上放手一搏，但是他们缺乏定力和气量，将来难堪大任，所以会被立即取消受封资格。

900多年过去，吴哥王朝早已湮没在历史长河中，唯有吴哥窟石墙上的一段浮雕无声地述说着这个故事。其实，古今中外，道理都是相通的：决定一个人未来的，除了建功立业的才能，还有器识宏深的格局。

“样儿”，他要的是活出“味儿”来。这无疑正是自称“大痴”的黄老先生超然世外的大智慧。其实，人生成功与否，主要是个人自己的内心感受，是一种自我评判。正确的自我评判，需要一个人充实而丰盈的内心世界作为支撑。有多少人在追逐名利的过程中，丢掉了自己的灵魂，这样的人生即便再富足——他能做到的，不过是简单的欲望满足——其精神世界的空虚将永远无法填充。

在世俗的眼光中，黄公望的一生真的算不得成功——虽说创作了旷世之作，但他生前却未从中获得任何好处，既无名又无利。但黄公望老先生本人肯定不这么看：他爱画，就是单纯的喜欢，从中获得了生活的充实和内心的满足，这一切原本就与名利无关。我想，在告别这个世界的时候，黄老先生会认为自己清贫、奔波且曲折的一生是成功而幸福的——因为他有着真正富足而饱满的灵魂。

为什么无趣的人会比冒险家更成功

□[德]罗尔夫·多贝里　译/杨耘硕

一群敞着衣领、挽起袖子的股票经纪人，正手舞足蹈地对着好几部电话吼叫，让人觉得谈话内容似乎事关生死。空气噼啪作响，“砰”的一声，时不时就会有人将听筒摔在桌子上，仿佛要把电话摔碎一样。然后他们又开始用彭博终端机对彼此大喊大叫，在该终端上，股票价格像狂欢节彩灯一样不停闪烁。媒体就是这样为我们描述金融世界的，如股票交易大厅或银行交易区。

场景切换到美国最不起眼的一个州——内布拉斯加州：在沉睡的奥马哈市，某个安静的大厦14层一间昏暗的办公室里，没有彭博终端机，没有电脑，也没有电子邮件，办公室里有一张款式陈旧的桌子，桌上有一部电话，有个人在这间办公室里坐了将近50年。这个人就是沃伦·巴菲特，有史以来最成功的投资家之一。

再没有比这更鲜明的对比了。一边是极度活跃、大汗淋漓、雄激素迸发的股票经纪人，另一边则是心平气和、满头银发的巴菲特。一旦认清投机者和投资者之间的区别，你就会发现类似情况在生活中随处可见，同时你还将获得一个绝佳的思维工具。

二者的区别究竟在哪儿呢？股票经纪人试图通过疯狂的买卖来获利。至于隐藏在股票背后的是加利福尼亚州的一家软件公司，还是秘鲁的一家铜矿，对他们而言并不重要。重要的是，股票价格正朝着正确的方向前进。

然而，传统投资者只会购买少数公司的股票，他们对于这些公司的情况了如指掌。市场的意见对这些投资者而言并不重要。他们的投资是长期的，为了减少交易费用，他们会尽可能降低买卖股票的频率。巴菲特和芒格甚至不会去主动寻找新的投资机会，他们会等着别人将机会送上门来。“查理和我就是干坐着，直到电话响起。”这是巴菲特的原话。

谁更成功？是投机者还是投资者？当然，这两个群体中都有赢家和输家，但人们发现，赢家中的那些“巨头”，永远是投资者。因为，投资者懂得利用较长的时间跨度，而投机者并不会。

我们的大脑喜欢短期的、跳跃式的发展。我们会对高低价、快速的变化以及突发的消息做出夸张的反应。但是，我们很容易忽视那些持续的变化。因

此，与观望、思考和等待相比，我们往往会将行动、忙碌和激进看得过于重要。

哪些书是有史以来销量最大的书？不是那些上了畅销书排行榜的书，也不是书店展台上堆得最高的书，而是那些几十年来，甚至数百年来一直在印刷的书，人们将这些书称为“长期畅销书”，没有哪家出版社能抛开这些书运营下去。这同样适用于百老汇歌舞剧、旅游景点、歌曲和其他许多产品。

这种长期的成功经常会包含不起眼的成分，这种成分的功能类似于发酵粉，让一系列微小的进展在一段很长的时间中累积起来。以投资为例，如果你投资1万美元，回报率为5%，一年后你就会收获额外的

500美元。这是一件轻而易举的事。但如果你坚持不断地为这些微薄的利润而投资，那么10年后，你将拥有1.6万美元，20年后就是2.6万美元，而50年后，你将获得令人难以置信的11.5万美元。这笔资金并非匀速增长，而是呈现出指数级增长，但由于我们的大脑对一段持续的时间缺乏感知，所以意识不到这种指数级增长。

“持之以恒”背后的秘密就在于此：长期的成功就像是用发酵粉做蛋糕，这个过程很缓慢、很无聊、很冗长，但它带来了最好的结果。这一点同样适用于我们的生活。

很多人坚信，美好的生活一定是由不间断的冒险、旅行、迁徙以及精彩时刻交织而成的。我的看法恰恰相反，平静的人生才会更高效。伯特兰·罗素的时代虽然比现在平静得多，但他也得出了类似观点：“伟人的生活除了少数精彩时刻外，并没有什么令人激动的地方。虽然苏格拉底也偶尔会在宴席中找些乐子，但他生命中的绝大部分时光是同妻子赞西佩一起平静地度过的。他会在下午散步消食，在路上他有时会与三两好友相逢。据说，康德一生都生活在哥尼斯堡方圆16公里以内。达尔文在周游世界之后，便在自己的房子里平静地度过了余生。简而言之，平静的生活是大人物的标志，他们生活中的点滴快乐，在外界看来并不是那么令人激动，这种现象非常普遍。”

这对美好生活而言意味着什么呢？少一些奔波，多一些耐性。一旦发现了自己的能力圈，请尽可能长久地留在其中。同样，如果你找到了一份良好的工作、一处合适的住所，或一个能令你满足的爱好，那么请坚持下去。坚定不移、保持耐性、长线思考，这些都是十分宝贵的品质，但它们总被低估。我们应当重视这些方面，正如查理·芒格所说：“你不需要聪明绝顶，只需要比别人聪明一点点，然后将这种优势维持下去。”

醉与痴

□黎武静

这世上多的是醉与痴的人。刘伶醉于酒，黛玉痴于花；徐霞客醉于山水，顾恺之痴于丹青……

专注地沉浸在对某样事物的爱里，是一件幸福的事情。醉和痴暗示着专注与持久，以及单纯而明净的心灵背景。这会让人将人生变成一串串接连不断的赏心乐事，让快乐加倍。

前人曾有高论，“人无癖不可与交，以其无深情也”。一个人人都有小癖好的世界，是多么值得一往情深。

有人爱记账，有人爱整理；有人喜欢饭后散步，有人喜欢晚来钩花；有人热爱用毛笔抄写古文，有人热爱踏着单车绕城一周。大家都以热爱的姿态善待生活，在醉与痴中寻找自我。

有人爱上网，有人爱上山；有人喜欢周末游湖玩耍，有人喜欢假日闭门在家；有人执着于购物而恋恋不舍，有人对着偶像剧泪眼婆娑难以自拔。芸芸众生，各有千秋，大千世界里有各种各样的小美好，在等待我们发掘和热爱。有缘的人与物，总能在生命的某个转弯处相遇。

那些小小的癖好，就是我们热爱生活的另一种表达方式。过于理智的取舍像没有悬念的剧集，只有这些小小的难舍情怀，透露着一个人内心的柔软。

醉与痴，都是有情。保持平淡生活里一份小小的痴迷与留恋，就像保有一个让人快乐的秘密。

红尘多情，如醉如痴。

恩仇之间 见度量

□赵宗彪

人的一生，富贵贫贱都有可能出现。一般来说，由贫贱入富贵已是不易，由富贵转贫贱则更难。骤得富贵者，往往举止乖张。几起几落之人，有的可能会在识得人生的悲欢离合、沉浮穷通之后，变得豁达和善良，也有的则在经历世态炎凉之后，变得更为冷酷、孤独和不近人情。从功成名就之后对故人的态度中，大体可以看出一个人的胸襟和气度。

韩信少时不事生产，常从人寄食，人多厌之。有一阶段，在南昌亭长家白吃了几个月，亭长的妻子很不高兴。一次故意早早吃了，等韩信去时，已没有饭，韩信很气愤，从此不去了。后来一个洗衣妇看韩信可怜，给他白吃了几十天。韩信说：“我今后一定重重报答你。”洗衣妇怒道：“大丈夫自己找不着饭吃，我看你可怜才施舍，难道我指望你报答吗？”淮阴恶少也欺侮韩信，说：“他虽然长得高大，好带刀剑，但是个胆小鬼。”他们一起侮辱韩信：“你如果不怕死，用剑刺我，怕死，从我胯下钻过去。”韩信想了很久，终于从恶少胯下爬了过去。

后来，韩信发达了，被封楚王，他赏了洗衣妇千金。而只给那位南昌亭长一百文钱，并说：“你是一个小人，做好事不会坚持到底。”又召来了侮辱自己的恶少，让他当了中尉，负责巡城捕盗。韩信对部下说：“他是壮士。当时他侮辱我，我怎不想杀他？杀他没名气，忍受了，所以才成就了今天。”

韩信是秦末汉初的天才军事家，但在待人接物上，我觉得他有诸多不足称道处。在对待南昌亭长上就有点小孩子气。你得意之后，忘了他倒也罢了，但偏要专门寻他羞辱一番。人家给你白吃了几个月，还被骂作小人，实为不该。

苏秦是战国时的著名策士，凭三寸不烂之舌，联合六国西抗强秦，身佩六国相印。当年他困厄之时，兄弟嫂妹妻妾皆笑之，显达之后，他们又一反故态，极尽恭顺之能事。苏秦笑问其嫂：“为什么前倨而后恭？”嫂答：“因为你现在地位高、钱财多！”苏秦感叹道：“同样是我一个苏秦，富贵了亲友敬畏我，贫贱了亲友轻慢我，更何况别的人。假如我当年有两顷良田，我就不会发愤，也不会佩六国相印了。”于是他散千金给自己的亲友。凡是以前给了他帮助的，也都一一报答。其中一个人没有得到好处，就找苏秦问原因，苏秦说：“不是我忘了你。当年你和我一起去燕国，在易水边你再三要离开我。那个时候，我处境十分困难，非常希望得到你的支持。所以，我迟点报答你。”

以苏秦之智，不会不知人性，但他一笑置之。正如世事洞明的孔子所说：“鸟兽不可与同群，我不同他们在一起又和谁在一起呢？”这才是真正的智者、明者和仁者。

以德报德易，以德报怨难。在这点上，苏秦有气度，有胸襟，也很高明。

筏子客老魏

□明前茶

兰州附近的黄河河段上，老魏在一众筏子客中很出名，原因是，供大伙儿骑浪而行的羊皮筏子，多数是他做的。

做羊皮筏子需要极大的耐心，羊皮需要“浑脱”，“浑”字做“全”解，意思是羊皮需整张卸下，不能有一处破溃，也不能有一处厚薄不均。羊皮运回来，老魏的工作就开始了，夏天要焐，冬天要晒，直到羊皮的毛囊松懈，用牛角刮板轻轻一刮，羊毛纷纷脱落。

下一步，就考验老魏的肺活量了——只见他扎紧羊的颈项与三足，从预留的一足中朝内呼呼地吹气，吹至皮胎鼓胀，捏紧开口，以迅雷不及掩耳之势灌入少许清油和盐水，摇荡整个皮胎，让羊皮吸收，由内封住细小的皮孔。努力续吹，扎紧最后一足，皮胎就像打足了气的灯笼一样。老魏抬出桐油桶来，给十几个吹好的皮胎刷上油。他得意地微笑：“在老家，红白喜事都要雇唢呐班子，班主知道我肺活量大，20年前就许我当班头，我不肯去，嫌那吹奏声太吵。”

游客们逗他：“所以你选择在黄河岸边风吹日晒地漂着，当筏子客？”

老魏答非所问：“晓得那两句诗不？‘纵一苇之所如，凌万顷之茫然’，讲的就是羊皮筏子在黄河上顺流而下的感觉。看似惊险，实际上很悠然。黄河不发大水的时候，是很柔和的，浪不大，坐在羊皮筏子上，伸手下去撩水玩，水多半是温的。在这里做事，连毛躁的性子，也变敦厚了。”

游人都微笑：“咱们的领航人，挺有文化呀！”

老魏继续刷桐油，笑道：“这套说辞，当然是跟导游们学的。”桐油刷在新的皮胎上，经过晾晒，皮胎通体发老黄色，半透明，是黄河滩上特别耀眼的风景。老魏和徒弟们用水曲柳木条捆一个方形的木框子，框中再绑上“井”字形的木条，上油晒好的皮胎紧凑排列，系于柳条框架下，一只可以破浊浪、过险滩的羊皮筏子就做成了。

老魏叮嘱我们：乘坐羊皮筏时，决不可猛劲儿往上跳，要如履平地；遇浪别慌，因为羊皮筏子是软的、柔和的，不是硬邦邦的船帮，完全可以贴浪而行，安稳得很。只消坐在筏子上抓着木杆，保持平衡即可。

拂面的风，就这样慢悠悠地传递着黄河的温柔。在兰州段，黄河不再咆哮，而是散发着看尽世情的柔和光辉。老魏把控方向，唱了几句河南民谣。有游人问他：“离家这么多年，究竟为了啥，魏把式，你想过没有？”

老魏说：“来的时候想法很简单，就是要给两个儿子攒钱盖房子、娶媳妇。等小儿子也结了婚，分家另过了，有那么几个月，我整个人的筋骨都松懈了。我老婆说，咱家掌柜的没目标了，忽然老了好几年。”

游人的精神都聚拢了。老魏道：“没想到筏子客也有不乐呵的时候吧，后来，我找到了新目标，挣来的一部分钱，买了治腰腿疼、治关节炎的药，捐给了老家的村医。我的想法很简单，如今还留在老家种地的农民，都苦惯了，干了一辈子农活落了一身病，还舍不得治。我在外这么多年，老家架桥修路，我也没出上力，我就替他们买些常用药，让他们到老了，还有个好腿脚，有机会到处走走，见见世面。能像城里的老人家一样，戴着小红帽，坐上我们的筏子。”

一时间，筏子上都安静了，老魏的“游子梦”，震动了每一个人。

听从你心，无问西东

□高小宝

1

北京有一位名叫王岩的“的哥”，他在车上准备了一个小本子，每当有人坐他的车，他都会拿出本子让乘客在上面写几句话。在毫无准备的情况下，人们往往会把自己心里最真实、最美好的想法写出来，因此，“平安”“生活”“健康”“希望”是留言本里出现频率最高的词语。

北京是一座外来人口众多的城市，生活压力也大，可是通过这个留言本，许多从未谋面的人有了交流。有的人心情低落，看了留言本上的话，下车时笑得合不拢嘴；有的人高兴地上了车，却被留言本上的某句话击中了内心的柔软，以致泪眼婆娑。因为受到了别人的鼓励、安慰和感染，每当王岩请乘客在本子上留言时，很少有人拒绝。于是本子上的留言越来越多，短短4个月，车上已经攒了3个写完的本子，上面写下了1687条留言。这些留言也给王岩带来了温暖和力量，让他知道这座城市里有许多人和他一样，虽然从事不同的工作，可每个人都有脆弱、迷茫、艰难或高光的时刻，这时候，陌生人的一句问候、祝福和鼓励，就能让人感动、幸福和开心。

如今，王岩的留言本上，留言仍然在不断充实，越来越多的人在这里得到快乐、释放、鼓舞以及对美好的向往，他的车被大家称为“解忧车”。王岩不知道自己会在北京待多久，但只要在这里一天，他就会坚持把这件事做下去。他不觉得做这件事有多麻烦或多文艺，每天接触形形色色的人，自己努力工作赚钱，如果刚好帮到了那些需要帮助的人，他就认为自己没有白来这座城市。

2

江苏有一位叫穆阳的网店老板，他给顾客发货时，总会在包裹里装上一张卡片。这张卡片不是“好评返现”，而是走失儿童的寻人卡片。这张不大的卡片上印着走失儿童的照片、姓名、出生年月、失踪地点等信息。

这个念头来源于电影《失孤》，影片讲述了一位父亲寻找被拐卖孩子的故事。同样身为父亲的穆阳看后心情久久不能平静，于是，他决定制作走失儿童寻人卡，连同货物发往全国各地，希望以此寻得更多线索，让那些丢失的孩子找到回家的路。很快，小小的卡片引发了大家的关注，一些走失孩子的家庭纷纷联系穆阳，希望他能在卡片上印上自家孩子的信息，也有人专门来给穆阳点赞，穆阳的店铺访问量一下子增加了许多。

有人质疑穆阳在借此营销炒作，但很少有人知道，穆阳制作这些卡片都是自掏腰包，而且因为很多人以为他的店铺是公益平台，在评论区里不是讨论孩子，就是留言点赞，真正下单购物的人并不多。但穆阳很少对别人提及和解释这些，在他看来，自己就是想做点好事，他并不想让大家在知道实情后，把自己捧得太高。

这件事，穆阳已经坚持做了两年，累计为30多个走失儿童的家庭发出了10万多张寻人卡。虽然至今还没有一例寻找成功，但穆阳想做好事的念头依然未变。

3

20世纪90年代，邻居孤寡老人苏婆婆的老房子坍塌了，徐惠明就把苏婆婆接到自己家里居住。后来，徐惠明家的房子拆迁，他便给苏婆婆在距离自己家不远的地方租了一间房。这期间，政府组织了一次土地登记，因为苏婆婆的房子早已坍塌，村里又经过了拆迁重整，苏婆婆就变成了无房户。再往后，随着苏婆婆年老体衰，徐惠明又自掏腰包将苏婆婆送到敬老院安度晚年。

敬老院如果有事需要徐惠明出面，他都随叫随到，对待苏婆婆，他始终就像对待自家人一样。2016年，92岁的苏婆婆去世。徐惠明按照当地风俗，为她操办了后事。作为村里无房的孤寡老人，苏婆婆生前申请过80平方米的宅基地用于建房，可是这块宅基地直到2017年才批下来。2020年，苏婆婆名下的这块宅基地要被征用，得到了一笔征用款。苏婆婆生前没有任何财产，过世时也没有立遗嘱，然而对于这笔钱，村里人一致认为应该由徐惠明继承，理由是苏婆婆和徐惠明虽然没有血缘关系，可苏婆婆在世时，一直是徐惠明在照顾，而且照顾的时间长达30年。当时的苏婆婆无依无靠，徐惠明不图任何回报，对待苏婆婆就像亲人一样，这样的好人应该有好报。

生活中，像王岩、穆阳、徐惠明这样的人再普通不过了，他们做的事也并非轰轰烈烈、惊天动地，而是细水长流，透着人性的微光。他们用一点点善为世间播撒温暖和美好，让人感佩又动容。但愿每个平凡的人，都像电影《无问西东》里说的那样：“愿你在被打击时，记起你的珍贵，抵抗恶意；愿你在迷茫时，坚信你的珍贵，爱你所爱，行你所行，听从你心，无问西东。”

毛姆的回信

□侯美玲

毛姆文学奖由著名作家威廉·萨默塞特·毛姆创建，用于奖励35岁以下的年轻作家，奖金12000英镑。1954年，多丽丝·莱辛获得当年毛姆文学奖。

莱辛的童年和少年时代是在非洲南罗得西亚的农场度过，一家人生活非常艰难。后来，莱辛两度离婚，带着三个孩子苦苦挣扎。30岁这年，莱辛移居英国，当时她身无分文。为了生存，莱辛做过保姆、公司速记员和接线员，但这些工作只能解决她和孩子的温饱问题，莱辛依然过得很拮据。

12000英镑奖金对莱辛来说简直是“意外之财”，她很快用奖金租到一处合适的房子。当然，毛姆文学奖也让莱辛名声大噪，她的书受到出版商的青睐。其生活条件大大改善，她可以专心写作，暂时不必为生活四处奔波了。为了表达自己的感激之情，莱辛很诚恳地给毛姆写了一封感谢信。

不久，毛姆回信了。毛姆说：“其实，你根本没必要感谢我，我不认识你，你的作品我也没有看过，毛姆奖是由专业人士评选出来的，我从不干涉和过问。另外，你是第一个因为毛姆奖向我表示感谢的人，以后，请不要为了迎合他人写这种信件了。”

莱辛在自传中详细叙述了这件事情的来龙去脉。即使过去很多年，读者依然可以想象她阅读毛姆回信时的尴尬。然而，毛姆的回信也让世人对毛姆直言不讳的坦率性格有了进一步了解。尽管这样的性格会让他人感到不舒服，可是，社会需要这种声音。真实、不做作，无论社会发展到何种程度，这样的声音都不能缺席。

我们总是容易高估自己

□王　妃

1995年，一名块头很大的中年男子在光天化日之下抢劫了美国匹兹堡的两家银行。让人称奇的是，他没有戴口罩，也没有做任何伪装。抢劫之后，他还对着银行门前的摄像头露出了骄傲的笑容，然后大摇大摆地走了出去。

这些很明显的线索，让警察们当天就找到了这个抢劫犯——麦克阿瑟·惠勒。

惠勒矢口否认，但警察给他看了最强有力的证据：监控录像。惠勒看着录像中的自己，惊讶地睁大了眼睛，嘀咕道："可是我脸上明明涂了柠檬汁啊！"

原来，惠勒有点化学知识，知道柠檬汁的酸性可以让其作为隐形墨水，在亮白纸上用柠檬汁写字会不可见，但加热涂有干燥柠檬汁的纸时，柠檬汁会氧化并转变成棕色，信息才会显露出来。根据这个原理，惠勒认为他的脸上涂了柠檬汁，只要不接近热源，他面部完全是隐形的，摄像头拍不到。

用柠檬汁写字可以隐形，可没办法让一个人的脸部轮廓和五官隐形。所以，当惠勒说出自己这个神一样的逻辑时，警察们听得目瞪口呆。不过，他们很快就排除了惠勒是吸毒者或者精神病患者的嫌疑。

这个故事，成了大家的饭后谈资。人们称这个抢劫犯为史上最愚蠢的人，写出各种段子嘲笑他。不过，康奈尔大学心理学家戴维·邓宁和贾斯汀·克鲁格认真地研究这一现象，发现了一个著名的心理现象——邓宁-克鲁格效应。

邓宁-克鲁格效应说的是能力越低的人，由于自我认识不足，越容易过度自信，错误地高估自己。为了验证这一现象，邓宁和克鲁格做了一系列实验。在一项研究中，他们给一些大学生出了一些题目，这些题目内容广泛，涉及语法、逻辑和笑话等问题，每个学生作答后，被要求评估自己的成绩和排名。有趣的是，在这些认知任务中，得分最低的学生总是高估他们的表现。成绩倒数的四名学生估计自己的成绩比其他三分之二的学生都好！

这种低能力人的"虚拟的优越感"还延伸到课堂之外，渗透到日常生活中。在后续的研究中，邓宁和克鲁格离开了实验室，在社会调查中，也发现了类似的结果。例如，当他们询问枪支爱好者关于枪的安全问题时，那些回答正确率低的人显然高估了他们对枪支的了解程度。

低能力的人除了在基本事实认知方面会盲目自信，在其他个人能力领域也容易盲目乐观。比如，在一些真人秀节目中，表演者有好有坏，但是那些表演很糟糕的人，从不会意识到自己的无能，被评委们拒绝后经常会大吵大闹。虽然我们看到这样的行为，会觉得很滑稽，但这些人真的不知道自己正在被虚拟的优越性所迷惑。

知道了邓宁-克鲁格效应，我们就不难解释生活中的一些现象。

比如没有幽默感的人认为他们很幽默，长相一般的人会高估自己的容貌。而在男女关系中，一些人过度高估自己，认为那个姑娘也一定欣赏自己，等仓促地表白被拒后，异常恼怒。

邓宁-克鲁格效应不是什么精神问题，只是认知偏差。这是人类非常容易犯的一种常见错误，验证了达尔文说的“无知比知识更容易招致自信”。

邓宁-克鲁格效应还包括一个相反的方面：能力非常高的人，往往会低估自己的能力。

在生活中，你有没有注意到这些现象？在面试中，一些人即使能力很强，也会无比焦虑，如果他们打败了其他面试者，得到了自己想要的工作，又会陷入自卑，觉得领导可能会非常后悔选自己，因为自己并没有什么能力。

在学习中，一些学生取得了高分，会异常忐忑，害怕老师对自己看重，而自己并没有能力在下一次考试中获得同样的成绩。他们面对别人的赞扬，往往没法开心地接受，反而很惶恐，害怕下一次考试时，暴露自己的真实水平。

而一些姑娘明明长相好看，却总是没自信，非得跑去整容，才会安心。

这些都是高能力者低估自己的表现。这些人明明很优秀，各有禀赋，但他们患上“冒名顶替综合征”，或者将自己的成功看作是运气等外在因素使然，而不是自己理所应得的，或者看不到自己的优点，瞻前顾后，整天提心吊胆。

低能力者之所以会高估自己，是因为对自己有错误的认知；而高能力者之所以会低估自己，往往是因为他们错误地评估了他人，他们常常会认为自己觉得容易的事情，别人也容易做到，自己拥有的别人也会拥有。

盲目的自信，会让人们闹出不少笑话，低能力者看不到自己的短处，不容易虚心学习，也就没法进步。而高能力者盲目自卑，又容易焦虑异常，错过重要的机遇，限制自己的能力发挥。

那么，我们如何避免邓宁-克鲁格效应呢？心理学家建议：对能力不强的人来说，应该认识到自己的许多想法是错误的，并学会重新评估自己的能力；而对能力很强，却又不自信的人来说，不妨摒弃自己的不自信，尝试一些更具有挑战性的事情。毕竟，当你认识到自己能力不足时，就说明你其实很有能力了。

甜蜜的黑暗

□林采宜

祖母走的时候八十四岁，她是油尽灯枯，无疾而终。

她这一走，我内心的娘家就没了，通往故乡的路也就此荒芜。

这么多年来，每一次梦回童年，场景都是祖母的老屋，我都在和她说话。她是我童年的归宿，也是内心的家园。

父亲的爱，如同一束光，带着殷殷的期待，在那样的光芒里，我只能是一个所向披靡的战士，永远坚强，永远独立。

比起这种让人不敢懈怠、不敢喘气的光芒，我更喜欢黑暗。模糊、温暖、安全感满满的黑暗，土壤一般厚实，包容一切。祖母的爱如同这种黑暗，在里面，我不必担心受到指责，可以容忍自己的疲惫和慵懒，冬眠一样等待生命的春天。也可以像种子一样，吸足了养分，慢慢张开胸膛，发出新芽，冒出地面来，长出枝叶，开出花朵，变成参天的大树……没有了这种黑暗的土壤，我就只能变得强大。

这世间，所谓的强大，通常是孤独打造出来的金盔银甲。

没有人生来强大，那些看起来无比强大的人，多半是因为没有退路。

我也是。

刺客太讲规矩也不好

□庶人不议斋

有一年，宋国的国君康公兴头上，攻打一个小国，并屠了人家一座城邑。当时的社会照例议论和呼吁了一番，最后自然没起到任何作用。

毕竟是乱世，列国国君心思一动，就发展到杀人盈城，也不算什么意外。虽然也有批评的声音，这个主要发生在知识界。批评的角度不一，有宗儒的，有归墨的，但大体都很温和。当然，也有“行为艺术批”之流。他们的批法，愚者见智，智者见鸡贼，真正行动起来的不多。故纸堆中，偶见几个身影，细究也只是一些脾气古怪的人。比如这回就让康公赶上了，结果蹭出一段戏来。

当日有个游士叫成公赵，本是齐国人，康公兴师之时，他正住在那个小国。康公破国屠城之后，他瞪大眼睛看，撑起耳朵听，等待社会的反应。列国的沉默让他很失望。然后，他就决定自己来。成公赵说，看来，我还是高估了自己的影响力，作为一位社会活动家，居然对宋国国君没起到半点威慑作用。如今我就住在这里，可宋国国君愣是敢来打，还屠了一座城——这是打我的脸啊！我要没点行动表示一下，以后还好意思说自己是个士吗？他当即决定，刺杀康公。可他到宋国摸索了三个多月，硬是没找到机会。近不了身，还怎么刺杀？成公赵有点儿着急。

宋国道上的朋友就劝他别急，你可以伪装成他国使团成员趁着会晤，一刀将其杀死。成公赵说，绝对不行，刺杀有刺杀的规矩，不能轻易破坏。要是我伪装成使臣，或者混进一个真使团，当然会成功，但之后呢？各国使团在外交上还有信用可言吗？要是各国都不信任使臣，都把使臣的符节当成演戏的道具，还说这都是从那个叫成公赵的家伙开始的，我能对历史负责吗？不可。

道上的朋友一笑，说那就活动一下宋国朝上的某些官员，让他们向国君举荐隐士遗贤，把你举荐上去，等面试的时候，你一刀杀死国君。成公赵说，更不行，要是这样做，那以后谁还敢向国君举荐贤人，谁还敢信任向自己举贤的人呢？这样做更坏规矩。不可。

宋国道上的朋友表情一时复杂，你不就是刺杀一个人吗，怎么大道理这么多……成公赵说，是的，规矩就是这样多，这天下本来就是坏在没规矩上了。“吾闻古之士，怒则思理，危不忘义，必将正行以求之耳”，为达目的，不择手段，不好。刺杀这么严肃的事，怎么可以搞歪门邪道呢？成公赵说，算了，你们也别说了，我还是按我的路子来吧。我耐心等，总有机会的。

不料，康公的节奏没有配合成公赵的等待。一年后，康公病死了。成公赵痛悔自己居然把事情做成这个样子。“廉士不辱名，信士不惰行”，我自作聪明地等待机会，结果把人等死了，“是辱名也”“是惰行也”。我还好意思说自己是个多么牛的社会活动家吗？

一次本来可以流传后世的刺杀，最终搞得这么窝囊，“吾若是而生，何面目而见天下之士？”于是，他远离人群，来到荒野，和这个礼崩乐坏的世界作别。

建起第一个野生动物保护区的怪人

□李孟苏

一提到野生动物，我就想起世界野生动物保护先驱、博物学家、动物标本学家，英国的查尔斯·沃顿勋爵。

沃顿出身于世袭贵族家庭。英国贵族文化中有一个传统——做怪人。简而言之便是毫不理会所谓的常规，言行疯癫，举止有悖常态，衣着颓废、随性；他们追求思想自由，具有深入思考的精神，因此看上去颇有霸气。查尔斯·沃顿怪到被载入史册，可见其独树一帜、冠压群怪。

从沃顿的肖像画看，他又瘦又高，剪个寸头。那时的男子都留中长发，他超前了150年的发型让他显得格格不入。

他坚决不许砍伐属地上的树，哪怕树已经老得快死了，或者已成朽木，他认为树木是鸟类和昆虫最好的栖息地，只有在他的领地上才能听到最优美的鸟啼。那个年代尚未有自然保护一说，给他干活的农民，还有他领地附近的土地主，对他的观点百思不得其解。

狩猎是英国贵族的爱好和社交活动。狩猎季开幕前，狩猎掌管人会从几个土地主那里租借土地，地广活物多，马和狗跑得欢，一大群人能玩个尽兴。一般大家彼此都会行个方便，沃顿却不允许别人踏进他300英亩的领地，伤害他的动物们。有一次他的贵族邻居向他炫耀刚打到的一只渡鸦，沾沾自喜地说，我手上的是本地最后一只渡鸦。沃顿暴怒，斥责他是恶棍。他把动物看得高于人，在贵族的小圈子里引起了强烈震动，进而受到排挤，何况他还娶了个南美部落女人做妻子。

沃顿家族在南美圭亚那有庄园，他借着去管理庄园之机，四次在南美的密林、草原、山地漫游。他的《南美漫游记》引起了轰动，让还是学生的达尔文萌生了探险的意愿。沃顿染上疟疾死里逃生，他发明了一种液体防腐剂，把搜集的珍稀鸟类、猴子等动物做成标本，带回英国，在庄园里堆得满坑满谷，甚至有一条鳄鱼。1824年，沃顿从南美带回一张奇怪的动物半身像，它有一颗黑色的小脑袋，脸像人，被一圈金棕色的鬃毛围着，脸上没有毛发，一双眼睛可怜巴巴的，嘴巴半咧着，表情紧张好奇。很多欧洲人相信南美真有这样的怪物，也有人指责沃顿给科学界制造了一场骗局。其实这是沃顿以利物浦海关的一位税务检查员为模特，用吼猴的屁股创作的，这个税务官曾经扣下了沃顿从南美带回来的标本。

沃特曾说，热带雨林教给他怜悯。19世纪20年代，他开始在自家领地上修建围墙，为鸟类和走兽提供没有人类干扰的树林、灌木丛，建起世界上第一个野生动物保护区。保护区对公众免费开放，唯一要求是游人不可携带狗或枪进入。他甚至邀请精神病院的病人前来游园。他被尊称为“英国鸟类保护之父”。

沃顿80岁高龄仍可以爬上20米高的树喂鸟。1865年5月的一天，他在保护区里摔了一跤，3天后便去世了。据说，一大群鸟儿跟着送葬的队伍，护送着他的灵柩装上船，缓缓穿过湖泊，上到一座小岛。他长眠在那里。

我们有 一身坚硬的骨头

□张达明

在抗日战争最艰苦的日子里，数学家华罗庚仍坚持写作《堆垒素数论》。当时没地方住，全家就住在牛棚里。每天晚上，他窝在牛棚的上层，一灯如豆，下层则是牛在啃草反刍，还不时在柱子上蹭痒，每当这时，牛棚便摇摇欲坠，大有倾倒之势。

虽然如此，但华罗庚依然将正在写的《堆垒素数论》视为生命。一天，别人给他的妻子吴筱元送了两枚鸡蛋，吴筱元煮了一枚，想给华罗庚补身体，华罗庚却对她说："你把它分成5份，全家每人一份。"然后，他只将自己的那份吃了。妻子望着剩下的4瓣鸡蛋，难过得泪如雨下。华罗庚安慰她："别伤心了，等《堆垒素数论》出版后，咱们就去割几斤大肥肉，全家人美美地吃一顿。要是还有余钱，就给你和孩子们每人添一件新衣服，然后给我买两包烟，真想抽一支烟啊！"

经过两年的呕心沥血，30万字的《堆垒素数论》终于在1942年年底完成。为尽快实现割肉、买衣、抽烟的愿望，华罗庚将书稿寄给了重庆的"中央研究院"。然而，在漫长的等待中，他没有看到肥肉和妻儿的新衣服，也没有换来盼望已久的两包香烟，却在半年后等来手稿遗失的噩耗。那一刻，华罗庚晕倒在牛棚里！

凭着坚强的意志，华罗庚重新站起来，开始了第二次写作。两年后，他再次完成了《堆垒素数论》，并由苏联科学院出版。由此，一颗35岁的数学新星冉冉升起。

华罗庚后来回忆道："当时有句话叫'教授教授，越教越瘦'。记得有这么个故事，教授在前面走，要饭的在后面跟，跟了一条街，前面的教授回头说'我是教授'，要饭的听后就跑掉了，因为他也知道，教授没有钱。但是，我们有一身坚硬的骨头，这是任何力量也击不垮的！"

"两个"韩愈

□余　弓

有怕死的韩愈，有不怕死的韩愈。

王谠的《唐语林·栖逸》载："韩愈好奇，尝与客登华山绝顶，度不可下返，发狂恸哭，为遗书。"一代文豪，登临华山绝顶，患了恐高症，吓得号啕大哭，魂飞魄散之际，还写下了遗书。

韩愈的《左迁至蓝关示侄孙湘》诗云："一封朝奏九重天，夕贬潮州路八千。欲为圣明除弊事，肯将衰朽惜残年。云横秦岭家何在？雪拥蓝关马不前。知汝远来应有意，好收吾骨瘴江边。"韩愈为百姓苍生请愿，不惜犯颜直谏，且做好了被亲人收尸的准备。在华山绝顶失足，死于非命，轻于鸿毛，是以怕死；为百姓苍生请愿，死得其所，重于泰山，是以不怕死。怕与不怕，都是活生生的韩愈。

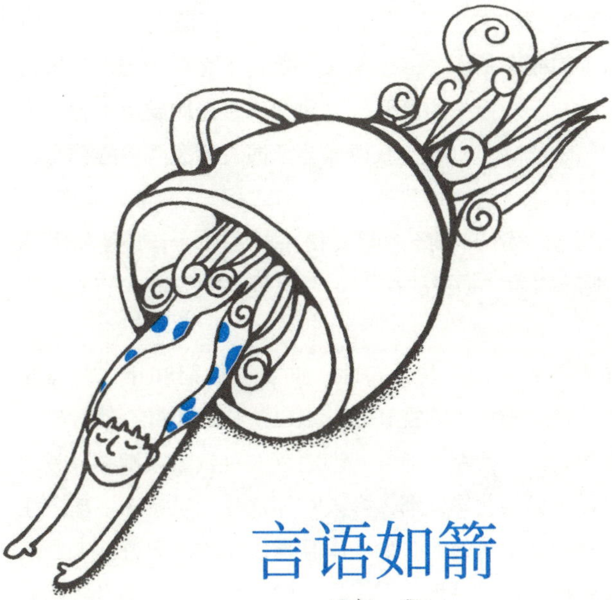

言语如箭

□初　程

在日本民间，有个这样的故事，说的是一位叫良觉的僧人，性情急躁。他所居的僧房旁，有一棵樌树，所以人送“樌树和尚”的绰号。良觉认为此号不雅，伐了樌树，仅余树根，谁知别人又称他“树根和尚”。这下良觉怒了，掘了树根，剩下一个大坑，不料被众人戏称为“树坑和尚”。

起初觉得好笑，明明是屋旁无关紧要的一棵树，明明是身外无须在意的一个称呼，怎么就偏去较真，反受其累呢！随后转念细想，其实，每个人都不曾觉察，自己的一句玩笑、一句戏言，很可能会中伤别人。

外出晚归，却不巧赶上住宅楼断电，母亲的轮椅无法搭乘电梯，我只得将它暂放楼下，搀扶母亲登阶爬楼。翌日清晨，早早奔去楼下取轮椅，不想竟找寻不见。保洁阿姨正在忙碌，便上前打听：“早！不知您是否看到楼道拐角有个轮椅？昨夜放的。”谁料阿姨颇为激愤：“没看见，我没拿，我从未动过任何一家的东西！”

看来，也许早先有人质疑过她拿取楼道存放之物，而她此刻也将我的探问视作不怀好意的质疑。尽管我赶紧解释，但不久后保洁还是换人了，看来她辞职或换岗了。那个早晨，自己无心割疼一个人的自尊，远比意外丢失一辆轮椅，更加令人难以释怀。

童年时，一位女同学在家中行二，最不得宠。三个姑娘，一大一小常是衣着光鲜，偏偏她旧衣破裤。在家中不受宠，在学校也是如此，成绩垫底，老师哪里会疼，训骂是常有的事。同学也不待见她的蓬头垢面，远远避之。不待小学毕业，她便早早退学，从大家的视野消失。

如今想来，自己的某个眼神、某句话，会不会也好似在张弓搭箭，瞄向她，而自己却浑然不觉？

该是有的。我们并不是猎人，绝无歹意，却都放过无心的箭矢。

沉浮皆必需

□[美]马克·尼波

有一种水生微生物，为了生存，要不停地从水底游到水面，让自己在这种往返沉浮的状态中捕食。这些肉眼看不见的浮游生物像小水母一样，遍布海洋和湖泊河流。它们在每日的上下沉浮中，一边沿途进食浮游植物，一边通过这种仪式，为其所在的水系进行过滤，也因此成为水系食物链中不可或缺的一环。

这更像是微观世界在告诉人们，我们需要怎样努力精进才能够成为今天这样——在我们赖以生存的宏大宇宙中，漫长的沉浮与跋涉是不可避免的，这也正是人类能够保证生命鲜活的关键。

坏与好，谁更有力量

□徐 瑾

在行为经济学中，有一个著名实验。一般认为，抛硬币时正反面出现的概率是1∶1，但是大多数人不愿对抛硬币等额投注，原因就在于对损失的厌恶：“他们不愿在抛硬币上冒损失20美元的风险，除非有机会获得相当于损失金额两倍的钱，即40美元。”

这一现象，诺贝尔经济学奖得主丹尼尔·卡尼曼和阿莫斯·特沃斯基称为“损失厌恶”，也就是“损失造成的影响比收益大”。

普通人如此，伟人也是如此。据说20世纪80年代，当时的美国前总统里根在纽约视察时，走过欢呼的人群，他对身边的纽约市长说：“天哪！你看，那边有人对我竖中指。”旁边的纽约市长感到很诧异，那么多人对你欢呼，总统阁下却只注意到一个对他竖中指的人。伟人尚且难以免俗，何况凡人？从更深角度分析，你会发现，对“坏”的关注，其实来自我们的进化本能，这种本能起因都是保护自身，躲避危险。

原因在于，对“坏”的关注，主宰整个大脑，或者说，大脑天生胆小。正是这些特质，保护了我们。因此，人类的注意力，天然会被威胁吸引。实验发现，即使年仅8个月的婴儿，面对蛇和青蛙的照片，会更快地关注前者，面对悲伤和开心的脸，同样会更关注悲伤的脸——甚至可以说，大脑对“坏”或者危险更敏感，对“好”或者善，则视而不见。

可以说，人性对待负面的厌恶态度，不仅验证了中国谚语“一粒老鼠屎，坏了一锅粥”，更是验证了俄罗斯老话：“一勺柏油搅坏一桶蜂蜜，但一勺蜂蜜改变不了一桶柏油。”

如果“坏”如此强大，那么需要学习先定义坏。学术文献中，会称之为“负面偏差”“负面主导”“负面效应”，也就是说，“负面事件和情绪产生的影响普遍强于正面事件和情绪的影响”。

对“坏”的关注，从进化而言对我们是有意义的，正是我们的大脑关注负面的特质，才使得我们更善于远离危险，也更善于学习。了解负面效应原理之后，我们应该思考，如何避免这些负面效应放大，尤其不要让它去伤害与我们最亲近的人。

从这个意义上，人性始终是解答我们很多问题的根源。这就好像梁漱溟晚年对儒家的总结：“儒家站在人的立场，儒家说的话，说来说去，不离开人，它从来不离开人，连鬼神它都不大谈。不是那个子路嘛，问孔子生死问题，他就说：‘未知生，焉知死？’‘未能事人，焉能事鬼？’”

写给孩子的诗

□容 光

小姑姑退休后，闲不下来，托人帮忙去了一家私立幼儿园当保育员。入职半年，园里忽然要开展分享活动，分享平日里和小朋友在一起的点点滴滴。我在寒冬的夜里接到求助电话，负责把她的叙述变成文字版本，好让她拿着稿子上台念。

这个请求让我啼笑皆非，但毕竟是长辈嘛，不敢不应。原本是抱着帮帮忙混过去就好的态度，我拿着手机坐在沙发上，把自己裹得像个粽子，专心听电话那边的叙述。小姑姑没有多高的学历，和我许许多多的长辈一样，工人出身，一辈子过得朴素真诚，讲着一口爽利的四川话。

“我们班有个小男孩叫果果……”这是她的故事开头。

果果是个有着多动症的小男孩，年仅五岁，爱四处走动，好像总也停不下来。他不合群，总是不参与其他小朋友的活动，却在上课时不愿踏踏实实坐在椅子上，偏要这里走走，那里摸摸。每天清晨被妈妈送来幼儿园时，都会哇哇大哭，抱着妈妈的脖子不愿松手，极其缺乏安全感。

植树节那天，幼儿园组织全体小朋友去公园种小树苗。小姑姑担心果果静不下来，万一不听老师的话，四处跑动，也许会有安全问题。于是活动开始前，她特意蹲下来对果果说：“一会儿出了幼儿园，你要一直牵着王老师的手。”果果问她为什么，她想了想，说因为外面的世界那么大，王老师也会害怕呀。她笑着问果果，愿不愿意当个小男子汉，牵着王老师的手保护她。果果郑重地点头，果然在踏出幼儿园后就一直牢牢牵着她的手，再也没有松开。

那天的果果表现非常好，在路上没有松开过小姑姑的手，到公园后也认真参与活动。而更叫她没想到的是，自那天起，只要踏出教室，果果都会在第一时间冲到她面前，牢牢牵住她的手，不论是参加课间活动，午休抑或吃饭。

电话那端的人还在往下说，而我怔怔地听着那些故事，所有的不耐在刹那间冰消雪融。故事因语言组织能力不够好而略显絮叨，却直截了当地击中我的心。每个人都曾是果果这样的孩子，在成长的年岁里都因稚嫩天真需要帮助与扶持。尽管这样的举动对果果来说也许只是零星的成长碎片，很快就会因为长大而被忘却，可那些细碎的时光串联起来，最终成为一个人不可或缺的性格组成部分。我想哪怕他将来忘记了王老师，忘记了幼儿园的一切，忘记了植树节那一天，忘记了他牢牢牵过的那只手，但在五岁这年就开始闪耀的属于男子汉的小小勇气，一定会成为小朋友此生永恒复现的光芒。

电话那头，小姑姑还在腼腆地说自己文笔不好，别的老师还有写诗分享的呢。我不禁笑起来，说我刚听到这辈子听过的最真挚、最可爱的一首诗——那是一位朴素真挚的老师写给孩子的诗。

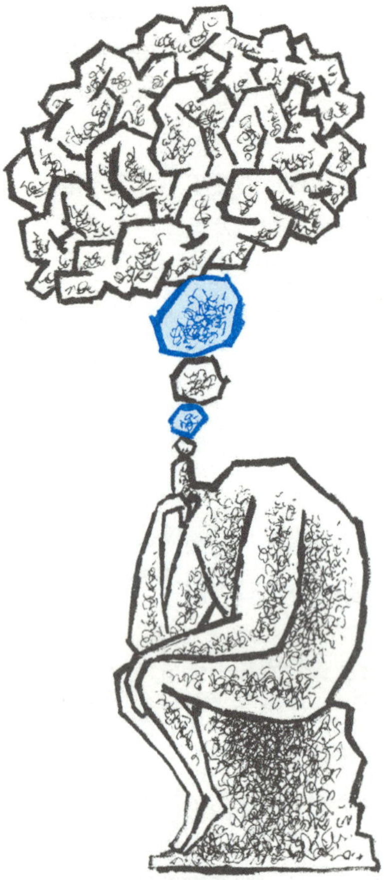

有趣的科学灵魂

□董洁林

有一颗聪慧头脑的科学家很多，但聪慧又有趣的灵魂并不多，物理学家泡利兼而得之。他带着“神童”光环出身于奥地利的书香之家，从小游走于著名科学家之间。高中最后一年，泡利读了一篇关于试图统一引力场和电磁场的论文，立刻给作者写了一封言辞犀利、火力十足的信。收信人是著名数学家外尔教授，规范场的创始人。从此，这二位就成为忘年交。泡利因为不兼容原理获得1945年诺奖时，诺奖晚宴上外尔教授还揶揄高中生泡利曾经给了他“恶毒的一拳”，此时他们二位与爱因斯坦都是普林斯顿高等研究院同事。

18岁的泡利进入德国慕尼黑大学后，师从索末菲教授，量子力学的开山鼻祖级人物。这位大师考察了泡利一段时间后，发现这孩子啥都知道，觉得自己没什么好教他了，那就直接做项目吧。于是大学生泡利接到了人生第一个科研项目：为《数学百科全书》撰写广义相对论综述章节。泡利花了两年时间完成了一份两百多页的文件，并附带300多个参考文献和注释。泡利的两位老师索末菲和波恩大喜过望，决定为这位21岁的青年出个单行本，就叫《相对论》。波恩乐滋滋地把泡利版的《相对论》送给爱因斯坦，还附加了一封得意的便签：这孩子不仅物理好、文笔优美，还是一个码字狂人……爱因斯坦对此书也深感惊艳，评论道：“没想到这篇成熟、构思宏大之作的作者是一位21岁的青年。他对相对论思想发展过程之心理层面的理解，可靠的数学推导，深刻的物理洞见，清晰而系统的表达能力，文献知识，对主题的全面把握，还有挑剔赞许的拿捏，都很令人佩服。”后来，爱因斯坦一直视泡利为“精神儿子”，并提名他为诺奖候选人。

含着学术金汤匙长大的泡利科学成就很多，发表的论文并不太多，却留下大量与同行和朋友们交流的信件（超过2600封），大方挥洒自己无与伦比的洞见与才华。很多人以收到泡利的信件为荣，并广泛传阅。无疑，泡利信件中的奇思妙想启发了很多同行开拓崭新的科学领域。

1930年，物理学界讨论的一个热门话题是“为什么β衰变时有一部分能量不见了？”当时这是一个危及能量守恒这个基本物理学定律的大问题，泡利坚信能量守恒律，认为是一种尚未被人观察到的无电中性小粒子带走了部分能量，于是写了一封信给同行阐述自己的想法，“中微子”就这么诞生了。1956年，科学家首次测量到了中微子，大量相关成果接踵而至，至今至少有4次诺奖颁发给了数项与中微子直接相关的成就。

1953年7月，泡利给普林斯顿高等研究院的教授佩斯寄了一封信，并附带了一份文稿，文中的理论与已知物理学观测并不符合，另外泡利也认为整个数学推导过程缺少难度，就没有正式投稿期刊发表。尽管如此，该文稿仍然影响甚广，成为今天理论物理“标准模型”的重要模块，后来多位基于这个方程在规范场领域耕耘的科学家获得了诺奖。

泡利被誉为“物理学的良知”和“上帝之鞭”。他把过分客气礼貌看作人类关系的异端，对水平不高或者错误的科研工作毫不吝啬地嘲讽和批评，对自己的工作也十分挑剔。他的口头禅是：“错，彻底错！”更有甚者，“连错都算不上”。有幸受到批评的高手不会受到伤害，反而受益匪浅，可见顶级的大脑之间交流不需要太多虚与委蛇。

一生到处撒花种

□林建刚

胡适与物理学家吴健雄的故事，是中国学界的佳话。

胡适作为老师，曾激发了吴健雄的学术兴趣。1943年，吴健雄致信胡适说：“你的演讲最动人，最有力量……譬如说，我听到了你那次在苏州女师的演讲，受到的影响很深，后来的升学和出洋，都是从那一点出发的。虽然我是一个毫无成就的人，至少你给我的鼓励，使我满足我自己的求知欲，得到人生的真正快乐。”

这是“功不唐捐”的典型例证。那是在1921年，胡适在苏州做了几场演讲，当时还是中小学教师的叶圣陶听了演讲之后，把这件事写进了小说《脆弱的心》。小说中的那些教员，听了胡适的演讲之后，保持了三分钟的热度与兴奋，此后就一如往昔了。吴健雄的这封信可谓是对叶圣陶这篇小说的反驳。所以，胡适给吴健雄回信说：“那年我在苏州演讲之后，叶圣陶（那时在苏州一中做教员）曾写过一篇小说，说一班教员听说我的讲演，当时的大兴奋，过后的讨论，讨论后的无结果的悲哀……我并不因此悲观。我曾说：‘无心插柳，尚可成荫；有意栽花，当然要发。’我一生到处撒花种子，即使绝大多数撒在石头上了，其中有一粒撒在膏腴的土地里，长出了一个吴健雄，我也可以得到百分的快慰了。将来我见到圣陶，我要告诉他这个故事，好替我（自）己吐吐气。”

胡适与吴健雄的缘分，除了1921年胡适的几场演讲对吴健雄的影响之外，还在于她作为中国公学的学生，上过胡适讲的“有清三百年思想史”的课。课程结束后的期末考试，本来考三个小时，吴健雄两个小时就交卷了。胡适当场阅卷后，跟中国公学的老师杨鸿烈、马君武说：“我从来没有看到一个学生，对清朝三百年思想史懂得那么透彻，我给了她一百分。”这一

次，胡适彻底认识了吴健雄。

1936年，在美国加州大学伯克利分校，胡适去好友马如荣家中吃饭，巧遇在此学习的吴健雄，两人聊了好久。第二天，胡适专门致信吴健雄说：“昨夜我们乱谈的话，其中实有经验之谈，值得留意。凡治学问，功力之外，还需要天才。龟兔之喻，是勉励中人以下之语，也是警惕天才之语，有兔子的天才，加上乌龟的功力，定可无敌于一世，仅有功力，可无大过，而未必有大成功……

“你是很聪明的人，千万珍重自爱，将来成就未可限量。这还不是我要对你说的话。我要对你说的是希望你能利用你的海外住留期间，多留意此邦文物，多读文史的书，多读其他科学，使胸襟阔大，见解高明……凡一流的科学家，都是极渊博的人，取精而用弘，由博而反约，故能有大成功。”

这封信对吴健雄影响至深，她保存了二十多年，胡适逝世后，她将这封信捐给了胡适纪念馆。

还有一件小事，是胡适送书给吴健雄。江才健的《吴健雄：物理科学的第一夫人》中写道：“胡适对吴健雄万分赏识，期许甚高，后来在旅行中看到书店中有英国大物理学家卢瑟福的书信集，认为那时已在美国念物理的吴健雄一定会感兴趣，就买了寄来给她，吴健雄对于胡适的爱护之情，一直铭感在心，她说：‘这才是师生关系啊！’”

1962年，胡适曾对中国物理学学者做了代际划分：饶毓泰与吴健雄是第二代，饶毓泰的学生吴大猷是第三代，吴大猷的学生杨振宁、李政道是第四代。

损之又损之道

□鲍鹏山

有一天，孔子带着他的弟子参观鲁桓公庙，看到庙里面有一个很奇怪的东西，斜放在那里。孔子就问守庙的人：“这是什么东西啊？”管庙的人告诉孔子：“这是宥坐之器。”

古人总是用各种办法提醒自己记住自身的缺点。“西门豹之性急，故佩韦以自缓，董安于之心缓，故佩弦以自急。”西门豹性子急，他就佩戴一条皮带，以提醒自己舒缓一些。董安于性子慢，他就佩戴一个绷得紧紧的弦，以催促自己快一些。古人佩玉，也不似我们今天的装饰、辟邪甚或炫耀，而是要比德于玉。还有座右铭，是古人把提醒自己的话铭刻于座右，随时提醒自己。

现在，孔子和他的学生又发现一个“宥坐之器”。何为“宥坐之器”呢？就是安放在国君座位右边的一个东西。这个东西是什么样子，又有什么用处呢？

我们听听孔子怎么说：“哦，既然是宥坐之器，那我知道——它里面没有水的时候，是倾斜的；水装到一半的时候，是端正的；装满的时候，它就倾覆了。”

说完，孔子转身对他的弟子们说：“现在我们就试验一下。”

于是大家往里面灌水。这个东西本来不是倾斜的吗？水装到一半的时候，它果然端端正正地立起来了。

孔子说：“再装。”

水满了，这个东西一下就倒了，水全泼洒出来。

孔子对弟子们说：“小心啊！万物都是这样，哪里有灌满而不倾覆的呢？”

子路懵懂，问孔子：“老师，我们如何能让人生完满而又不倾覆呢？”

孔子对子路说了四点：

聪明睿智，守之以愚——聪明要用愚来守。

功被天下，守之以让——功劳要用让来守。

勇力振世，守之以怯——勇敢要用怯来守。

富有四海，守之以谦——富有要用谦来守。

这就是损之又损之道。损，就是减损。孔子告诉我们：人生要学会做减法。我们总是想着往我们的人生中填充什么，务求填满，做加法，但人生更重要的是做减法。一个完满的人生，幸福的人生，不是看你有什么，更多的是看你没有什么。

有了什么不一定幸福。有了钱就幸福吗？有了权就幸福吗？但是，假如我们没有了一些东西，我们还真的就会幸福。比如，浮躁、焦虑、贪欲、嗔怪，对蝇头小利的占有之念，种种人生的得失之忧，这些东西没有了，心灵平静，那可能是真幸福。

这就是损之又损之道。

人人都知道损人利己，却不知道损己才是利己。

4 目标很重要，但也要掌握做对事情的方法

不做错事，正确的事就会发生

□[德]罗尔夫·多贝里 译/杨耘硕

“有胆大的飞行员，也有老飞行员，但胆大的老飞行员是没有的。”作为业余飞行员，我总是能想起这句话。

当踏入那架1975年生产的老式单引擎飞机的驾驶舱时，我绝不会在脑海中勾勒出一段惊世骇俗的飞行，而只会努力避免让飞机坠毁。我了解会造成飞机失事的原因：恶劣的天气、少检修、疲劳驾机、燃料储备不足等。

投资者常常会谈到“积极面”和“消极面”。他们会在“积极面”中列举一些可能出现的积极结果，而“消极面”中则是所有可预想的不利结果。我们也可以将这些概念应用到飞行领域，我会关注“消极面”，却几乎不会关注“积极面”。阿尔卑斯山上的积雪是多么秀美，云朵重叠的形状是多么令人惊叹，我的三明治在高空中味道如何，这些我迟早都会感受到，只要“消极面”被排除，“积极面”就自然会出现。

专注于“消极面”而不是“积极面”，是一种很有价值的思维工具。套用到生活中就是，我们不知道什么能保障我们拥有美好的生活，但知道哪些因素是肯定能破坏它的。

其实，从2500年前开始，哲学家、神学家、医生，以及后来出现的社会学家、心理学家、广告经理们都在努力寻找那些能使人快乐的因素，然而他们的成果微不足道，只有诸如“社交很重要”“找到活着的意义会对我们有帮助”之类笼统到极点的答案。针对具体的幸福因素，或者说幸福的“积极面”，我们仍在摸索之中。

但如果要问哪些因素会极大地影响或者威胁一段快乐生活，那我们便会得到非常精准的答案：酗酒、长期的压力、噪声、遥远的上班路程、从事自己厌恶的工作、高得愚蠢的个人期望、经济不独立、孤独、时时刻刻同他人比较、受害者思维、自我憎恶、忧郁、神经质、愤怒、嫉妒……要想回答这个问题，你完全不用科学来帮忙，只要观察一下自己以及身边的朋友和邻居便足够了。“消极面”总会比“积极面”更具体，它如同花岗岩一般坚硬，可触碰、有存在感。

所以，请有计划地避开生活中的“消极面”，这样你拥有美好生活的概率便会大幅提升。当然，命运总有可能会给你重重一击，比如陨石摧毁了你的房子、战争爆发、公司破产等突发状况。然而命运——顾名思义——正是属于那些你无法左右的因素，所以你也无须庸人自扰。

也许你还想给这张清单补充一些条目，比如疾病、身体缺陷和离异。无数调查研究已经证明，这类打击带来的影响，其消失速度会比我们想象的快。偏瘫患者在患病的最初几个月会专注于自己的身体缺陷，因而感到悲伤沮丧。但仅仅几个月之后，他们的情绪便会恢复正常，日常生活会重新在他们的脑海中扮演主角，而疾病则会退居幕后。但前面列举的酗酒、长期的压力、噪声、遥远的上班路程等因素，却是我们永远无法适应的。如果不努力排除它们，负面影响将一直存在，并让美好生活成为泡影。

能够取得长期成功的投资人，

天趣

□黄永武

古人读文章，读到“空翠湿人衣，月明洲渚生”两句，不禁叹美道：“真有天趣！”把叹美的四个字批在文章的眉角。后来又有人读到这文句及眉批，觉得天趣有点玄，就去问明代的小品文大家王思任：“怎样才能辨识‘天趣’呢？”王思任回答道：“如果能辨识萧何是如何奇赏出韩信的，就懂得‘天趣’要怎样辨识了！”

王思任的回答，天南地北不着边际，牛头马嘴有点错乱。不过，好像也带点禅机。

天趣是什么？当然，看着奇奇的夏云，一变而成万妙；望着清清的秋水，一动而成万皱。这应该是天趣。月在水中上上下下，风又瑟瑟地吹过去，波上起了邻涟的纹理。光影如梦，波痕是诗，风月水三者一聚首，很妙的天趣。

旭日初起，带露的幽草，叶片上挂满七彩宝石在旋转，清晨的宇宙是新娘，大草原是缀满珠宝的嫁衣，这是天趣。且看云比人还忙呀！一座山峰飞进云里，云又故意推山出来；一座山峰飞出云外，云又急忙拉山进去。云跟山纠来缠去，低空的云总像要挟着山一齐飞似的，这也是天趣。

加拿大林间猫头鹰的叫声“呵呵——呵——呵——”，极像老翁冷冷的笑声，与我记忆中江南的猫头鹰的叫法“骨碌碌碌……”圆滚而阴森的鸣音，大异其趣。鸱鸮的鸣法会超过人类的方言上万种吗？鸟啼人语，都是天趣。

花会笑吗？花香就是笑意。池涧会笑吗？菱莲就是笑态。山会笑吗？松涛泉鸣就是笑声。扩而充之，读书声是房子在笑，名誉是烈士在笑，就像彩帆是湖上的笑。大地会笑，才子佳人都是它的笑果，就像上天会笑，星光是含颦微笑，太阳是咧嘴大笑。这些无一不是天趣。

但是王思任不回答这些，他远远地离开露湿衣裳、月照洲渚的自然刻板印象，用一种意外的人事例证“萧何怎样奇赏韩信”，举这远隔而陌生的美感经验，没头没脑地要你明白：天趣带有毛茸茸的原创性，不是人云亦云，也不是有人指着山水花鸟就能传授给你的。

天趣的辨识是一种难以比况而独自神会的审美意识，是从茫茫凡俗中感应出妙意的特殊禀赋，未必仰仗学习知识。有些人一书不读而多诗意，一花不识而多画意，一杯不饮而多酒意，天赋的直觉就能感应微妙的美。英雄识英雄，就在旁人还浑然不觉时，能一眼瞅定，猛地挑出那卓然杰出的美，就能辨识天趣。

比如沃伦·巴菲特和他的商业伙伴查理·芒格，他们成功经验中最重要的一点也是避免“消极面”。换句话说，在投资过程中，巴菲特和芒格在关注“积极面”之前会首先看到哪些是不该做的。巴菲特曾说：“我们没有学过如何在经商过程中解决棘手问题，我们只学过如何避免这些问题。”要做到这一点，你并不需要很有才华。芒格则说：“像我们这类没有追逐大智慧，只是努力不做傻事的人，所获得的长期收益是令人难以置信的。”

美好生活很大程度上取决于避免说胡话、做蠢事或者跟风，而不是对极致幸福的追逐。或者正如芒格所言：“我最想知道的是我会死在哪里，以便让自己从不涉足此地。”至少在幽默方面，芒格确实有大智慧。

风马牛也相及

□［美］奥赞·瓦罗尔　译／李文远

很多英语俗语使我感到困惑，其中最让我困惑的一个俗语的字面意思是“把苹果和橘子进行比较”，实际含义是“风马牛不相及的事物”。

美国航空航天局艾姆斯研究中心的斯科特·桑福德对苹果和橘子进行了深入的对比。他用红外光谱法对比了一只大洋洲青苹果和一只脐橙的光谱，结果发现这两种水果惊人相似。

但在生活和工作中，我们只会将苹果和苹果做对比，或者将橘子和橘子做对比，很难看到看似不同或不相关事物之间的联系。

专业化是目前流行的趋势。希腊谚语说，一个人“懂得的手艺越多反而会家徒四壁”。韩国人认为“有12种天赋的人没饭吃”。

这种态度代价很大，它阻断了不同学科思想的交融。如果你是英语专业的，量子理论对你有什么用？如果你是工程师，何苦去读荷马的《奥德赛》？如果你是医科学生，何必去学习视觉艺术？

上面最后一个问题成为一项研究课题。36名一年级医科学生被随机分成两组，第一组在费城艺术博物馆上了6节课，学习观察、描述和解读艺术作品。研究人员将这组学生与没有上艺术课的另一组学生进行对比。结果发现，与对照组不同，受过艺术培训的那组学生的观察技能显著提升，比如，更善于解读视网膜疾病的照片。这项研究表明，光是通过艺术培训，就可以帮助医科学生成为更好的临床观察者。

事实证明，生命并非发端于隔离的环境。生物学家雅各布曾说过：“创造就是重组。”几十年后，乔布斯表达过同样的观点：“创造力就是将事物联系在一起。当你问那些有创造力的人，他们是如何创造新事物的，他们会感到有点愧疚，因为他们并没有真正创造新事物，他们只是见识比较广罢了……”

换言之，想要打破条条框框，实现创造性思考，你就得多找几个条条框框。

爱因斯坦称其为组合游戏，他认为这是“创造性思维的本质特征”。组合游戏需要让自己去接受各种思想，求同存异，把苹果和橘子合并重组成一种全新的水果。采用这种方法，整体不仅大于各组成部分的总和，而且与各组成部分的总和大相径庭。

为了促进思想的交叉融合，享有盛誉的科学家经常会培养不同的兴趣爱好。例如，伽利略之所以能够发现月球上的山脉和平原，不是因为他有一台高级望远镜，而是因为他接受过绘画方面的训练，这使他明白月球上明亮和黑暗的区域代表什么。爱因斯坦提出广义相对论的灵感来自18世纪苏格兰哲学家大卫·休谟，后者首先对空间和时间的绝对性提出了质疑。在1915年12月的一封信中，爱因斯坦写道：“没有这些哲学研究成果，可能我无法断言相对论会诞生。”

组合游戏也是伟大音乐家的标志。皇后乐队的《波希米亚狂想曲》被认为是有史以来最伟大的摇滚乐之一，它就像一块音乐三明治，以芭蕾作为开头和结尾，中间则将硬摇滚和歌剧融为一体。

组合游戏还产生了许多突破性技术。拉里·佩奇和谢尔盖·布尔采纳了学术界的一个观点，即学术论文被引用的频率表明了它的受欢迎程度。他们将该观点应用于搜索引擎，创建了谷歌。

上述例子表明，某个行业的变革可能始于另一个行业的创意。大多数情况下，两个行业不会完美契合。但是，只要进行比较和融合，就会激发新思路。

当然，如果我们看不到各种想法之间的相似之处，就无法把它们结合起来。据说，生物学家赫胥黎在读了《物种起源》之后说："我居然想不到这点，简直愚蠢至极！"达尔文的进化论不是从生物学而是从经济学家马尔萨斯的生存竞争和地质学家莱尔的地质演化那里获得的灵感，而那个时代还有很多人读过他们两个人的著作。但是，既研究物种又读过马尔萨斯和莱尔的著作，还能够把三个领域结合起来的人很罕见。

这些例子表明，你收集的东西越多样化，输出的信息就越有趣。不妨拿起一本杂志或图书，去看某个你一无所知的话题，参加不同行业的会议，观察周围不同职业、背景和兴趣爱好的人。

下一次，当你发现自己陷入缺乏创造力的困境时，问问自己："其他行业以前面临过哪些类似问题？"举个例子，古腾堡发明印刷机时遇到了一个难题，于是他借鉴其他行业的经验，比如，葡萄酒生产商和橄榄油生产商采用螺旋压榨机来提取果汁和橄榄油。古腾堡采用了同样的产品概念，欧洲的大众传播时代由此开启。

社会组织也是一样的道理。皮克斯是著名的创意工作室，曾推出过众多卖座大片，比如《玩具总动员》《海底总动员》。该公司鼓励员工每周花4小时参加公司下属的"皮克斯大学"的专业发展课程，这些课程包括绘画雕塑、杂耍、即兴表演和肚皮舞。

尽管它们对电影制作不会产生直接影响，但皮克斯知道，创意来自看似不相关的事物。

组合游戏的原理不仅适用于创意，也适用于人。当不同学科的人组合到一起时，就会产生1+1>2的效果。

挽救人命的小说

□李有观

英国侦探小说家阿加莎·克里斯蒂的作品以破解神秘的谋杀案闻名，其中一本书竟真的三次挽救了人命。

在克里斯蒂于1961年出版的小说《白马酒店》里，凶手使用的一种名叫硫酸铊的毒药具有很强的毒性，会导致人呼吸困难、说话含糊、晕厥、脱发，最后死亡。当然，英勇机智的侦探最终抓到了凶手，而这部小说在现实社会中同样产生了很大影响。

1975年，一名拉丁美洲的女读者在阅读该书时突然意识到，她的一个朋友的症状与铊中毒非常相似。她及时报了警，果真挽救了朋友的生命。原来是这个朋友的丈夫给她下了毒，企图慢慢地谋杀她。

伦敦的一名女护士在看护一个来自卡塔尔的重病女婴期间，恰好在阅读《白马酒店》。她注意到女婴与小说中的受害者一样掉头发，而且从小说中得知，铊在中东地区是一种被普遍使用的杀虫剂的添加成分。于是女护士确信自己找到了病因并告诉了医生，女婴因此得救。

也许最引人注目的是发生在英国的一件事。1971年，英国一个小镇有不少居民得了一种怪病，出现头昏眼花、抽筋、脱发等症状。当地一名医生在读完小说《白马酒店》后，意识到这可能不是一种疾病，而是中了某种毒，于是报警。警察经过侦查，最终抓到了臭名昭著的投毒惯犯格雷厄姆·费雷德里克·杨。

我们心里的『大象和骑象人』

□陈海贤

有一项医学调查显示，假如心内科医生告诉病情严重的心脏病患者，如果不改变个人生活习惯，比如吃得不健康、不运动、抽烟等，他们必死无疑，结果也只有1/7的人会改变自己的生活习惯。其余6/7的人是不想活了吗？当然不是。他们肯定也知道该怎么做，却依旧没有改变。

事实上，我们的躯体里有两个自我，一个是感性的自我，一个是理性的自我。心理学家乔纳森·海特曾用一个有趣的比喻来描述这两个自我之间的关系。他说，人的情感就像一头大象，而理智就像一个骑象人。骑象人骑在大象背上，手握缰绳，好像在指挥大象。但事实上，和大象相比，他的力量微不足道。一旦和大象发生冲突——骑象人想往左，而大象想向右时，他通常是拗不过大象的。

对改变而言，理智提供方向，情感提供动力。如果人的理智想达成改变的目标，就需要了解情感这头大象的脾气和秉性，利用大象的特点，才能事半功倍。否则，改变将非常困难。

大象的脾气有两个特点：

第一，它的力量很大，一旦被激发，理智很难控制它。

第二，它受情感驱动，既容易被焦虑、恐惧等负面情绪干扰，也容易被爱、怜悯、同情、忠诚等积极的情绪影响。

那么，什么是期待的好处？什么是经验的好处呢？

期待的好处是想象中的好处。比如，每天早起跑步，会让人更有精神；不拖延会让人更高效地完成工作，更有成就感。但这些都是想象出来的，我们可能并没有深刻地体验过这些好处。相反，我们体验过睡懒觉时被窝的温暖、打游戏时的快乐、胡吃海喝时的刺激，这些都是经验的好处。

期待的好处发生在未来，而经验的好处发生在过去或者当下。当期待的好处和经验的好处发生冲突时，虽然骑象人想要寻求期待的好处，他身下的大象却不由自主地转向了经验的好处。

大象为什么会被经验的好处支配呢？操作行为主义的创始人伯勒斯·斯金纳曾经设计过一个斯金纳箱。这个箱子里有一群鸽子，鸽子一开始在箱子里漫无目的地迈步，可是，假如它做了某个特定的动作，比如用嘴啄了实验员画的一个圈，或者用脚踩了笼子里的杠杆，就可能有食丸掉下来。几次以后，鸽子就会不断重复这类动作，我们就可以说，鸽子的动作被食丸强化了。如果给鸽子一个特定的刺激，比如亮红灯的时候啄不会掉食丸，亮绿灯的时候啄才会掉，鸽子也能很快掌握这个规律。在这个实验里，灯光的颜色就是刺激，而鸽子做了动作以后出现的食丸就是强化。

人的某些行为也是依据这样的原理被塑造的。我们可以把强化看作经验的好处，一旦我们因实施某种行为获得了好处，它就会被保留到经验里。哪怕我们没有意识到，它仍然会影响我们的行为。

强化不仅有正强化，还有负强化。正强化是一个人表现出某种行为时，获得了更多他想要的结果，从而让这种行为得到巩固。比如，获得高额奖金会让一个人努力工作。而负强化是当一个人表现出某种行为时，他不想要的结果减少了，从而使这种行为被巩固了。比如，为了防止奖金被扣，一个人也会努力工作。我们可以这么理解，正强化的好处是“增加快乐”，而负强化的好处是“减少痛苦”。

我曾接待一位来访者，她当时大学毕业不久，在一座陌生的大城市工作。每晚下班后，她都会搜寻当地有名的小吃店去吃东西，而且吃的时候总是控制不住自己，即便吃撑了也不能停下。她很苦恼，想要改变。

她告诉我，她所在的公司是一家世界五百强企业，工作压力很大，经常要加班到晚上八九点。她一个人租房子住，回去后屋子里空荡荡的，因此，寻找美食就成了她唯一的娱乐方式。每天下班后，她都会坐上地铁，到市区找家小吃店，一边吃，一边看着熙熙攘攘的人群，感受闹市的烟火气，结果吃着吃着就吃撑了。

在这个例子中，引起行为的刺激是什么？是美食吗？并不是，是孤独。

那么，与刺激相对应的行为是什么？不是吃，而是包括吃在内的挤地铁、到闹市区、看着人群并感受烟火气这一系列行为。食物当然是一种强化，但重要的不是美食，而是寻找食物的过程和吃东西带来的感官刺激可以缓解独在异乡的压力和孤独感。

说到孤独时，我看到她眼里有泪花，便知道我说的是对的。于是我对她说：“人生已经如此艰难了，你不需要完全否定吃，这毕竟也是一种减压方法。最重要的是，你要找一种更健康的替代方式，比如跑步健身、参加读书俱乐部、跟朋友看电影等，用它们代替吃。”我建议她每周一三五去试验新方法，二四六用“吃”这个老方法，看看哪个感觉更好。最后，她找到一家羽毛球俱乐部，还在那里认识了几个新朋友。慢慢地，她能够控制自己的饮食了。

改变失败的时候，责怪自己是没用的，因为我们的行为并不是独立于环境而存在的。所谓的好处或者坏处，其实就是我们与环境交换信息、获得反馈的过程。刺激和强化就是我们与环境建立联系的方式。了解了这一点，我们就能触及改变的本质了。

改变的本质，其实就是创造新经验，用新经验代替旧经验。创造新经验需要通过新的行为，获得新的反馈、新的强化，并切身体验它。切身体验的经验，信息浓度非常高，这跟听来的、看来的道理不一样。如果只有想象中的期待，而没有新行为带来的新经验，改变就很难发生。

懂得“割爱”

□张　章

清代的戴名世作过一篇《张贡五文集序》，其中讲了一个故事。不到二十岁时，戴名世在山中遇一卖药翁，谈及作文方法，老翁教给他一个秘诀：“为文之道，吾赠君两言，曰割爱而已。”戴名世回家后看自己的文章，觉得将大部分内容删掉，也没什么不可以。这个秘诀，果然让他的文章大有进步，他由此感叹：“余自闻此论，而文家之真谛密钥始能识之。”

现在看戴名世的文章，多精练简洁，无华辞丽语，可见是领悟到“割爱”的“真谛密钥”了。其实在戴名世之前，很多文章大家早已懂得“割爱”之道，譬如在那则“逸马杀犬于道”的故事中，欧阳修就强调文字应精简，避免冗杂赘述。再数数那些名篇的字数，《桃花源记》《岳阳楼记》《醉翁亭记》等，每篇才三四百字；东坡有些精彩的小品，也就百字左右。

现在一些文章冗长啰唆，只因作者不懂“割爱”。

刘邦的
神奇创业团队

□张　嵚

在明太祖朱元璋之前，中国历代皇帝里最神奇的“创业奇迹”——汉高祖刘邦常被人吐槽的，就是其无比草根的“创业团队”。

刘邦的“创业团队”有多草根？以东汉学者王符的话说就是：“高祖所以共取天下者，缯肆、狗屠也；骊山之徒，巨野之盗，皆为名将。”特别是那几位最早跟刘邦“创业”的团队成员，樊哙“以屠狗为事”，夏侯婴“为沛厩司御”，灌婴“贩缯者也”，周勃“以织薄曲为生，常以吹箫给丧事”。就算“层次”稍高的萧何，也不过是县衙的刀笔吏……可是，待到刘邦扯旗造反，开始逐鹿中原的大业后，当年这群“狐朋狗友”，却一个个“华丽转身”，不但在战争年代屡建奇功，更成了西汉开国后的栋梁。

据《史记》统计，汉初刘邦册封的功臣里，八成以上出身于社会底层。刘邦的“狐朋狗友”，更是个个封侯拜将。如此奇景，叫不少后人啧啧称奇：你看刘邦就是命好，身边一群草根，个个有本领，他不成功才怪。但事实是，这事儿哪能这么随随便便成功。

刘邦的“狐朋狗友”，这些秦朝“和平年代”里的草根，为何突然就有了“治国平天下”的本事？首要原因，是刘邦识人的能力强。

别看刘邦没素质，却很有眼光。对这些年轻时就相交的“狐朋狗友”，他不但知根知底，更清楚他们几斤几两。

比如公元前195年，汉高祖刘邦弥留之际，面对一团乱麻的身后事，他还能有条不紊地布置：萧何之后，曹参可以接替他为丞相；曹参之后，王陵也能胜任，但王陵“少憨”，必须有陈平辅佐。陈平够聪明，但难以独当一面。“重厚少文”的周勃才最重要，因为“安刘氏者必勃也”。

这番点评，对比接下来的历史，简直句句是神预言。正是这近乎神预言的知人能力，让刘邦能够把这些“狐朋狗友”准确地放到合适的位置上，在面对关键决策时，更不会被“狐朋狗友”误导。

比如当谋士陈平来投奔时，周勃、灌婴等当时都给陈平打了差评。刘邦却通过自己的判断，认定陈平是他需要的人才，不但大胆留用，更是放手让陈平办事。批给陈平“活动经费”后，刘邦也是“恣所为，不问其出入”。也就是你只管大胆办事，用多少钱看着办，账都不用报。

更关键的是，也正是这强大的识人能力，让刘邦能够明白，包括“狐朋狗友”在内的团队成员真正想要的是什么。

于是，当各位功臣为封赏问题争论不休时，刘邦先封了自己最厌恶的雍齿，一下子就叫大家放心了。他的团队成员，既包括樊哙、周勃等早年的“狐朋狗友”，也有韩信、陈平、郦食其等“外来人才”。但不管什么出身，什么阶层，在楚汉争霸等关键时刻，这些人都能在刘邦的高超手腕下，形成合力——这合力胜过了很多“天纵英才”。

虽说如此，这些“狐朋狗友”的弱点也很明显。可刘邦成功有另一个关键因素：不管每个人有什么缺点，整个团队的战略决策始终高对手一筹。

就以惨烈的楚汉争霸来说，尽管刘邦本人昏着儿不少，败仗更多。在项羽的骁勇兵马面前，他多次一败涂地，但其战略能力，始终领先一筹：被项羽困在汉中蜀地时，以“暗度陈仓”的妙笔，快速拿下关中平原；楚汉中原碰撞时，整个团队更是依托关中平原根据地和强大的后勤保障，一面与项羽正面对峙，一面以迂回战略剪除项羽的羽翼，最终把曾经百战百胜的西楚霸王项羽活活逼死在乌江边。

在这场较量中，尽管项羽的麾下名将云集，军队战斗力强劲，整个大战略格局却处处受制。刘邦团队的成员，不是有什么奇思妙想，而是做好本分，以最大的合力执行战略。

这也是为什么胜利后的刘邦会把萧何、韩信、张良这三位列出来大谈特谈。因为，比起各位“狐朋狗友”，正是这三人的存在，令刘邦团队确立了强大的战略优势，让大家沿着这条战略道路猛冲。

最后一个重要原因是，作为团队的掌舵人，善识人的刘邦也有着强大的纠错能力。

中国历代农民起义里，最让后世读史者看不下去的，就是手里抓着一把好牌，却犯下各种愚蠢错误，比如李自成在占领北京的41天里，上演了种种令人匪夷所思的闹剧。

但当团队面对的局面发生变化，战略方向需要调整时，错误也就在所难免。类似的昏着儿，刘邦也不止一次地犯过：第一次打进咸阳后，就开始纵酒享乐；后来拿下彭城，又开始歌舞升平，然后就被项羽一个突袭，差点连老本都赔光……但不同的是，刘邦纠错的速度十分快：咸阳“放飞”后，他立刻“约法三章”，成功抢回民心。彭城惨败后，他又迅速建立荥阳防线，以最快的速度稳住了战线。最经典的，当数“白登之围”。在此之前，刘邦不听谋士娄敬的苦劝，一怒之下冲进匈奴人的埋伏圈，差点把十万大军搭在白登山上，可怜的娄敬也被刘邦流放。

而刘邦死里逃生后，第一件事就是请回娄敬，赐他高官厚禄，命他放手谋划和亲，为残破的汉朝换来了休养生息的宝贵时间。

刘邦如此“打脸式”的纠错，看似丢了面子，却让整个团队在险滩中一次次躲过暗礁。这强大的纠错能力，也使诸多“狐朋狗友”能够被放在合适的位置上，继续发挥合力。

所以综合来说，并非刘邦命好，遇到了一群有才的“狐朋狗友”，而是一个懂得高效纠错，确立正确的战略方向，且能形成合力的团队，成就了事业的辉煌。这或许才是楚汉历史留给后世重要的启示。

零焦虑生活的“加分思维”

□汪　冰

你本来打算今天努力充电，看看书或者听几节线上课，却发现拿起手机刷几下天就黑了。天黑之后想想，白天都在玩，晚上还学什么呀？干脆再追一会儿综艺就睡觉吧。这样的一天过去后，只剩懊悔和焦虑。

这里面最重要的问题是，如果你决定今天刷手机，那就好好地刷手机，这样你就会乐在其中。最可怕的是明明花了时间玩手机，还不认可它带来的快乐，这才叫真正的浪费时间。这种对自我行为的不认可，不仅不会成为改变行为的动力，反而会成为下一次更加堕落的理由。

这是一种“减分思维”：你设想每一天都理所应当是100分，玩了一整天是0分，焦虑情绪又让它减至负数。

但换个思路就可以变成“加分思维”。你玩了一整天手机，觉得挺快乐的，很满足。好吧，晚上背10个英语单词吧。那么这一天，你既收获了快乐，还收获了10个单词。这是典型的“加分思维”：今天本来是0分，背了10个单词就加了10分。

比赛与人生八原理

□王 蒙

对体育，我不怎么内行，但是一面看比赛一面联想到人生种种，觉得有点儿意味。

看举重，多次看到一名运动员第一次举分量比较轻的那个杠杆，却没有举起来，第二次还是没有举起来。最后一次机会了，杠铃的分量已加了七八公斤，他或她豁出去了，硬是稳稳地举得端端正正。这是“背水一战”原理、“置之死地而后生”原理，更是“发挥有待挑战”原理。

人生不要怕挑战，怕的是不能面对挑战。

看球，每一次赢球似乎都能大体说清楚，包括对方失误送来的分，你都能看明白。而忽然连输数分，你会觉得莫名其妙、毫无道理。因为你对己方赢球是有心理准备、有要求的，当事者也是有计划的，而己方的失利，对你则是计划外的，是无疑求输还是输——输于不经意间，输于一时恍惚，输于瞬间的走神。这是胜负不平衡原理。

我还有个怪想法，可不可以做任何事都有两套计划？一个是胜利，一个是受挫。

运动员是辛苦的，但我更同情教练。

教练多半是严肃的、沉重的、心有隐忧的，他或她有时临场叫停，嘱咐两句，运动员的表情并不像是听得进去的样子，但是叫停仍然能起到很大的作用——问题不在于面授机宜，而在于改变一下比赛的节奏。

问题是，人生中应该如何适时叫停呢？这是“尽责、坚持与叫停”原理。

球赛当中，每一个球的成功与否，都带有偶然因素，我们还常用“运气球”这个词，令人艳羡却又颇不服气。

我试过多次，只要我一感到比赛的某一方运气真好，风水就轮流转上了，不走运一方的运气就来到了。运气的问题，是碰巧的机缘，大体上属于数学上所说的概率论的范畴。而概率论讲究“大数定理”，就是说，只要比赛时间足够长，仅仅靠运气定输赢的可能性就非常小。

如果你抛一次硬币，其正面朝上的概率是50%，但如果抛100次，甚至1000次呢？正面朝上的概率其实还是50%，并不会变大。这按我们中华文化的说法，这就叫道法自然，叫天道有常，叫天公地道。

这是“公平公正”原理。

但是有的运动员在获胜后连连说“我很幸运”，这也极可爱。这是风度，这是礼貌，这也是“谦虚使人进步”原理。但这同样是事实：你不说，事情也有这一面。这是“运气总会有一些，胜者不必太猖狂”原理。

我特别喜欢看的一个场面是比赛时拼得像灵魂出窍，比赛结束后双方热烈拥抱，或者至少握握手，哪怕互相拍一下手。我认为地球的未来要靠这个——竞争关系，也应该是友好关系，竞争是友好交流的一个重要方面。这是“竞争归于友谊”原理。

有些年轻运动员，有些“黑马”，一上来，其精彩表现令人不禁欢呼。噼里啪啦先赢一两场，对方的老运动员勉强招架，拼尽全力才没有落败。但到决胜局，新星突然崩盘，老运动员如有天助，以悬殊比分获胜。越到紧急时刻越能看出真本事，越到决胜局、决胜分，越能看出谁的功底靠得住。这是“决胜见真功”原理。

当然，也有“黑马”一出手就爆冷大胜的情节，这是“事无常胜，新旧交替，逝者如斯夫”原理。

激情投入 不一定是件好事

□殷锦绣

《心灵奇旅》这部电影看过的人无不称赞！也许，你也对电影中奇妙的“忘我之境”印象深刻。电影中的设定是，忘我之境是物质世界和精神世界的交界。在这里有许多“人”：有一些飘浮在空中，仿佛“神仙”，周身透亮，表情陶醉，他们是正在专心致志做一件事到忘我的人，比如沉浸在演奏中的钢琴家、醉心于实验的科学家等。

还有一些在地面上行动，浑身漆黑，不成人形，像魔鬼、怪物一般，他们是被自己的执念驱使、在欲望和焦虑中迷失自我的人。比如一个紧盯着电脑喃喃自语“一定要成交”的基金经理，他失去了与自己的联结，在几位神秘主义者让他停下来、在他身边配乐、引导他关注自己的感受后，他得到了“净化”，回到了现实中，并放飞自我：“我为什么要在这里浪费生命？我还活着！解放自己吧！”

都是“忘我”，为什么两种人的状态如此不同？这两种人的状态，其实正对应着心理学定义中两种不同的激情。一种叫作和谐的激情，指的是人们内心对做一件事抱有的强烈动机。这件事是人主动选择、自愿去做的，因为他认为这件事本身就有重要的价值。另一种叫作强迫的激情，虽然指的也是人们对做一件事的强烈动机，但这种强烈的动机让人们感觉，自己是不得不做、不能自控地做这件事的。这种激情可能是源于内心的压力，如对自尊的追求。或者源于外部的压力，比如为了让同伴认可自己。也可能是源于人们对做这件事带来的兴奋感上瘾、无法自控了。

也就是说，两者最大的区别在于，激情是源于自主的，还是感觉“被控制”了。

忘我之境中的两种人之所以状态不同，也正是源于这一区别。和谐的激情代表了人们的自主性，那些飘浮在忘我之境空中的人，因自主忘我而感到愉悦和幸福。“强迫”的激情代表的则是被控制，不是人掌控自己的激情，而是人被激情控制。这样看来，激情投入做一件事，也不一定就是好事。

《心灵奇旅》是虚构的故事，忘我之境是虚构的场景，但即便我们不是音乐家、科学家、基金经理，也会有激情投身于一些事情而达到“忘我”的经历：有人喜欢玩竞技游戏，在游戏中获得成绩和奖项；也有人是对游戏上了瘾，强迫到停不下来。有人热爱工作，喜欢加班加点完善自己的工作项目；也有人对工作着了魔，哪怕极度疲惫，也难以放慢“内卷”的步伐。

和谐的激情让我们进入忘我的殿堂，而“强迫”的激情把我们变成无我的怪物。所以，下次想激情做什么事前，先问问自己的感受吧：我的激情、忘我，是源于自主，还是受了“强迫”呢？

段子铺

运气

老板：“听过这样一个传说吗？如果易拉罐的拉环拉断了却没能打开饮料，说明把这个拉环当作戒指戴在手上能带来好运。”

顾客：“所以老板你一定不会给我换一瓶了？”

老板：“是的。”

那些被『最小阻力路径』困住的人生

□艾 菲

1

一位朋友想改变与母亲的关系，但尝试了很多办法都没效果。

母亲批评她，每次都会引起她的不满、反击。母亲觉得她不孝顺，非常生气，两人进入冷战。而每一次的冷战都会让她陷入自责。虽然自责，但下次这样的桥段仍然会继续上演。

很多人会将原因追溯到童年，但我没有这样做。我问了她一个问题：“如果把现在当作零，从现在，也就是从零开始，你想与母亲创造一种什么样的关系？”

她向我描绘了她所期待的画面：与母亲手挽手在小区花园里散步，有说有笑，我说白天工作的事，母亲说电视剧的情节，散完步后，我们给彼此一个温暖的拥抱。

在进行画面描述时，她的话语里充满爱和温暖，她说感受到了100分的幸福。

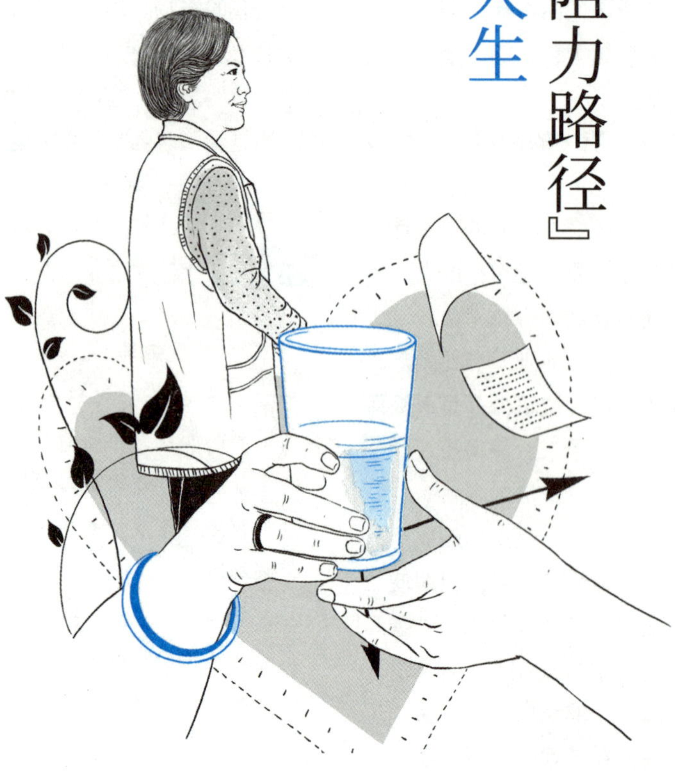

我问：“如果从零开始创造，你想怎样将这幅画面变为现实，实现100分的幸福？”

她想了想，说：“以后在母亲批评我时，我会想她是为了我好，不再跟她顶嘴。每周会跟母亲散步一次，每次散步时说好两人不吵架，要手挽着手，聊聊这周遇见的有趣的事。每周去看望母亲时，我会主动抱抱她，虽然我以前从来没有抱过她，这对我来说可能有点困难。”

在这次简单的对话后，她与母亲的关系发生了非常大的转变。

现在的她，每次都会主动给母亲一个拥抱，而母亲对她的批评也减少了，更愿意听她的想法，而不再像以前那样，直接给出批评。

转变究竟是怎样发生的？原因并不复杂：她跳出了自己的最小阻力路径。

2

《阻力最小之路》的作者罗伯特·弗里茨住在波士顿，那里的街道没有规律可循，有很多迂回曲折的路线。来波士顿的朋友常常问他：“当年你们是怎么规划道路的？”事实上，波士顿的道路完全是利用既有牛径拓宽而成的。牛的行走通常是随着地形起伏，挑选当时最好的路线，哪怕是要绕到山的另一边。在一个结构中，大家往往会沿着阻力最小的路径行进。不但牛群如此，自然界的一切都是如此。

与此类似，我们常用的解决问题的方法，是由既有结构中已经做过很多遍、阻力最小、最顺其自然的思维模式、心智模式和行为模式决定的。这种被固定下来的模式就是每个人的“最小阻力路径”。

对我朋友而言，最小阻力路径就是这样一种行为模式：母亲批评她，她顶嘴，然后二人陷入冷战。

这种思维方式和行为模式，我们走了一遍又一遍：想要早睡，却总是十二点以后才睡；不想再训斥孩子，却总是一生气就骂人；想要读书，可一拿起书就打瞌睡……

如果不能跳出最小阻力路径，我们就会一边埋怨自己，一边深陷其中。

3

如何才能跳出最小阻力路径呢？最佳方法是：用“塑造者思维”去重塑你的思考、行为模式，甚至是整个人生。

所谓“塑造者思维”，就是从愿景出发，基于零点去创造一切的思维。它分为两步：第一步，扪心自问“我想要的是什么”。第二步，从零开始创造。

“我想要什么”这个问题看似简单，却不容易回答。比如，许多人说自己想要“财务自由”，但实际上他们想要的是实现财务自由后的东西——做热爱之事的机会、安全感等。如果你搞不清楚自己想要的到底是什么，就很容易陷入“舍本逐末”的困境，而忽略了内心的真实渴望以及渴望后的动力。

还有不少人会这样想：“我知道我想要的是什么，但根本实现不了。环境就是这样的。”

真的是这样吗？在“六维逻辑层次”理论中，愿景层位于最高层，向下依次是身份层、价值观层、能力层、行为层和环境层。当一个变化在高层次发生时，往往会引起低层次的变化。而相反，如果只在低层次上用力，高层次没有变化的话，那低层次的改变也难以持久。

“最小阻力路径”型思维的起点正是底层，即环境层，而“塑造者思维”的起点则是在最高层，即愿景层。运用“最小阻力路径”型思维的人总是认为，因为环境不行，自己才无法创造理想的生活。但实际上，有人在相同的环境中创造了不一样的人生。后一种人就是“塑造者”，他们不是先看环境怎么样，而是关注愿景层，先问自己想要什么，然后思考怎样才能把这件事情做成。

埃隆·马克斯就是这样的人，他想移民火星。有人问他，你学过火箭科学吗？马克斯说没有，但为了干这件事，我愿意去学习。

明确自己的人生愿景后，你就可以去创造了。要如何创造呢？这里，我们可以参考财务上的“零基预算”概念，它说的是企业在编制预算过程中，不参考过去的预算和营收水平的惯性，所有支出均以零为基底，从根本上考虑需要支付的每笔费用。从零开始做预算，企业就必须重新思考到底需要什么，不需要什么以及为什么需要，为什么不需要。同理，我们也可以借鉴这种方式，彻底从零开始去创造。

萧伯纳说：“人们总是抱怨他成为现在的自己是因为所处的环境，但我不相信这是环境所致。改变世界的是这样一群人，他们寻找梦想中的乐园，当找不到时，他们就会亲手创造。”

扎德的土地

□［黎巴嫩］纪伯伦　译／王志华

在扎德的路上，一个旅行者遇到一个住在附近村子里的人，旅行者指着一大片田野，问：“这片土地是国王阿赫兰姆打败敌人的古战场吗？”那人回答：“从未有过战场。这片土地一度矗立着伟大的扎德城。”随后旅行者和那人分别，走了不远，遇到了另一个人，他又指着田野问道：“这是伟大的扎德城一度矗立的地方吗？”那个人回答：“这个地方从来不曾有过城市。不过这里曾有过一座修道院。”不久，在这条扎德城的路上，旅行者又遇到了第三个人，他再一次指着田野问道：“这个地方曾经真的矗立着一座修道院吗？”可是那人回答道：“不曾有过。不过，曾经有一颗大流星掉在这片田野里。”

旅行者心怀诧异，继续向前走去。接着他遇见一位老人，便施礼问道：“老先生，在这条大路上我遇到了三个住在附近的人，我向每个人询问这片土地的情况，而每个人都否认了前人所说，又都讲了一个其他人没讲过的新的传说。”老人抬起头来，回答道：“我的朋友，这些人中，每个人告诉你的都是真实的情况，但几乎没有人能把不同的事实叠加到一起，从中得出正确的结论。”

有效快乐体验指南

□汪 冰

你是否有这样的感觉：拿起手机追综艺很爽！但放下手机回归现实，心里却空落落的，甚至跌进更深的抑郁之中。

研究证明，在智能手机和综艺中找寻快乐，无异于水中捞月，甚至可能放大不开心的情绪。

为什么会这样？

1.对比效应：娱乐放大了快乐与痛苦的对比

设想一种人生境遇：一个人得了绝症，医生说还有3个月的生命。他去了最漂亮的旅游地，吃了梦寐以求的美食。那一刻，他是开心的。然而吃完之后呢？是不是会陷入更强烈的痛苦之中：如果这样的美好享受再多一点就好了……

这就类似于从综艺和网剧中追求快乐：那一刻你的内心多轻盈，回到现实就会觉得生活有多沉重。娱乐放大了快乐与痛苦、梦想与现实的对比。

2.戒断效应：有了刺激未必快乐，但没有刺激就很痛苦

当药物成瘾，你戒断时会非常痛苦，进而会因无法戒断而内疚自责。为了逃避这种痛苦，你可能又一头扎进瘾中。

最后你会发现，有了这种刺激，未必就会快乐，但没有这种刺激，一定会更加痛苦。这就叫作戒断效应。沉迷手机、娱乐综艺也是同样的道理。

3.阈限升高：不是段子不搞笑，是你口味更刁了

“阈限”是一个心理学名词，指的是引起感觉器官感知的最小刺激量。举例说，有的人用手轻轻拍一下就会感觉到疼，而有的人被狠狠打了一拳才能感觉到疼，那么后者对于疼痛的感觉阈限就比前者高。随着刺激频率增加、刺激强度增大，人们对于这一刺激的感觉阈限就会不断升高。这也就是为什么我们看的搞笑网综越多，想要感受到快乐就越难。

4.没有付出：未添加努力的快乐不值钱

对人类来说，没有参与付出的活动很难带来深度的满足感。比如，努力完成一件你想做的事情，你会很快乐；但追了一整天剧，你会感到失落甚至内疚。被动地接受刺激跟主动投入一件事情所带来的满足感，差别就在于停止之后，你变得更快乐还是失落。

娱乐放大了痛苦与快乐的对比，那么我们怎样才能获得有效的快乐？

1.“招聘启事”

这是一种改变认知的练习方法，最初被用于职业培训：一个人对于自己的工作充满抱怨，因此提出离职。人力资源部门在批准他的

离职申请之前，交给他一项任务，那就是写一则该岗位的招聘启事，以求在最短的时间内招到一个人来顶替他的工作。

为了达成目标，他当然会竭尽全力将这个职位描述得美好。在这个过程中，他会发现这份工作的价值和优点。这其实是一种思维框架的转换。

同样，当你陷入抑郁，感觉自己的生活毫无可取之处时，不妨想象你正在招募一个人跟你互换人生，你需要说动对方，那么你会如何描述自己的生活？

寒枝瘦

□郭华悦

天一冷，花叶落，寒枝瘦。

一棵树，经历了春的新生，夏的荼蘼，终于在寒天里褪尽花叶，只剩下光秃秃的树枝，茕茕孑立。树从春夏的暖色调，转而一变，成了寒天里的冷色调。

树枝穿破了苦寒，虽枯瘦，却带着倔强和骄傲的韵味。一棵树，需要春夏的繁华，也需要苦寒里的积蕴。寒枝是一棵树生存的智慧，寒枝瘦的背后，是树的收敛与积累。如此年复一年，不断轮回。

人如树，再璀璨的人生，也需要三两寒枝相伴。人生冷下来的时候，唯有两三寒枝。但这寒枝，是苦寒日子里的依靠。

没有寒枝的生命，多的是浮夸，少的是沉淀。总有那么些时候，我们需要收敛自己，默默地积累，才能迎来人生的另一春。否则，哪怕春天来临，唯有挥霍殆尽而缺少韬光养晦的生命，也无法在春光里一展新姿。

很多精彩，是因为苦寒里的寒枝，从此长在了生命里。

就像有些人，经历了生命的寒冬。在最难熬的日子里，也不言弃，而是默默积累着养分，等待机会来临。熬过这道坎，那些曾经的苦难，就此成了人生的财富。也正是因为有了这些严冬里的寒枝，从此不惧风寒，傲然挺立。

人有傲气。但若这傲气，是富贵安逸给的，未免显得浮夸而不实。安逸富贵带给一个人的，往往是目中无人的傲，这样的傲气，于人于己，都是败笔。但还有一种傲气，如树的寒枝，是从苦寒中得来的。这样的傲，嵌在了骨子里，是对困境的不屈与奋争。

一棵树，走过了热热闹闹，就必须有孤傲不屈的枯瘦寒枝，才能在冷暖之间游刃有余。一个人，日子再姹紫嫣红，也需要三两寒枝，为自己降温，让头脑冷静，不忘苦寒之得，也才能在世间行走自如。

2.三件好事

在纸上写出今天发生的三件让你快乐或感恩的事。通过这种方法帮助你发现生活中的闪光点。如果实在没有，那就想想做一件什么事情能让今天变得美好。

3.忘我体验

找到至少一件能让你实现“忘我体验”的事情。比如冥想、瑜伽或跑步等。经常去做这件事，有助于从抑郁情绪中抽身。说到底，我们不是要忘记抑郁，而是要忘记自己。

4.对话书写

一人分饰A、B两个角色：A是你自己，B是想象中完美的朋友。然后展开一段你想要进行的对话，并将它记录下来。比如A说，我现在很孤单。B作为完美的朋友会怎么做？肯定是安慰并且追问“为什么会孤单”……在这个过程中，你会感受到真实温暖的关系所带来的安全感，也能从另一人的视角重新审视现有的生活。

欧文·亚隆在他的著作《给心理治疗师的礼物》和《妈妈及生命的意义》中两次讲述了同一个经典的心理治疗案例。主角是亚隆的患者，一位身患乳腺癌的女士。她从少女时期就和父亲的关系十分糟糕，她非常反感父亲面对自己时批判一切的态度，一直在为此尽力反抗、斗争，但是内心深处，她仍希望和父亲的关系能够有所缓和。所以，当父亲要送她去上大学时，她非常珍惜那为数不多的可以单独相处的机会。路途中，父亲不断地抱怨路边的小河多么脏乱，但是她看到的是完全不同的景象——路边是一条清新、令人愉悦的小溪。她完全没办法回应父亲，结果一路上他们各自看着窗外，互不理睬。

“读心术”猜想

□曾　旻

很多年之后，父亲已经去世。一个偶然的机会，她重走那条路。父亲已经不在，这次她成了司机。她惊讶地发现，同坐在副驾驶看到的景象完全不同，路的另一面的确如父亲描述的那样，是一条堆满垃圾、脏乱不堪的小河。她悲伤地告诉亚隆：“当我学会从父亲的窗口看世界的时候，父亲早已不在了。”

亚隆的另一个有趣的案例也带给我相似的启发：一位女士申请免费咨询，亚隆突发奇想让对方每次写咨询小结，记录咨询过程中没有表达的感受，以此作为免费的条件。几个月后，亚隆发现，他们似乎经历了完全不一样的咨询过程。亚隆说：“我的文雅、超凡的解释，她根本就没听到。她所看重的是一些我很少注意到的细节：我对她衣着、外貌，或者写作的赞扬，我因为迟到几分钟而做出的笨拙道歉，当我们进行角色扮演时我对她的揶揄等。”

如果留心观察，我们的生活中常常发生这样的事情。最常见的情况是，我们总认为，每个人都应该会一点儿“读心术”，就像亚隆惊讶于“我的文雅、超凡的解释，她根本就没听到”一样。

“我都已经表现得那么明显了，难道他还不知道我已经生气了吗？”“我那么辛苦地工作，回来还要陪他写作业，他怎么一点儿都不体谅我？”“我只是想找个人诉苦，可是对方一点儿都不明白我的心，总是告诉我应该怎么做。”

这是人类的共性——对于自己身上发生的事情，我们觉得是“理所当然”的，以至于我们也会“理所当然”地觉得，别人也应该“理所当然”地知道，并且理解这些事。

有段时间，我经常参加一些小团队，每当新加入一个团队，我们都需要做自我介绍，让大家彼此认识。有些团队在自我介绍之前，没有规定介绍的格式，大家能够畅所欲言。所以我发现，有相当多的人，会说一大通自己的标签和特长，最后忘了说自己的名字。

自己的名字对每个人来说，都太“理所当然”了。在我们的世界里，这是一条“宇宙公理”，所以就变成自我介绍中的废话被省略了。可是，我们忘了，“我叫××”这条“宇宙公理”仅存在于我们自己的小宇宙中。

在人际关系中常常出现的困境就是，人们在潜意识中总认为自己或者他人懂得“读心术”，从而将某些可能需要沟通和表达的信息省略，认为某种默契或

飞机“抬头”的角度

□安鲁明

众所周知，飞机在向上爬升时，都会呈现抬头的姿势，但很少有人知道，抬头的角度里竟然隐藏着“保命”的科学。

2009年，法航447号航班在航行途中遇到极端雷暴天气。飞行员试图让飞机上升躲避突如其来的异常，但无论如何操纵拉杆，飞机都“不听话”，不但没有上升，反而以每小时200公里的速度急剧坠落大海，机上228人全部遇难。

事后，官方从飞机的黑匣子中解读的信息表明，飞机遇难前曾产生了3分30秒的失速。所谓失速，通俗来讲就是飞机抬头的角度过大，超过了临界状态，导致升力突然大减，飞机失去控制。

法航447号航班事故发生前，客机自动驾驶系统自动停转。机上的两名飞行员在慌乱状态下做出了致命的操作——在拼命拉杆的过程中，飞机抬头的仰角变得越来越大，直到某一刻突然超过了临界状态，飞机立刻产生了失速现象，急剧坠毁。

那么，飞机的仰角要控制在多少度以内才不会失速呢？

不同的飞机有不同的要求，就我们平时乘坐的客机而言，当飞机爬升时，机翼允许的最大仰角只有15度左右，如果飞机抬头角度过大，就会产生失速。

失速背后的原理还要从飞机的升力说起。飞机之所以能够飞起来，得力于机翼的上下表面存在压强差，下表面压强较大，将飞机“顶”了起来；而压强差的产生得力于机翼上下表面的空气流速差，机翼上表面的空气流速更快，流速越快的地方压强越小。

然而，当飞机仰角过大时，情况就不一样了，机翼上方的空气将不再紧贴着机翼表面流动。我们拿水流来做类比：当水从地平面进入一段较平缓的斜坡时，往往是紧贴着斜坡流走的；但是当我们不断增大坡度，直到某一刻，水流到斜坡处时，就不再紧贴着斜坡表面流动，而是直接冲出去。

当飞机仰角大过一定的角度，机翼上方的空气将翻过机翼前缘，直接飞走，而不再紧贴着机翼上表面流动。由于上下表面流速差的骤变，飞机在高空中升力骤减，从而导致了法航447号航班坠机悲剧的发生。

这就是飞机失速的惨痛教训，或许我们还可以从中学到一点生活经验：凡事都有临界点，做什么都别过头。

者理解的达成是理所当然的。这种自以为的默契与现实中的对方并没有达成互相理解的状态的错位，是人与人的关系中最大的障碍之一。绝大多数关系中的误解、矛盾、冲突，甚至决裂，都源于人们潜意识中的“读心术”猜想。

意识到人际关系中可能存在的“读心术”猜想，将有助于我们和不同的人建立更加真实的关系，因为我们不再用自己虚构的他人形象来和自己对话，而是真正倾听他人的表达。对抗“读心术”猜想的方法就是去听，真正听到他人告诉你的事情，听到他人对你的看法和感受。身患乳腺癌的女士若能保持倾听的状态，听到父亲对于小河的抱怨，而不是带着一个判断（我看到的小河那么好，他一定是想和我作对），这位女士或许就能够在父亲的有生之年，拥有一次和父亲在感受层面达成和解的机会。

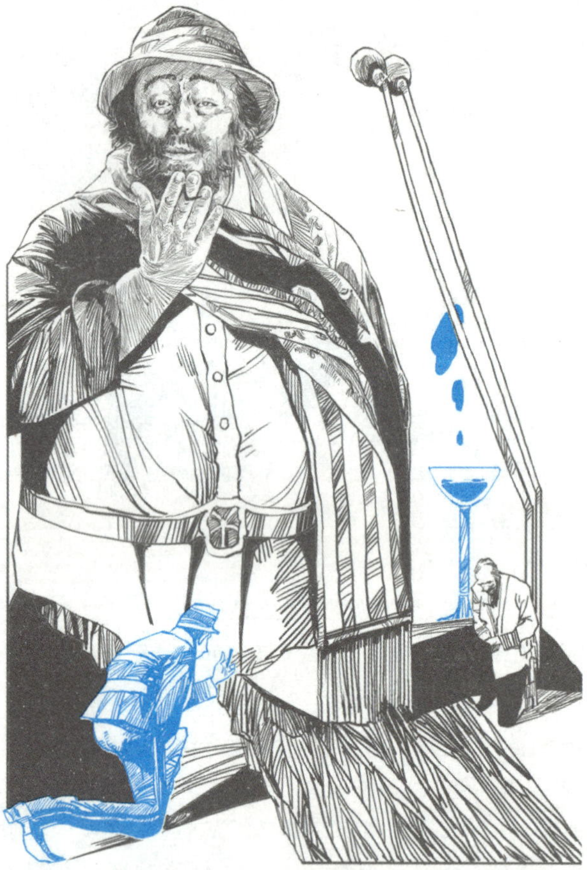

帕瓦罗蒂与多明戈的终身职业规划

□罗振宇

世界著名男高音歌唱家帕瓦罗蒂和多明戈在做职业规划时，都有过非常有趣且不同寻常的选择，可以给我们做职业选择时，一些新鲜的启示。

帕瓦罗蒂是男高音界的“永动机”。他一生都在舞台上高声歌唱，直到去世前一年，还在坚持演出。很多人或许脑海里会浮现这样的画面：年迈的帕瓦罗蒂出于对音乐和舞台的热爱，顽强克服了身体的虚弱，为大家带来一场场精彩的表演，俨然是一个兢兢业业的老艺术家形象。

但事实并不是这样，帕瓦罗蒂晚年非常懂得量力而行。

首先，他从不会过量演出，每个月只演4至5场。对剧目的选择也比较谨慎，基本是《托斯卡》《图兰朵》《假面舞会》这些几乎不会失误的剧目。而且，他从来不扮演费嗓子的角色，一旦身体不适，不管售票情况如何，他都会直接取消演出。但即便如此“任性”，粉丝还是蜂拥而至。

后来，他更是力求“俭省”。比如，《图兰朵》中有个情节，男主角应该先敲一下鼓，再接着唱。但他就自己改了，等到要敲鼓时，随便比画一下或者找个人替他敲敲。

这是不是有耍大牌的嫌疑？并没有。事实上，帕瓦罗蒂非常在意观众的感受，用他自己的话说，他就是观众的仆人。他这么爱惜自己的身体和嗓子，无非是要确保自己能一直保持完美的状态，直到生命的最后一刻。

要知道，男高音是一个对身体条件高度依赖的职业。要想唱得久远，必须在年轻时就保护好自己的本钱，杜绝一切不必要的损耗。帕瓦罗蒂在这点上，就做得非常好。比如，当年他衣锦还乡，参加威尔士的兰格伦艺术节，当地观众翘首以盼，提前三小时在场馆外面等候。但是，帕瓦罗蒂抵达时几乎一句话都没说，直接快步走进场馆。

关于这件事，当时的媒体报道说，帕瓦罗蒂是因为害怕场馆周遭的尘土伤害到喉咙。

或许对于帕瓦罗蒂来说，从登台的那一刻开始，就已经有了唱完这一生的打算，为此，他分外珍惜自己的嗓子。这就是他管理职业生涯的思路——我只做一件事，而且要做到最好，并争取一直是最好的。因此，我需要很谨慎地使用自己的本钱。

但是另一位大师多明戈就不一样了。多明戈号称“歌剧之王”。要知道，很多男高音上了年纪之后，都把事业重心放在演唱会上，因为纯粹的唱歌要比歌剧来得轻松。但是多明戈一直坚持演歌剧，在舞台上毫不保留地挥洒激情。

多明戈难道就不怕透支身体吗？不是不怕，而是因为，他很早就为自己规划好了下一段职业生涯。第一个举措是回归男中音。2009年，已经唱了50年高音的他宣布转型，回归男中音。中音明显比高音好驾驭，这番转型，是为了延长自己的职业生涯。第二个举措，是着手转型做指挥。从40多岁开始，多明戈就经常去一些二线歌剧院担任指挥，积累经验。确实，指挥是个可以干到老的职业。多明戈的选择，对一位歌唱家来说是再合适不过了。

和帕瓦罗蒂从一而终的选择最大的不同是，多明戈采用的是多段式规划。他不留恋过去男高音的辉煌，擅长在周边的资源中发现新的增量，找到新的转行方向。这就确保他在每个年龄段都能找到一种最适合自己的职业。不过，这两位大师的职业规划有一个共同点，就是都把职业生涯的终点设置在了生命的最后一刻，活到老，干到老。

反观现在的大多数人，把退休当成了职业生涯的终点，梦想若干年退休后，养花种草、环游世界。但遗憾的是，这样的职业规划已经不适用了。

随着人均寿命的延长，我们很可能会在退休后再活许多年，假如你的职业生涯就此止步，问题就会出现，比如，钱够花吗？生活失去目标、失去意义怎么办？这就需要我们在做职业规划的时候，考虑得更加长远。在策略方面，你可以像帕瓦罗蒂一样，在一个行业里争做头部，并且好好保护自己的本钱，维持优势；也可以像多明戈那样，提早谋划下一段职业。

无论哪种策略，归根结底都需要我们先建立一种新的观念——终身职业观。这才是两位大师的经历给我们这代人的真正启发。

掐　花

□郭华悦

一朵花的盛开，有时不见得是好事。

有些农作物，比如土豆，到了花开的时节，首要的大事就是掐花。土豆花开得艳丽妖娆，可若是任其开至荼蘼，等至收获时节，恐怕人的脸色，就不好看了。不需要授粉的块茎农作物，掐去花朵，反倒能让养分集中在块茎，收获才能更好。

果树，也是如此。有些果树，在第一年开花时，就得掐去花朵。尚显孱弱的枝条，还经不起大风大雨，更无法承受养分的过分消耗。若是任由花开不搭理，只会让不够茁壮的树，伤了根本。之后，结出的果子口感酸涩，令人弃如敝屣。

一个人，在堪当大任之前，多半也少不了“掐花”。外在的浮华，任其泛滥，不是好事。条件越是优越，开出的“花”也就越多。这些“花”，可以是纸醉金迷，也可以是推杯换盏，沉迷得久了，渐渐也就忘记了那些让自己得以立足的根本。

要让自己茁壮成长，前提是能守住根本。根本的培养，少不了与冷板凳相伴。一个人，一味执着于外在的璀璨，而忽略了将养分守在根本，最后的结果往往是根本未固而养分已枯竭。可想而知，终其一生，难有什么作为。

人与万物，有共通之处，都是渺小而有限的。追逐浮华，势必就忽略了根本。于是，舍本逐末，最终得不偿失。等到有所悔悟时，却已经时移世易，错过了黄金时期。

柴可夫斯基拒绝了托尔斯泰

□尚九华

1876年年底的一天，一位重量级嘉宾到访莫斯科音乐学院，他就是列夫·托尔斯泰。因为《战争与和平》，托尔斯泰是当时家喻户晓的文学家，地位崇高。俄国文学和艺术界中的许多人，都希望能结识他，如果还能得到他只字片语的认可，那就更好了。

托尔斯泰的到来，无疑成了莫斯科音乐学院的一件大事。为了表达敬意，音乐学院特意为托尔斯泰举办了一场音乐会，并让当时在音乐学院任教的柴可夫斯基作陪。

音乐会上，学院院长、知名钢琴家鲁宾斯坦和其他音乐家一起，为托尔斯泰弹奏起柴可夫斯基的《D大调第一弦乐四重奏》。当弹奏到第二乐章（根据乌克兰民歌《如歌的行板》改编）时，托尔斯泰被乐曲深深打动，泪流满面。他紧紧地握住坐在身边的柴可夫斯基的手。

托尔斯泰的眼泪，对当时的柴可夫斯基意义太大了。那时的柴可夫斯基还远没有后来的成就和名气，经常遭到各种打击，很多作品问世后，音乐同行和评论家的反应不仅是冷漠的，甚至故意贬低丑化。而他又是性格内向、不善与人打交道的人，因此，每次遭到否定和批评后，他都会痛苦不已，进而怀疑自我。

托尔斯泰的眼泪，让柴可夫斯基振奋不已，他在给妹妹萨莎的信中写道：“我从未如此受宠，我对自己的创造能力又有了信心，我亲眼看见自己崇拜的偶像，泪水流到下颔上了！”

极度热爱文学的柴可夫斯基，极为崇拜托尔斯泰，曾将他的作品读了一遍又一遍，在读了《战争与和平》后，他对妹妹说，古往今来所有的作家中，托尔斯泰是最伟大的，只要有他，俄国人在听人讲述欧洲文学给人类做出的伟大贡献时，就不至于因害臊而低下头。

柴可夫斯基没料到的是，托尔斯泰回去后，又给他写来一封亲笔信，信中说：“我非常珍爱您的才华，您作的曲子，比我的文字更令人震撼，您无疑是艺术界的天才，音乐大师！”

随后，托尔斯泰还把一些自己辛苦收集来的民歌送给柴可夫斯基，并拜托他将这些民歌改编成《如歌的行板》那样的“珍品”。按理说，对给予自己极大肯定和鼓励的偶像交代的事，应该马上答应并着手去做，以示亲近，但柴可夫斯基并没这样做，他在给托尔斯泰的回信中写道：“抱歉，我看过了，这些民歌很一般，不适合改编。”

托尔斯泰看了信后，没有生气，只是一笑置之，但内心对柴可夫斯基更加敬佩。

尊敬一个人，并不等于就要完全顺从和迎合他。秉承事实，听从内心，敢于说“不”，是一位真正的勇者和智者应具有的品格。

“蓝海”往往是“死海”

□良大师

关于“蓝海战略”，你应该经常听说。那些竞争激烈的市场，众人拼杀，鲜血染红了海面，所以被称为“红海”；而那些鲜有人竞争的领域，海水还是那样湛蓝，所以被称为“蓝海”。

“蓝海战略”一经提出，马上风靡全球，大家都开始拼命寻找无人地带，想要一鸣惊人。

我曾和几个做风投的朋友一起做些项目，发现年轻的创业者最喜欢拿“蓝海”说事，而且他们确实也能挖掘出空白地带。但是，最终的结果往往是，所谓的“蓝海”多半会变成“死海”。

我印象比较深的是，一个年轻人准备做一个高尔夫的辅助软件，它可以实现球场定位、挥杆动作纠正、记杆数等功能。我和那几个做风投的朋友，都属于高尔夫重度发烧友，感觉这些功能确实可以解决用户的“痛点”，便投了这个项目。这个项目就是所谓的“蓝海”，但是结果不怎么好。

复盘后我们发现，虽然中国高尔夫球爱好者有500万，但需要这种软件的骨灰级玩家少之又少，估计不超过5万，愿意付费的人更是少得可怜。所以，就算产品做得再好，没有足够大的市场，一切都是白搭。

那么，寻找“蓝海”是错的吗？

当然不是，“垂直”“聚焦”永远是创业的主旋律。但是，凡事讲辩证，你要去一片人迹罕至的海湾游泳，下水前最好想一想，为什么没有人来这里。而人们拥挤在一片海域内，至少证明那里是安全的。

这个道理不仅适用于创业，也适用于个人成长。

一个大学毕业不久的年轻人有两个择业机会，一个是移动软件开发，一个是展会策划。他倾向于后者，因为移动软件开发从业者太多了，而展会策划似乎小众一点儿，能学到门槛很高的软技能，更能建立竞争壁垒。

他这么说，有一定的道理，但是他忽略了一点：竞争是相对的，正因为市场大，有丰厚的利润，竞争者才多；而展会策划领域太狭窄，就算分羹的人少，怎奈羹更少。况且，越小众的技能越难迁移，正如一个定制机器上的零件，卸下后，不再适用于其他机器。

李安执导的影片《少年派的奇幻漂流》，获过奥斯卡奖，然而有一件鲜为人知的事情：为这部电影服务的特效制作公司R&H因债台高筑破产了。

李安曾写过一封公开信，表示对《少年派的奇幻漂流》特效团队专业精神的折服。他说，为了让海浪更逼真，为了让男主角抚摸老虎时指缝露出的毛更自然，特效团队用了各种不可思议的细节处理方法。

然而，令人唏嘘的是，R&H公司破产后，特效团队的成员很难找到工作。原因很简单，他们太专业，而且太“聚焦”了，只有再去拍摄与《少年派的奇幻漂流》类似的影片才会用到他们。所以，太过精细的分工下的技能，也许很专业、很厉害，但也容易失去可迁移性。

古话说“过犹不及”，凡事皆是如此啊！

什么样的知识能“致富”

□贝小戎

许多有钱人慨叹没什么文化，而不少有文化的人可能又过得比较清贫。美国作家威廉·庞德斯通认为，掌握恰当的、足够多的知识是能够致富的，掌握知识多的人挣得也多，而且常识性知识还能带来健康。

为什么知识能带来财富？首先，如果你知道一个让你显得有学问的知识点，别人就会以为你知道更多，觉得你很聪明，这样他们就有可能给你较高的起薪、更多的升职机会。

其次，广博的知识能给你带来一些额外的优势。“管理者需要了解自身领域以外的事情，才能跟同事沟通。”

最后，掌握知识多的人更精于创新，他们的知识储备让他们能看到别人看不到的类比。掌握知识多的人也有钱的另一种可能是他们的记忆力好，而记忆力在许多职业中都有用。还有人认为志向远大、决心和自律是成功的因素。

知识也包括跟金钱有关的知识，金融知识有助于人们进行更好的预算、储蓄和投资。“在同等教育程度下，高收入人群比低收入人群多了解哪些知识？答案也许是，功夫在课本之外。（有指示意义的）个人理财和体育术语并非学校重视的教育内容。”

学校从没想过教孩子理财知识，他们却需要做出各种复杂的财务决定。而“一个没受过财务金融教育的人有了信用卡、学生贷款和抵押贷款，就像没受过训练的人坐在方向盘后面一样，对自己、对社会都很危险”。极少有成年人主动接受个人理财教育。自由社会不可能强制对每一个成年人进行个人理财教育。这需要当事人主动学习，这也是一种有望带来回报的成人教育方式。

知识能带来财富和健康，即使不能，知识本身也是好东西。但问题是现在有了搜索引擎和云存储，我们还需要去了解和记住大量事实性知识吗？庞德斯通说，在美国，在网络诞生之前，就存在着传授事实还是传授方法的争议。传授事实包括背诵乘法表、历史大事日期，传授方法则强调批判性思维和技能。大多数人都倾向于传授方法，即“授人以鱼不如授人以渔”。

弗吉尼亚大学英语教授赫施认为，美国教育过分强调方法和批判性思维，轻视对事实的传授。1987年，他出了一本畅销书《文化素养：每个美国人都应该知道的东西》，全书收录了大约5000条人、事、日期和概念。他认为，这些东西是所有受过教育的人都应该知道的，包括伽马射线、洛可可艺术、绝对零度、抽象艺术、粒子加速器、会计、酸雨等术语。

事实和方法不见得可以轻松拆分开来。如果把一个人的知识体系比喻成一面砖墙，拿掉一块砖，墙还能立着。拿掉若干块砖，墙仍然能立着。可是，“以为砖太多，就能拿掉大部分砖块就错了。那样一来，孤零零的砖块只能悬在半空，墙会垮掉”。

在随时可以用手机搜索信息的时代，我们仍然需要掌握许多知识，“没有人会说，有了拼车软件和电动滑板，步行就过时了。无论是否从A点前往B点，人体都需要运动。我们的大脑需要学习的过程，才能以最佳性能运转”。

爱因斯坦说，想象力比知识更重要。然而知识是想象的基础。毕加索是受过古典绘画训练，同时研究非洲雕塑的欧洲画家之一。“不相关的知识是各种创造性的类比、灵感和解决方案的来源。”

借助搜索引擎获得知识的前提是知道自己无知，但心理学上有一个达克效应：最缺乏知识和技能的人最无法认知自己的这种欠缺，差劲的司机大多认为自己是好司机，得分最低的学生对自己的成绩夸张得最厉害。最不懂烹饪的人不知道自己不懂烹饪。一枚鸡蛋要煮多久才能全熟？多于三分之二的人都说不对：9到13分钟。三分之一的受访者认为，他们可以在不到6分钟的时间里煮熟一个鸡蛋。一块一英寸厚的牛排两面都烤到五成熟要多久？答案是5分钟，往短了估计的人比高估的人更多。“学习者必须掌握足够多的事实，才能对自己掌握的知识及其欠缺部分心中有数。只有这样，他才能借助搜索引擎补上自己欠缺的部分。”

自己正确比别人不对更重要

□乔凯凯

19 世纪 40 年代，詹姆斯和同伴离开自己出生的小镇，来到城里的中学读书。初到这里，他们有很多习惯与同学们不一样，这让他们很不适应。当他们得知学校的图书馆每天晚上九点开门时，更是吃了一惊，要知道在小镇里，这个时间他们都已经上床睡觉了。

“为什么会有这种规定？”同伴不可思议地问。“确实难以理解。”詹姆斯表示认同。同伴一边摇头，一边愤愤地说：“他们这样是不合理的，甚至完全错误！我要证明他们不对。”“算了吧，也许我们该试着改变一下自己的作息。”詹姆斯劝道。但是很显然，同伴没有把詹姆斯的话听进去。

之后，詹姆斯试着改变自己的作息习惯，好适应晚上九点后去图书馆看书、学习。同伴却没有丝毫妥协，他特意回了一趟小镇，请小镇上的人做证，这个时间他们都已经休息了。他还找来一些别的资料，表明晚上九点更适合休息，而不是学习。

一段时间后，同伴收集了自认为足够的证据，并把它拿给学校负责人看。“也许，你说的是对的，但我们的目的就是要大家勇于挑战自己……而且，有很多同学证明，这个时间段的学习效果非常好。你为什么不尝试一下呢？”学校负责人对詹姆斯的同伴说。同伴并没有被说服，他坚持自己是对的，所以从未去过图书馆。而詹姆斯早已适应了新的作息，能够以饱满的精力投入学习。

毕业后，詹姆斯以优异的成绩和良好的学习习惯考上了心仪的大学，最终成为有名的数学家，证明了勾股定理，还曾于 1881 年当选总统。是的，他就是詹姆斯·艾伯拉姆·加菲尔德。至于詹姆斯的同伴，他一直在试图证明学校的规定是错误的，以至于毕业时几乎一无所获。

“有一种人，始终觉得别人是错误的，并想要证明这一点。但很多时候，自己正确比别人不对更重要。因为别人对错与否对我们的影响并不大，而确保自己正确才能够有所收获并保持进步。”詹姆斯·艾伯拉姆·加菲尔德这样说道。

“没有风格”的科幻大师

□尹传红

艾萨克·阿西莫夫是享有国际声誉的美国科普作家。他的作品几乎不用借助插图，单凭文字的力量就能把许多相当抽象、复杂的概念和问题讲得清清楚楚，堪称独树一帜。“简洁”是“阿西莫夫文体”的一个突出特点。

阿西莫夫在其自传中记述了这样一件事：在他20多岁还没有真正从事科普创作的时候，某出版社一位名叫沃尔特·布雷德伯里的编辑约他写一本科幻小说。他想努力把小说“写得文学味浓一点”。可是，布雷德伯里把样章退了回去。下面是他们俩之间的一段对话：

“你知道，”他说，“第二天早晨太阳升起来了，这句话海明威会怎么写？”

“不知道，”我急切地问道，“他会怎么写呢，布雷德？”

布雷德说：“他会写‘第二天早晨太阳升起来了’。”

阿西莫夫感叹道：“这是我上过的最好的文学课。”

的确，阿西莫夫的非小说作品极为简练，他曾在短文《写作写作再写作》中提到自己写作的几个信条，其一便是：能用简单句子的绝不用复杂的句子，能用字数少的单词绝不用字数多的单词。

他曾说过：“我是有意识地运用一种非常平实的写作风格，甚至是口语式的风格，这样写起来很快，而且很少出差错。当然，有些没头脑的批评家把这说成是我‘没有风格’。如果谁认为简明扼要、不装腔作势是一件很容易的事，我建议他来试试看。”

阿西莫夫还提出了一个有关写作的“镶嵌玻璃和平板玻璃理论”。他说：“有的作品就像你在有色玻璃橱窗里见到的镶嵌玻璃。这种玻璃橱窗本身很美丽，在光照下色彩斑斓，你却无法看透它。至于平板玻璃，它本身并不美丽。理想的平板玻璃，你根本看不见它，但可以透过它看见外面发生的事。这相当于直白朴素、不加修饰的作品。理想的状况是，阅读这种作品甚至不觉得是在阅读，理念和事件似乎只是从作者的心头流淌到读者的心田，中间全无遮拦。”

那么，怎样才能写得明晰呢？他说：“我想，首先必须头脑清晰，思路有条不紊，运用熟练的技巧梳理思绪，明确地知道你想说些什么。除此以外，我就无可奉告了。”

段子铺

“为什么有那么多父母期待着孩子完成自己未完成的愿望？”

神回复：“因为动嘴比动手容易得多。”

世界上最不忠心的是什么？

神回复：钱，说好的一起出门，然后它就不跟你回来了。

足够的耐心

□周华诚

春天去了两次钱江源国家公园。在古田山，我们沿溪而上，空气仿佛是绿色的，雾气弥漫在四周。

森林深处的地面，树干上，石头壁，都常见苔藓，成片毛茸茸的，上面附满小雨珠，鲜绿可爱。奇怪的是，这样的苔藓，似乎只在原始森林中长得好。

我曾在网上买过苔藓，快递到家中，种到石盆里悉心呵护，经常喷喷水雾什么的。果然，苔藓还是死了。后来回到乡下种田，去森林中行走，见到苔藓长得茸茸可爱，采回家养起来，也死了。有朋友送我一盆菖蒲，菖蒲配着石头，很好看，石头脚下有一片苔藓。后来，也死了。所以我的经验是，苔藓极不好养。

有一次，到西溪湿地参加一个活动，遇到一个热爱植物的人——潘锐，深居一隅，种苔藓玩苔藓十几年，乐在其中。

潘锐说：“你有没有发现，大家养的苔藓都死了。”

“不知道，反正后来都死了。”

“死于什么？”

我们都不知道。潘锐说：“死于人没有耐心。”

因为只要苔藓所处的环境发生变化，它一定会跟着发生变化，这有一个适应期。或许它就发黄、发黑、发白，甚至看起来“死”了。或者，进入休眠期。这是一个漫长的过程。但是，人往往是没有这样的耐心的。人看看苔藓，死了一星期，死了半个月，肯定就丢进垃圾桶了。

如果半个月还没有丢掉，三个月呢？六个月呢？你终于把苔藓丢了，于是它真的“死”了。

苔藓有时候需要一年多时间，才会从那种看起来已经死了的状态中活过来。然后，重新变得绿绿的，充满生机。

对于苔藓来说，几个月、一年时间又算什么？它不赶时间，它有足够的耐心，对付这个世界的浮躁与不安。

但你没有。

有一年，在杭州某地喝茶，看到一口石槽，石槽里面养着睡莲，石槽外面覆满了绿苔。附近山上大树参天，树底也都是随处可见的青苔。

静气，大约是与苔藓最为相宜的吧。

诗剧

光明推开我们，黑夜急急地来临。

我们已经到了星光闪烁暗影浓重的篱笆旁边。

如同一个离开丢失的牧场的人，我离开你的怀抱。

如同一个离开剑戟之林的人，我离开你的眼泪。

且慢去过苦恼的生活

如同其他许多黄昏里的一场梦。

然后我才赶上而且超越

黑夜和行程。

——[阿根廷]博尔赫斯《告别》

这些年轻人开始赛着比『抠』

□魏其蒙 王豪

经济的压力，给年轻人的生活带来了不确定性，也让网络上的“抠组”迅速壮大。在网络世界，他们不讳言“抠”或“穷”，反而以“更抠”为豪。这些年轻人比“抠”行为的背后，带有一些戏谑成分，却也蕴藏着物尽其用、拒绝过度消费的时代心理之变。

消费主义转向实用主义

安全感，在一定程度上改变了贾小雨的消费观念。去年，贾小雨失业在家，靠着先前的存款生活，第一次意识到了“钱”的重要性。这名95后开始反思自己此前的消费观念——买了1000元的衬衣，就需要买1000元的裤子和1000元的鞋子来搭配，再买个2000元的包，才能显得这一身不是假货。“但实际上，我真的需要这些东西吗？”在得到否定答案后，贾小雨决定成为一个“抠门”的人。

发生转变的原因，一方面在于她发现了父母的衰老，希望给父母攒下一笔养老钱。另一方面在于危机感，她希望自己以后无论何时都不被钱难住，能稳定有保障地生活。和贾小雨有着相同想法的年轻人不在少数。

“抠组”火起来除了因为一些带有调侃戏谑性质的帖子，很多组员分享的内容不乏经济实用的省钱妙招。95后女孩刘瑜所获颇丰。她出身于普通家庭，毕业后在广州的食品行业工作，薪资水平一般。最近，她瞄准超市打折时间和清仓区，使用返利购物软件，每天签到领积分等方法省钱。她本人还在“抠组”更新着一个记账帖，事无巨细地记录每天花销。“比如我有段时间会经常买饮料喝，记账让我发现在这方面花钱太多，等再想喝的时候，就会控制自己。”她说。

曾经，和大多数90后、95后一样，刘瑜也是个“有多少就花多少”的人，一次去医院的经历彻底让她意识到攒钱的必要性。几个月前，她发烧去医院做检查，花了几百元，在等结果时，旁边有个病人正在办理住院，需要交1000元押金。“当时我心想，幸好我还有1000元余钱，幸好我没有花掉。”

随后的日子里，刘瑜有意控制自己的花费。“便宜不是我们购物的原则，需要才是。”她逐渐总结出自己奉行的消费观，也勘破了消费主义盛行背后的逻辑——很多商家以某些噱头来吸引人，“一生一定要拥有”“必备”这些词语抓住了大家的眼球，造成“这就是我需要的东西”的错觉。

购买一件商品承载着消费者的物质需求和精神需求，这些年轻人的消费观念正从“消费主义”向“实用主义”转变，即他们在消费行为中的精神需求变弱了。“年轻人的精神需求不再像过去那样强烈依靠消费来获取，从某种程度上有利于年轻人的消费观念回归理性；当然，这种转变也将导致对奢侈品等的需求减弱，可能给消费市场带来一些新的挑战和变化。”

在“抠门”中收获乐趣

当节俭成为一种习惯，年轻人

希望在“抠门”的行为方式中找到更多乐趣。

出生于1988年的宋鹏清楚记得自己在“抠门男性联合会”第一次发帖的原因，“一双拖鞋，鞋面断裂了，用别针别起来继续穿”。一瞬间，一种心酸油然而生，他决定通过自己的方式，为大家提供一种更加积极的生活态度，让节约行为有意思、不寒碜。

用闲置物品做手工，是宋鹏的省钱妙计。这个来自陕西铜川普通煤矿工人家庭的男生，几年前只身来到北京。快节奏的工作压力，让他有些喘不过气。反而是回到租住的房子，看着亲手制作的简单家具、生活用品、玩具手办，让他变得放松自在。

他用的手工制品全是就地取材，将网购快递盒、一次性筷子利用起来，制作过程也让人大开脑洞。“一个从大学时代就开始制作的变形金刚，我设计了每一处零件，收获了很多乐趣，价值已然无法估量。”

在身边朋友眼中，“百万张”公众号的运营者张百万同样是个“省钱”达人，他曾用700元住过标价6000元的酒店；买了2万元的商务舱，却额外得到两张机票，算下来比经济舱还要划算……这一切就像他在自己的公众号介绍中写的那样——“高品质生活≠高花费”。

事实上，追求更高的“费效比”，是这名出生于1989年的北京小伙一直在做的事情。在他看来，在有限的生命里，不应该通过降低自己的预期去省钱，而是应该在自己能承受的范围内，尽可能达到或超出自己的心理预期。这样的想法，可以激发年轻人的动力，但每一次的目标都应该脚踏实地。

张百万坦言，自己家境普通，2011年大学毕业后就职于一家国企，当时每月只有3000元工资，想吃好一点都有些困难。于是他定下第一个小目标，“吃得比以前好”。这个目标达成后，他又定下“买得起正版游戏”的小目标……在实现一个个目标的同时，他找到真正带给自己安全感的奥秘——知识的体量。

这样的“省钱”观念，得到部分年轻人的认可，也成为在一家互联网公司从事技术工作的张百万，在业余时间继续运营公众号的动力。现在，一有时间，他就会去更新关于酒店、航空、信用卡的“玩法”，并在越来越多的钻研中，学到自己未曾掌握的知识，获得更多的机会与乐趣。

勤俭节约换取选择权利

“如果你有足够多的存款，当意外发生，或者有人强迫你、辞退你的时候，你可以大声地回应。”一位组员表示，很多年轻人希望用攒钱的方式，赋予自己更多选择的权利。

郑州女孩原洁是“丧心病狂攒钱小组”成员。她和母亲一起选购了一套住宅，首付45万元，其中30万元是她毕业4年来的全部积蓄。此前，母女俩还因为房屋大小有过不同意见，但当原洁掏出全部存款时，母亲决定尊重女儿的意见。那一刻，原洁感受到了“经济独立”带来的乐趣。于是，在有40多万成员的“丧心病狂攒钱小组”中，她又为自己定下了新的目标：结婚以前再存20万元当嫁妆。

但原洁同时意识到，攒钱并不适用于所有年轻人，“比如那种有闯劲、能将金钱当作一种成本开拓型的人。但像我这样平凡的人，应该学会向自己妥协，早早养成良好的消费观，增强未来应对风险的能力，获得掌控自己人生的安全感”。

不再被超出预期的消费所裹挟后，年轻人在日常生活中的种种选择也似乎更加符合自己的本心。

开源节流是中国铁路兰州局集团有限公司青年职工宋佳龙认可的生活方式。农村家庭出身，宋佳龙深知挣钱不易。大学期间，他就通过干兼职、摆地摊、拍摄毕业季照片来赚取生活费。工作后，他同样希望通过账户数字的增长带给自己更多的安全感。

“攒钱意味着对未来更有规划。”这名90后说出自己的想法。他上下班骑单车，衣服勤洗不常买。业余时间，他充分发挥自己的摄影特长，为一些杂志供稿或者拍摄婚礼。几年下来，他买了房子、有了存款，在城市扎根。与此同时，他变得更加自律，工作更有计划、更高效，工作之余可以腾出更多时间，专注于自己的摄影爱好。

“我们正经历着一场经济社会环境的巨变，不确定性是未来一段时期的主要特征，包括人们未来的收入和消费。”有专家表示，类似“抠组”成员的行为，本质上是一种群体互助行为，在不确定性的冲击影响下，这有利于帮助我们接受和适应不确定性，并提高应对风险的能力。

随时准备趴下

□陈海贤

我父亲是渔船上的机械师，家里的电灯、马桶、电扇之类的东西坏了，都是我爸拆开来修的。他经常说：“这世界上没有修不好的东西。不管什么东西坏了，只要你能找到问题的症结，找来原材料，就能修好。”

我曾对父亲的话深信不疑。那时候，我正读书，试卷总是会有答案的。后来，我成了一名心理咨询师，开始和各种各样的人聊人生。每个走进咨询室的人都带着困扰他们的问题。有些人经历了一些重大的人生变故，比如美好的生活因为宝宝忽然得重病被打破了，因公司倒闭失业了，结婚多年的爱人出轨了……有些人则遇到了一些琐碎的生活烦恼，比如学习成绩不够好，怎么努力也上不去；错过了自己心仪的学校或者专业；见到陌生人总是容易紧张……

“怎么办呢？”他们向我诉说他们的生活，然后茫然又急切地望着我，像指着一台坏了的机器，等着我指出问题的症结，再把它修好。

于是我努力分析问题：“这是一种消极的认知模式。”“你没有发展出合适的应对策略。”“你童年的经历损害了你的自尊。”“这是缺爱。”

“嗯，嗯。”他们频繁地点头，让我觉得自己说得很有道理。然后，他们就不来了。

有段时间，我对此很困惑，后来才慢慢明白，修理机器、解数学题和解决生活问题并不相同。修理机器或者解数学题时，你是超脱在问题之外的，但是面对生活问题时，你是纠缠在问题之中的。你解决问题的能力本身就受这个问题限制，是这个问题的结果。更何况，很多时候，生活中有太多的因素是你无法控制的，但它们实实在在地影响了你。

那能怎么办呢？无可奈何的时候，我也会向来访者承认：“我可能做不了很多。我所能做的只是陪伴你度过生活中这段艰难的时期，等着生活慢慢出现新的转机，等着你身上转变的种子慢慢发芽。”

“好吧。”他们叹了口气。可是，下次他们反倒来了。

我发现，很多人所遇到的困难与其说是生活问题，不如说是生活的不如意。问题总让人误会，以为只要找到症结，换个零件，或者找到答案，就能恢复如初。可生活中的有些事，既无法修复，也没有答案。不如意则是说，我们总是期待生活往好的方向发展，而它拐到了别的方向，我们想要强扭着它，把它摁回正轨，极其困难。更多的时候，我们只能随生活顺流而下，在变化中努力适应它。

这么说来，真正的生活问题其实只有一个，就是怎么面对和处理生活中的不如意。可大部分人并不甘心，他们会用修理机器或者解难题的思路来跟问题死磕，即使收效甚微，也会自然地认为是自己不够努力，或者方法不对。承认自己无能为力很难，可悖论是，一旦承认在某些事上无能为力，你所能做的反而多了。

前段时间，我看到一个咨询访谈。有位年轻的产品经理，毕业不久，在北京辛苦打拼，可最困扰他的不是他自己的生活，而是父母的关系。他父母关系不好，经常吵架，所以他要经常给父母打电话，听父母各自诉苦，他想尽一切办法，努力让他们的关系好起来。他觉得自己只有解决了这个问题，才能轻装上阵，去忙自己的事业。

也许他遇到的就是生活的不如意。于是，咨询老师说："不如我们来聊聊，如果没有这样的问题，20岁的你想过怎样的生活吧！"

不如聊聊别的，这听起来像是逃避，可是问题的空间就这样慢慢地打开了，问题以外的生活重新回到了来访者的视野。来访者发现，即使他不去处理这件事，仍有很多有价值的事情可做。这就是生活的好处，除了直接面对问题，别处的进步又会兜兜转转回过来推动我们的生活继续向前。

我有个学美术的朋友，年轻时恃才傲物，总觉得自己会成为一名出色的艺术家。可未来的远大前程没法弥补当时的穷。于是，她来到旅游景点，在那边支了个画摊，想通过给人画素描挣钱。天快黑了，她才等来第一桩生意。一个戴眼镜的中年男人问她画一幅画要多少钱，她说20元，于是那个男人坐下了。半小时后，画完了，男人走过来看了看画，哈哈大笑，问她："你觉得像我吗？""像啊！"她理直气壮地回答。那男人说："这样，钱呢，我还是给你，画呢，我就不要了，你自己留着吧。"说完，男人扔下20元钱扬长而去。

奇耻大辱啊！这位还没上路的年轻艺术家狠狠地把画撕了，捡起了地上的20元钱，眼泪在眼眶里打转。"我一定要弄个框，把它裱起来。"她心想，"我要让它时时刻刻激励我！等我功成名就那天，再把它拿出来，作为我心灵发展史上的重要事件展示给大家看！"

她气鼓鼓地收起画架往回走。走着走着，路过麦当劳，肚子饿了，一摸口袋，唉，只有那准备裱起来的20元钱了。她犹豫了一下，走进了麦当劳，掏出那20元钱："给我来个汉堡！"

她最终也没变成著名画家。不过我喜欢她的生活态度，不跟问题死磕，随时准备趴下。日子看起来越过越糊涂，其实却越过越清醒了。

非期然后果

□柳一一

非期然后果是说，人在做一件事、追求某个结果的过程中，很可能会收获意外之喜。

20 世纪以来医学领域的很多重大发现，比如抗生素、X 光机、抗抑郁药、化疗药物等，都是在做其他研究时的意外收获。

其他领域同样如此。比如活字印刷，就是非期然后果。

英国科普作家马特·里德利在《自下而上》这本书里从生命、政治、技术、道德、商业等 15 个领域，深刻阐述了世界万物，如何自下而上地涌现。比如眼睛，不是为了看而有了眼睛，而是偶然的环境突变有了眼睛；然后开始了和环境互相驯化的漫长演化。从我们现代人的视角来看，却是眼睛的结构越来越复杂，也越来越"先进"。但这些都不是设计好的结果，而是自下而上涌现出来的"非自然后果"。

一旦有了开始，就会"身不由己"地持续进行下去。因此，你需要让自己的思想、行为和环境匹配，这样你会不断地调整自己，可能还会遇到更多不同的机会……当然，这些都是马后炮。事实上，你会遇到什么，根本无从知晓。唯一可以掌握的是，你要去做美好的事情。

读诗有什么用？学画画有什么用？短期来看或许没什么用。但人生有很多时候，很多好的结果，从来不是我们刻意追求来的，而是因为你做对了、做好了某些事，然后在行动中，会有其他好的非期然结果，自然而然地涌现出来。

幼芽发光的夜晚

□［俄］普里什文

幼芽正在开放，像巧克力的颜色，拖着绿色的尾巴，而在每个绿色的小嘴上挂着一大颗亮晶晶的水珠。

你摘下一颗幼芽，用手指揉碎，可以闻到一股经久不散的白桦、白杨的树脂香味，或是稠李的惹人回忆往昔的特殊香味，你会想起，从前爬到树上去采那乌亮乌亮的果实，一把一把地放进嘴里连核吃下去，那样的吃法，除了痛快以外，不知怎的，从来没有过一点儿不适的感觉。

晚上温暖宜人，静得出奇，你预料会有什么事就要发生，因为在这寂静中，总会有事的。

果然不出所料，树木仿佛彼此间开始对话了：一棵白桦同另一棵白桦远远地互相呼唤；一棵年幼的白杨像绿色的蜡烛似的立在空地上，正在为自己寻找一支同样的蜡烛；稠李们彼此伸出了抽华吐萼的枝条。原来，与我们人类比较的话，我们人类彼此打招呼用的是声音，它们却用的是香味：此刻，每一种花木都散发着自己的香味。

天色暗下来的时候，幼芽消失在黑暗中了，但是幼芽上的水珠闪闪发光。只有水珠和天空在发光：水珠从天空把光取来，在黑暗的森林中把我们照亮。

我仿佛觉得自己的全身缩小为一个饱含树脂的幼芽，想要迎着那独一无二的不认识的朋友开放。那是一个非常好的人，我只要一等他来，一切妨碍我行动的东西都会像尘烟一样消散了。

摩尔的自然之手

□杨小彦

英国雕塑大师亨利·摩尔说，世界上，形盲的人远多于色盲的人。他的意思是说，很多人会为一块好的色彩激动，却很少为一个好的形而兴奋。摩尔还说，他和米开朗琪罗的不同是，米氏在一块冰冷的大理石上看到了温暖的女人体，他却只是在雕凿一块像女人体的石头而已。

摩尔说，把河滩上的鹅卵石握在手心，闭上眼睛，用触觉去体验，千百年来的流水竟然可以把一个形冲洗得如此完美。他还说，紧紧地握着一根牛腿的胫骨，同样闭上眼睛，然后，从头到尾缓慢地抚摸下来，就会发现，其中的形的转折，是多么自然，超出了所有的人为努力。

摩尔坚定地把视觉裹挟在触觉里，让触觉成为引领视觉前行的向导。对于摩尔来说，这个触觉不是人之手，而是自然之手。

摩尔很清楚，世间万物全都是这只自然之手的直接结果。形正好藏在自然之手的触摸当中。

可惜，世人多不能理解摩尔的自然之手，因为他们根本就无法想象，一种从外向内扩展的空间，一种多维的变化空间，意味着什么。

摩尔只好单身一人站在田野上，他知道，自然之手正在触摸着万物。

5

做迎难而上的有心人，别只是看起来很努力

很多事你只能独自经历

□乔迦

我的一位朋友，不久前被公司裁了。他年近40岁，身体多病，手头也没什么积蓄，一时间内忧外患。一天，他跟我说，他恐怕得抑郁症了。我劝他赶紧去就医，他又说，怕医生真的诊断他是得了抑郁症……

一时之间，我竟不知说什么好，说什么都显得敷衍。痛苦是自己的，发生在谁身上便是谁的，说理解，说感同身受，其实都隔着一层。

翻看作家黄佟佟新出版的小说《头等舱》，她在后记中写道：“有人说，我看你这部小说明明就是一个长得不怎么好看的女孩撞上‘风口’而发财的故事嘛。如果说你只看到这一层的话，恭喜你，你是一个不怎么悲观且容易快乐的人。因为我写的是一个特别悲怆的故事。4个昔年最漂亮且最有才华的女大学生，在20多年之后，尽管她们那么努力，但生活的伤痕还是一一留在了她们心里。”

可见，同一个故事，同一种际遇，每个人的感受其实大相径庭，有时说理解，甚至都显得牵强。

一位女友夜里打电话给我，我以为出了什么大事，结果她说她周末要做个眼科手术来矫正近视，已经紧张得好几天睡不着觉了。我的第一反应是，她太夸张了，因为她要做的眼科手术在技术上已经很成熟了，何况矫正视力本就是好事。然而我想了想，跟她说：“也是，说明你的人生到现在为止，还没有遇到过太大的事情，你的紧张兮兮倒是好事。”她想了想，说：“是啊！”我说：“那就一直这样紧张下去吧！”

那些平静的人，都是见过风浪，经过磨炼锤打，经历过人生至暗时刻的人。因为经历过了，再来一次，再来两次，甚至反复来，也不过尔尔，所以他们越来越平静。而且他们知道紧张没有用，惧怕也没有用，该来的还是会来。

如果一个人到了中年，遇到一点小事还紧张兮兮的，说明她很幸运。

想想我20岁时，曾经在晚上10点，站在陌生城市的站台上满心凄惶。其实什么都没发生，我只是觉得在这样一座陌生的城市里，孤身一人，这场景有些“悲凉”。那时候的我当然不知道，此后我要经历的“悲凉”的事还有很多，而且都比这严重得多。现在回头再看，当日站台上的那个年轻姑娘根本不“悲凉”，不过是年轻人的多愁善感罢了。

诡谲的是，当这个姑娘未来真的遇到事的时候，她心底却再没感到过悲凉，反倒越战越勇，于痛苦之中成长起来了。而这些，一个20岁的人是无法懂得的，那时，她的痛苦还在月亮上。

你的经历是旁人无法代劳的，若有人从旁搀扶一下已是幸运，不能要求他人感同身受。我们常常怨责别人为什么不懂我们的苦痛，怪这个世界为什么要带给我们如此多的麻烦，我们甚至觉得自己被针对了。但倘若你花些精力去问一下旁人，谁又不是如此呢？每个人都活得如此辛苦。

我愿一个人永远有20岁时的“脆弱”，认为站在深秋的站台上等夜车便是极悲怆的事。但我知道，这愿望几乎不可能实现，他必然会在此后的人生中经历真正令人悲怆的事。我只能希望，他在苦难中生出坚韧之心，不抱怨，不自弃。

我想，能做到这样，人生便是还不错了。

“坏孩子”乔布斯

□赵佳佳

乔布斯一直知道，自己是父母领养的孩子。

他的亲生母亲乔安妮·席贝尔来自威斯康星乡村的一个德裔家庭，在攻读研究生期间爱上了乔布斯的亲生父亲钱德里，钱德里来自一个叙利亚家庭，他们的恋情遭到乔安妮父亲的强烈反对。

在独自生下乔布斯之后，善良诚实的保罗·乔布斯夫妇领养了这个孩子，他们答应乔安妮，一定会倾尽全力送孩子上大学。

养父母从不向乔布斯隐瞒领养的事实，但乔布斯记得，在他六七岁的时候，当他坐在自家屋前的草地上，向住在街对面的女孩讲述这件事，女孩问：“这是不是说明你的亲生父母不要你了？”

他崩溃大哭着跑回家，但爸爸和妈妈直盯着他的眼睛，告诉他，不是这样的，“我们是专门选择的你”，他们一字一顿地说。

对于我们每个人而言，那个瞬间都同等重要，在童年时期，那些无心的伤害会烧成生命的灰烬，而还有一些爱，会成为生命的礼遇。

乔布斯从那一刻开始意识到了自己的特别之处。被遗弃，但又被选择，这组对立的行为像埋藏在他生命深处的密码。乖僻和柔善、冷漠和热情并存，许多人难以理解这种水火不容的差异如何同时存在一个人身上，而这或许都可以从他的生命之初找到一些解读的孔隙。

上小学的时候，乔布斯是最让学校头痛的那类孩子。他会想方设法让别的孩子说出自己自行车锁的密码，然后他跑去将所有的锁都调换位置，没有人能骑走自己的车。或者在老师的座椅下点燃炸药，把老师吓到浑身抽搐。

小学三年级之前，他被送回家两三次，在他心里，这种必须沉浸于无聊的教育中的规则，“差一点就把我身上所有的好奇心都赶走了”，直到即将升入四年级时，希尔夫人的出现。

乔布斯认为，希尔夫人是自己生命中的“圣人”之一。他回忆起当年，希尔夫人曾观察自己长达几个星期，在某天放学后，她给了自己一本数学练习簿，然后拿出一根超大的棒棒糖。希尔夫人说：“你把题目做完之后，如果大多数题目都做对了，我就把这个给你，再送你5美元。”乔布斯只用了不到两天就做完交给了她。她还会帮乔布斯找到一些可以用来打磨镜头、制作相机之类的工具。

几个月之后，他已经不想再索取奖励，“我只想学习和让她高兴”。

当他进入大学，花费父母大量的积蓄前往里德学院就读时，这种类似的鼓励和宽容同样存在。他不愿意去上那些严肃的必修课，他只想把时间花在那些自己感兴趣的课程之上，但学费对于父母而言又是沉重的负担，因此他选择了退学。

但里德学院在乔布斯停止缴纳学费以后，仍然允许他旁听课程，可以继续住在宿舍。沃尔特后来去采访当年的教导主任时，教导主任说，乔布斯有一颗渴求知识的心，“他拒绝机械地接受事实，任何事情他都要亲自检验”。

2011年10月5日，年仅56岁，乔布斯的生命就走向终局。那天，他的妻子劳伦前往他生前选定的公墓，指向一片山脊顶部的杏园，在墓园内，那是不允许安葬逝者之处，但劳伦说服公墓负责人，乔布斯终将安眠于此处。

在此后举行的追悼会上，乔布斯的朋友、音乐人波诺，为他演唱了《每一粒微沙》。那是他最爱的一首歌：“在愤恨的当下，我能看见造物主之手，在每片颤动的叶里，在每粒微沙之中。”

有趣的“r对策”与“K对策”

□崔华威

生态学中有许多有趣的理论，我印象最深的是“r对策与K对策”。这里的“r”，是英语rate（速率）的首字母，“K”来自德语词汇Kapazitätsgrenze（容纳极限）。它们是两种基本生态对策。所谓生态对策，是指生物为适应环境而朝不同方向进化的生存和繁衍策略。

属“r对策”的生物（又称“r对策”者），个体小，寿命短，存活率低，扩散能力强，有较高的生殖率，如昆虫和杂草。相反，“K对策”者，个体大，寿命长，存活率高，扩散能力弱，生殖率低，但有较高的竞争力，如乔木和大型肉食动物。

简言之，“K对策”者精耕细作，侧重提高竞争力，以“质”立足。“r对策”者广种薄收，侧重提高生殖率，以“量”取胜。“r对策”者将主要能量用于繁殖，是人海战术，故又被称作“机会主义者”。比如，一条翻车鱼产卵量最多可达3亿粒，但存活率极低。而“K对策”者将许多能量和精力用于提高存活率，多有亲代关怀行为。讲到关怀，很容易让人想到“K对策”者的典型代表——人类。我们通常会对子女照顾长达18年——当然，子女啃老的话，时间会更长。

人类整体采用“K对策”，但就不同历史时期和不同国家及地区而言，亦可分为“K对策”和“r对策”两种取向。纵向看，文明程度较低的古代，人类采用“r对策”，婴儿出生率高、死亡率也高；相反，文明程度高的现代社会，人们采取“K对策”。横向看，经济落后的国家及地区采用“r对策”，经济发达的国家及地区则用“K对策”。

“r-K对策”理论告诉我们，“K对策”者占用较多资源，所以存在环境容纳极限，一旦环境恶化，种群数量低于平衡点，可能长期无力恢复，甚至灭绝，这就是不少“K对策”者，如大熊猫及“植物界的大熊猫”——银杏，活着活着就把自己活进“动植物保护名录”的原因。“K对策”的另一个代表——恐龙，其灭绝原因，可能就是不适应白垩纪的环境剧变。许多“K对策”动物的灭绝对人类是个警示：生命只负责演化，不负责为特定物种保留永久席位。进化的长河里，再强势的生命也不过是浪花一朵。

相反，“r对策”者发育快、繁殖率高、迁移扩散能力强，不受环境容量所限，所以能于夹缝中求生存，在一夜间便泛滥，即使环境骤变，其种群恢复也很快。这就是很多有害生物（如田间病虫、杂草）无法彻底铲除的根源。人们不断反思，目前已达成作物病虫害“综合治理”的共识：不再追求斩草除根，而是把危害控制在“不影响作物生长的程度”。

“r-K对策”理论在20世纪70年代得到广泛应用，但由于过于简化，更多时候只作为一种“启发方法”。值得一提的是，这种理论还常被引入其他领域，解释一些社会及文化现象。

比如，在信息学中，电影、电视和书籍，投入大、风险高，但有长久影响力，属于“K对策”类信息。而微视频、微信、微博等，

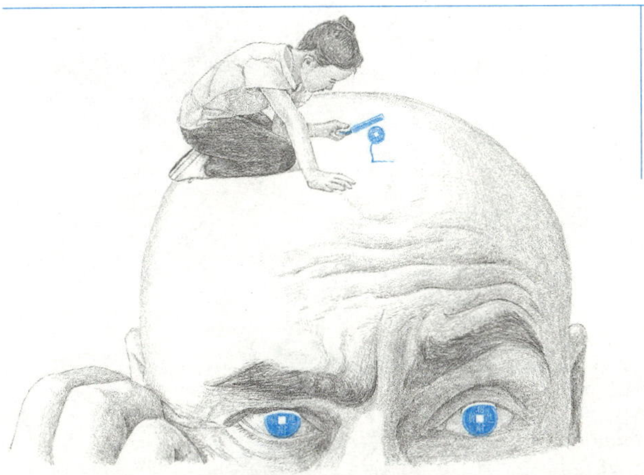

主动的意义

□［美］艾萨·贝斯克

“祖母，我能不能被约克导演选中？”我问祖母。祖母把眼睛从报纸上移开，看着我说：“我不知道。”一上午，这样的对话发生了3次。我知道，祖母也许会因此而不耐烦。此刻，我脑子里全都是这个问题，根本无暇顾及其他，我甚至连早餐都还没有吃呢。

上周，我和哥哥麦迪一起参加试镜。约克导演打算拍一部电影，要从学生中挑选小演员。如果我能够和明星一起演戏，那该是一件多么有趣的事情呀！约克导演告诉我们，周日之前会通知我们试镜的结果。今天是最后一天了，可是我还没有接到电话。

“麦迪呢？”祖母突然问。“好像在房间写作业。”我心不在焉地回答。祖母又问：“你的作业写完了吗？”我摇摇头。我哪有心思写作业呀！

“你可以给导演打个电话，询问试镜的结果。”祖母说。祖母的话吓了我一跳。“不，不可以。”我怎么可以主动给约克导演打电话呢？这会令他反感。况且，万一他告诉我，我没有被选中，那我该多难过啊！

“亲爱的，只有两个结果，一是被选中，二是被淘汰。你主动打个电话，只是早一点知道结果而已。”祖母看着我说，“不管结果如何，早一点知道，至少不会像现在这样坐立不安。”

在不确定的等待中煎熬，实在是一件痛苦的事情。我既无法挣脱又不能控制，还耗费心力，折损了做事的效率。我鼓起勇气，主动给约克导演打电话询问结果，得知我和麦迪都被淘汰了。但奇怪的是，我并没有想象中那样难受，反而有一种轻松的感觉。接下来的时间，我回到房间，开始做自己的事情。

我很庆幸，祖母教会了我一个重要的道理：当你为一件事情焦虑不安时，就要主动出击去寻求结果，不管结果是好是坏，你都会从之前糟糕的状态中解脱。这就是主动的意义。

看一条只需几秒或几分钟，其信息体量小、寿命短，但数量庞大，是“r对策”类信息。

“r对策”类信息通过手机、电脑等终端，形成的高繁殖力、高扩散力，想必大家都有切身体会。“r对策”类信息有高扩散力，这使得不少机构、媒体作者都有微型化、“r化”创作的冲动，比如通过制作简短有趣的“快餐”类文章，博得读者青睐。

既然“r对策”信息这么强势，那“K对策”信息，比如书籍，将来会消失吗？

书籍作为一种有厚度、深度的“K对策”信息——尽管会受到“r对策”信息的冲击，但会和后者共存——因为许多“r对策”类信息其实就是对“K对策”信息通俗化的简化和分解。所以，作为源头，书籍类“K对策”信息不会消失。这虽与动植物界的“r-K对策”者有所不同，但其表征是一致的：相互制约，彼此影响，同存共荣，谁也取代不了谁。

需要进一步补充的是，“r-K对策”理论表明：“r对策”者寿命较短，存活率低，处在食物链底端。老虎和蚊子谁才是王者，不辩自明。

生物界中，人类是“K对策”者，但要有容忍“r对策”者的胸怀，接纳“r对策”者的无处不在，这两者对立而统一。这正如《了不起的盖茨比》中所言：“一个人同时保有两种相反的观念，还能正常行事，这是一流智慧的标志。”

作为诗人，他只存在一夜

□宋执群

茫然向着江南漂泊

公元751年深秋，当年进士考试的结果，在大唐帝都长安发布了。一名身背干粮的外省青年，挤进一群和他一样急切的考生之中，在满墙名单中搜索只有他自己熟悉的两个字。遗憾的是，任由他左寻右觅、上下求索，那个“张”与“继”连在一起的名字，始终没有出现。

面对金榜题名者的狂喜，张继憋屈得快要哭出来。赴京赶考之前，他为自己描绘过的人生愿景可不是这样的啊，那是进士及第、衣锦还乡……然而，木已成舟。这个一心想凭借科考制度走上仕途的湖北青年，登上一叶扁舟，告别大唐首都，失魂落魄地踏上归路。

也许是为了面子，也许是冥冥中某种力量的引领，为了平息内心的不服和失落，张继不想就此返家，而是准备随波逐流，远离帝都和仕途，任由不济命运摆布。

心灰意懒的张继，绕了一个大弯。他没有取道汉水，而是沿京杭大运河，茫然向着江南漂泊。

潜入大地河山的深处

一个晚秋的寒夜，他漂泊到苏州城外的枫桥畔。

鬼使神差地，他突然改变主意，不再往前赶路了，而是让自己的身心安顿下来，就夜宿在这一江秋水之上，就抛锚在这枫桥一侧，对着几盏摇晃于江村桥与枫桥之间的渔船灯火，独自体味这人生的深寒与孤愁。

他松开一路紧咬的牙关，把肩背的书卷扔进船舱，让江南的夜声夜色，将自己揽入怀抱。眼前的“江枫渔火”让他感悟到，只有这无边大地和一河流水，才愿意倾听并带走他的不平和忧伤：多年青灯黄卷的读书生涯，上千里奔赴考场的壮志雄心，自己尚未展开的漫漫人生……似乎都被考官的一支笔，轻轻抹去。

这时候，一钩残月升起，林间的宿鸟发出啼叫，诗人的深寒与孤愁犹如漫入了寒冷的河水和霜凝的大地，被寒山寺的钟声一声声加重。

他失眠着，但已经不再为落榜而烦神，而是任由心中苏醒了的诗意，领到既往圣贤的行列，跟随一条河、一座庙和几盏渔火，潜入大地河山的深处，走向诗歌的精神源头。

一个内含诗人气质的书生，独自沉没在这样的黑暗中咀嚼命运与人生，是很容易产生灵感的。而诗神，也在这个水到渠成的时刻，拥紧了他——拥紧了这颗深度失眠的诗歌种子，让他的深寒与孤愁萌生诗情与诗意，化作二十八个汉字的不朽组合：月落乌啼霜满天，江枫渔火对愁眠。姑苏城外寒山寺，夜半钟声到客船。

在大唐诗坛“刷了屏”

这个落魄的考生，做梦都不承想到，自己落榜后一夜失眠写下的二十八个汉字，竟然超越了考卷上的大块文章，成了最美的唐诗之一。同时又歪打正着成了史上最猛的文案——既奠定了自己的诗人地位，又为江南的一座小城做了形象“广告”，愣是把这个叫作“姑苏”的古城推销到了天涯海角。

而这首叫作《枫桥夜泊》的小诗一“上线”，就在大唐诗坛上“刷了屏”。一夜之间，把生平不详、身影模糊的作者，从大唐“大咖”云集的诗人队伍里凸显出来，并将他载入了史册。

更有意义的是，《枫桥夜泊》这首小诗的二十八个汉字，还组合了江南大地上最美的一组风物——河、桥、寺、渔火，再现了中国山水画的意境：在充满深寒与孤愁的意象中，透过“江枫渔火”和“寺庙钟声”，又释放着暖暖的人文关怀，犹如飘荡在寒风中的乡村炊烟，提升了生活的温度，激活了人生的热度，传达了中国人的一种人生况味。所以，即便是一千多年后的今天，它仍然在刷屏。

如此，就不难理解为什么那么多书画家总爱拿这首小诗作为书画题材，因为它既是一首诗，也是一幅画。这幅被诗人抽象化了的山水画，正好可以满足不同书画家对这个题材的理解和阐释。中国的山水本来就是文人用来营造意境的载体，本身就包含他们的世界观和价值观。在中国的文人士大夫，乃至百姓眼中，没有被写过画过的山水是蛮荒的山水，只有被写过画过的山水才是人文的山水。千百年来，这样的趣味和传统，已经成了一个审美标准。

也正是有了这样的趣味和传统作铺垫，失眠的张继，才能在江枫渔火间写下一首满含国画意境的山水诗，使得他那没能在京城考卷上放出异彩的才华，辗转到了姑苏城外的运河上流芳百世。

千年的情感脉络

有人说，拯救落榜考生张继的是“到客船”的“夜半钟声”。而我以为，真正拯救张继的，是那几盏温暖寒夜的渔火——它们点燃了诗人的心火。而只有燃烧着的心火，才能照亮一个人的前程，并引领他穿过生活的风雨，涉过命运的险滩，去实现人生价值。

当张继在“江枫渔火”的照射和“夜半钟声”的陪伴下，写出《枫桥夜泊》时，他的心火就被点燃了。名落孙山带来的种种喟叹与消沉，已被这二十八个汉字驱赶得无影无踪，剩下的只是创作的酣畅与诗情的洋溢。

那时那刻，《枫桥夜泊》为张继的寒夜刷新了一片他从未见过的风景，并在那片全新的风景中刷新了他的命运。

一首杰作《枫桥夜泊》，让京试名落孙山者，变成名字镌刻在岁月里的诗人。而诗人笔下的姑苏古城，也在岁月的流转中珍藏着那一夜的韵致。以至于到了一千多年后的今天，枫桥仍然是大运河上一道绕不开的风景——如一座精神的丰碑般让人隐隐地领悟到：我们也曾是围着渔火的狩猎者，我们也曾是漂泊江湖的寻梦人，我们也曾是夜半敲钟的守夜僧……

如此，《枫桥夜泊》已不再是简单的四句唐诗，而成了一个属于中国人的文学奇迹。它通过诗歌的力量，把江村和枫桥建构的家园升华成了文学故乡，并让那架拱起的桥梁温情脉脉地贯通着千年的情感脉络。

灵光与辉煌不复得

严格地说，作为一名诗人，张继只存在了一夜。而在他那生卒年不详的其他日日夜夜里，他泯然众人，没有诗意的光顾与诗歌的创作。

作为一名诗人，张继的所有才华，似乎只是在《枫桥夜泊》里获得了仅仅一次的认证。当然，这次认证，使得他“十年寒窗无人问，一夜成名天下知”。

对此，张继自己似乎也是心知肚明的。因他后来曾有过一个可以被看作知恩图报的行为——又写了一首关于苏州的诗歌《阊门即事》：耕夫召募逐楼船，春草青青万顷田。试上吴门窥郡郭，清明几处有新烟。

由于他的生平不详，今天我们已经不知道他是在“枫桥夜泊”多少年后重返苏州的。拿这首同样是由二十八个字组合的诗歌，与《枫桥夜泊》相比，一眼就能看出，此作字字透露着平庸，已不复那一夜的光芒四射。这首诗仅能说明，他后来又回到过苏州这个属于他的福地，在因他的“广告”而声名更大的姑苏城游览过新的景点——阊门，并有可能还寻访过当年遗落在枫桥、寒山寺和一河冷水中的旧梦……

有时候，一个人一生养育的才华，只够在某一命定的时刻爆发，余下的全是灰烬。喷发、炸裂过后，那曾经的灵光与辉煌不会复得，甚至连一抹余晖、一丝回声也找不回来。

和“冒牌者综合征”说再见

□古豆豆

你是否和我一样，每当取得一些小小的成绩或者被别人夸奖说“你真的很棒”时，就会有这样一种感觉悄悄地在心里蔓延：这说的是我吗？明明自己并没有别人说的那么好。

无法真正接受他人的赞美，还认为是自己的表象骗过了别人的眼睛。担心被识破，别人就知道真正的我是什么样了。我总会冒出这样的想法：我取得的某些成绩只不过是碰巧而已。

后来我发现，并不只有我这样想。美国演员娜塔莉·波特曼在哈佛大学的毕业演讲中，谈到自己被哈佛录取时的情形：“我仍怀疑自己的价值，觉得一定是哪儿出错了。在这里我不够聪明，我必须证明自己并不是花瓶演员。”

英国演员艾玛·沃特森也曾在采访中说，她常质疑自己的表演才能是否担得起这些赞美：“我做得越好，别人越夸赞我，我内心那种没底气的感觉就越强烈。我好怕有一天，别人会发现我根本不配拥有现在这样的成就。即便演完《哈利·波特》之后，我也没有自信可以成为一名演员。我觉得自己只是运气好，我需要别人来肯定我。”

这种心理状态，就是临床心理学家保琳和苏珊娜提出的“冒牌者综合征”，也被称为“骗子综合征”或“自我否定倾向”。

保琳和苏珊娜用5年的时间研究了150名女性来访者，她们都是在某个领域取得成就的优秀女性，但都承受着自我否定的折磨，认为自己表面优秀，实则名不副实，是个彻头彻尾的骗子。

后来的研究表明，不仅女性有“冒牌者综合征”，男性也有同样的困扰。

首先是外归因模式。面对外界的认可，无法将成功归因于自己的能力，而倾向归因于外界的因素。

曼哈顿心理学家约瑟夫说：“这些在‘冒牌者综合征’中挣扎的人，更倾向于将他们的成功归功于运气而不是他们的优点或辛勤工作，他们也普遍不将自己的成功当一回事。”

其次是极端的成长环境。他们通常在被父母忽视的环境下成长，感觉自己并不重要，得到一切只是侥幸，或者沉浸在过度夸赞中，时刻担心自己不够完美，会让父母失望。这两种极端的成长环境都会触发自我否定的倾向。

为什么你那么优秀，却瞧不上自己

已经有足够多的客观评价表示，很多人非常优秀，却依然瞧不上自己。自我否定的想法像魔咒一样如影随形。“冒牌者综合征”这种心理状态到底是如何发挥其作用的？

“冒牌者综合征”人群所具有的特质与其成长环境密切相关，非常容易在特定场合被激发。尤其在经历一些人生中的“高光时刻”时，比如职位晋升、取得学位、获得奖项等能力受到认可时，自我否定的倾向最容易被触发。

在这样的情境下，能力被众人认可，地位得到提升，往往意味着承担更多的责任，面临更大的风险。

“冒牌者综合征”的提出者之一保琳，用“冒充者循环”来阐释这群人的思维模式，我们可以看到这些人心理活动的过程是周而复始的焦虑：面临考验能力、与个人成就相关的任务，会感到挥之不去的焦虑；在焦虑情绪下，他们要么过度准备，要么无止境地拖延；任务完成后，他们会在片刻的放松后继续焦虑，质疑自己成功的原因。

过度准备的人认为成功是由于自己做了很多准备，并非凭借自己的能力取得，而无止境拖延的人会认为是暂时的运气帮了自己。

如何打破“我不够好”的魔咒

要打破“我不够好”的魔咒，最重要的是积极的自我暗示。它有多神奇？让我们先看一个著名的心理学实验。

实验安排两组有数学天赋的孩子阅读数学家哥德尔的传记，其中一组孩子读到的传记有一处微小的改动，他们会看到哥德尔的生日和自己的一样。最终实验显示，这组孩子的成绩明显优于另一组。

一处微小的改动，让他们认为自己和哥德尔有一种隐秘的联系，于是积极的心理暗示发挥作用了——他们会不自觉地向自我暗示的角色看齐。这也是心理学中所说的“自居效应”，你认为自己是什么样的人，就会倾向于扮演这个角色。

多给自己积极的心理暗示，取代那些时不时冒出来的负面想法。允许偶尔出现的负面想法，但在两种信念的博弈中，要让你的积极信念击倒负面信念。

接下来，我们要安心地接受别人的赞扬。如果积极的自我暗示对你用处不大，那就试着去听听周围的人如何评价你、赞扬你。

从他们的话语中，找到一个个“证据”，比如，在什么情境下取得成功，成功带来的成果是什么，自己克服了怎样的困难，用这些细节去证明自己的成就的确实至名归。

我们还可以用实际行动驳斥负面观念。如果你从自我暗示、他人的赞美中仍然无法获得十足的肯定，那么试着找到更加确凿的证据——从自己的行动中去寻找证据，夯实自我肯定的根基。

即使是微小的成就、进步、提升也用白纸黑字记录下来，可以是一次突破害羞性格而进行的提案，可以是主动融入一个新团体的尝试，当然也可以是读了一本让你收获颇丰的好书。

我们统统记录下来，时常回顾自己的点滴成就，它们终将连点成线，使你更加明确自己的位置，更加明晰地看见自己的未来。

学着拥抱这些经历，确认它们的存在和作用，随着它们逐渐成长、丰盈。人生本就是一场与怯懦、质疑、恐惧的博弈，只要我们还在前进，就永远不会输。

正如娜塔莉·波特曼在演讲中所说：“你，可以决定自己的价值。”

完美无缺的作品

□天　涯

美国小说家菲茨杰拉德在写作上表现出让人难以置信的认真。这种认真到了什么地步呢？除了写作开端时的苦思冥想，甚至在作品已经发表或者出版后，菲茨杰拉德还会对其进行持续的修改、校订。《了不起的盖茨比》出版后一鸣惊人，但是，菲茨杰拉德手里的那本《了不起的盖茨比》上，他添加的修改和注释，从开篇一直延续到结尾，密密麻麻，少有间断。

其实，世界上根本不存在完美的作品，值得尊敬的是那些为求完美而竭尽全力的人。

能用『愚蠢』解释的事，就不要用『恶意』

□万维钢

研究所领导徐治功给全所发了封邮件，要求所有研究人员在一周之内上报自己这一年来的工作进展。大家知道这个报告会影响到明年的科研经费，都非常认真地准备。结果一周后，唯独秦奋没有交报告。徐治功说：“你怎么回事？”秦奋说：“哎呀！我忘了！”

过了三天，徐治功又找秦奋，但是秦奋居然又说忘了。徐治功非常生气，说：“你知不知道我拿到你们的报告之后还要综合形成全所的报告，现在我的时间都不够了！啊！我明白了，上次评职称没让你过，你在报复我是不是？”

秦奋说：“领导，我冤枉啊！你知不知道有个法则，叫‘汉隆剃刀’。”

“汉隆剃刀”大约是1990年一个叫汉隆的美国人正式提出来的，它的意思是能解释为愚蠢的，就不要解释为恶意。

举两个例子。上次关蓉蓉过生日，请了好几个同事去吃饭，偏偏没叫你——是她对你有意见，以后不跟你好了吗？总是很快回复邮件的领导，隔了一天都没回复你那封精心措辞的关键邮件——是他不打算继续重用你了吗？

说那不太可能。更可能的是，关蓉蓉根本没有精心准备生日聚会，那天临时说起来就跟一帮人去了；领导可能太忙，根本就没看到你的邮件。

“汉隆剃刀”说的“愚蠢”，代表各种无知的、偶然的、非故意的原因，这些情况发生的可能性远远大于恶意。

如果你跟这个人很熟，平时关系还不错，他有多大可能性，突然对你有了恶意呢？如果你们不熟，他就更没理由产生恶意。恶意是小概率事件。

而愚蠢——包括忘了、错了、漏了、误会了、累了、被外力耽误了、不知情，或者纯粹因为懒——则是大概率事件。其实我们平时很少会精心设计一个决策，绝大部分时候都是被惯性、情绪驱动着，遇到什么事就做什么事，根本没想那么多。但我们一般意识不到自己的愚蠢，你可能很不经意地就做了一些让人误解的动作。

而人们之所以常常会把别人的不经意动作当成恶意，是因为不会换位思考。我们总倾向于以为世界上的事都是围绕自己进行的。你穿一身新衣服上班，设想了同事们的各种反应，殊不知绝大多数人根本没注意。你看身边一个人情绪很不好，就以为他在生你的气，殊不知他只是痛恨自己支持的球队又输了。换一个视角，不把自己放在中心，很多事情根本就不是事儿。

有人把“汉隆剃刀”做了推广——

能解释为愚蠢的，就不要解释为恶意；能解释为无知的，就不要解释为愚蠢；能解释为可原谅的错误的，就不要解释为无知；能用你未知的其他原因解释的，就不要解释为错误。

这的确是一个一层比一层友好，一层比一层真实可能性更大的

请和门外的花坐一会儿

□王太生

汪曾祺在《人间草木》里说：“如果你来访我，我不在，请和我门外的花坐一会儿。”似乎听见一个可爱的老头儿在喃喃自语。

春日深深，花是主；杨柳依依，人似客。访友不遇，在历代文人的笔下多有描写。李白的“犬吠水声中，桃花带雨浓。树深时见鹿，溪午不闻钟。野竹分青霭，飞泉挂碧峰。无人知所去，愁倚两三松”；孟浩然的“行至菊花潭，村西日已斜。主人登高去，鸡犬空在家”。不遇，多少令人有些失望，乘兴而来，正欲返回，可一回头，有一簇花儿，在光影里，忽明忽暗，拥立门旁。

在我们这个小城，不少人家的宅院门旁都长着花儿。虽不曾住过院子，但我常到邻居家走动。有的院子比较大，敲门时，里面的人一时听不见，或者听见了，来开门也要过一会儿，这时只能和他家门前的花草坐一会儿。这种“坐一会儿”，是用眼神去交流，与花对视，或者漫不经心地睨上一眼，等到木门忽然打开，它们已成为身后温柔的背景。

岳父在世时，他的院子里种过一棵葡萄藤，枝粗如棍，初夏开花，然后结小青果，枝叶还算茂盛，挂的葡萄也多。我们都喜欢坐在门口，和葡萄坐一会儿。在徽州，有一户粉墙黛瓦的人家，门墙上爬着碧绿的凌霄，藤蔓弯弯曲曲的，嫣红的花儿开得正欢。我看到一个小伙子，大概是走累了，坐在门口花荫下的一条木凳上，微笑着和花儿以及房子的主人攀谈。

“请和我门口的花坐一会儿。”这是主人留下的花草笺、春日帖，这是多么美妙的情境，又是多么美好的际遇。

序列。有这样的精神，你会减少很多无缘无故的愤怒和压力，你跟他人、跟世界的关系都会更好。

那你说难道世界上就没有阴谋、没有恶意吗？当然不是。但是我们必须了解，阴谋和恶意都是罕见的。超出寻常的论断需要超出寻常的证据。你必须跟这个人一而再、再而三地互动，最好直接对话，才能确定他有恶意。

因为真正的恶意攻击很不容易发生，而对恶意的误判实在太容易发生了。

归根结底，我们平时做事最好像搞科研一样：只处理事实，不猜测动机。与其推测动机，还不如摸清他做事的规律，跟他建立互信机制。

回到开头的故事。徐治功还是将信将疑，他说：“秦奋，就算你没有恶意，可是这么大的事，你怎么能忘记两次呢？”秦奋说：“这很正常啊！你听说过秦晖先生吧，那可是著名历史学家。他当年因为在图书馆读书，连约好了跟未婚妻去拍结婚照都忘了。还有明朝的王阳明结婚当天读书，连入洞房都忘了。我这几天钻研一个大课题入迷了，忘了你这个报告不是很正常吗？”

徐治功大为叹服，说：“看来健忘也是智商高的特征啊！”

看云的日子

□郭路瑶

如果按古怪程度给全球的兴趣社团排个名，英国人加文·普雷特·平尼创立的“赏云协会”可能会上榜。这个协会拥有数万名会员，来自全球100多个国家。他们都对同一件看似荒谬的事儿无比着迷——收集云彩。

这种藏品不能被夹进集邮册等着升值，不能被摆进橱柜向人炫耀，也不能在收藏者之间交换。它千变万化、转瞬即逝，没人能握它在手心。

在写给会员的《云彩收集者手册》中，平尼说收集云朵很简单：只求曾经拥有。抬头望望天空，和那些飘浮不定的家伙打个照面，或者咔嚓拍个照同其他人分享，你已把那片云收入囊中。

这听着有点像精神胜利法。但在平尼心中，收集不是拥有，而是去看、去记录。他设计了不同的计分卡片。每观测到一种云或现象，根据它的稀有程度，收藏者可以获得对应分值——和童年时收集饼干袋里的塑料卡通小人儿没两样。

对大部分人来说，看云仅用于无聊时打发时间。平尼认同，看云是真正的无用之事：“你不可能躺在草地上，伸长脖子仰望天空，然后拯救世界，对吧？”

“这件事毫无意义，所以它如此重要。”平尼表示，网络世界正密谋将我们囚禁在永恒的忙碌中。回复堆积成山的邮件、更新个人主页、刷微博新鲜事，我们的生活逐渐被虚拟世界里那些“重要”的活动塞满。现代人打招呼的方式成了：“嘿，我刚在线上看了场动物园表演，还有什么好玩的？”

平尼相信，看云甚至能减少人们花在精神科的费用。哈佛大学曾有研究表明：做完胆囊切除手术后，床位靠窗的病人比靠墙的病人恢复得更快，需要的药物治疗更少。

这个“热爱无用之事”的人本科在牛津大学学哲学，毕业后和朋友合办《游手好闲》杂志，目标读者是那些无所事事之士。干了十年后，平尼发现，为了这本推崇“无用之价值”的杂志，他自个儿反倒“被掏空”。

和别人交换公寓后，平尼搬到了罗马，打算漫无目的地游荡。可走在晴空万里的罗马街头，他突然怀念起英格兰那些遮蔽了阳光、无时无刻不被咒骂的云朵。童年时，他以为它们是长在天上的棉花团，要人们搭长长的梯子去采摘。

在一个演讲者比听众还多的文学节上，他半开玩笑拟了个赏云协会的开幕演讲。没想到现场座无虚席，许多人向他咨询，怎样才能加入这个压根儿还不存在的协会。

这大大超出平尼和相关专家的预期。出版第一本与赏云有关的科普书时，20多家出版社接连拒绝了平尼的投稿。最后一家勉强同意出版，接着它就杀入英国非虚构类畅销书年度前10名。

同云一样，观云者也散落世界各地。赏云协会创办后，会员人数快速膨胀。从芬兰、印度到伊拉克，人们被同样的热爱联结在一起。会员中有耄耋老翁，也有数月大的婴儿。平尼调侃，婴儿是对云最感兴趣的群体，但他们如何完成注册，仍是未解之谜。

艺术家在无尽的天空中寻找灵感，神经兮兮的老爷子驱车800千米追逐喜欢的云朵。滑翔伞冠军曾被气流卷入万米高的云层中心，从零下40摄氏度低温中奇迹生还后成了坚定的观云者，而她最骄傲的藏品正是那些差点儿让她丧命的、云族中的脱缰之马——积雨云。

大家每天在平台上分享收集到的云朵。一片片粉色荚状云像悬在空中的飞碟，日出时的积云像大象、加菲猫、花椰菜，高积云像棉球罐被谁打翻。更罕见的云如同喷薄的火山口、沙漠的涟漪、被岩石撞碎的海浪。

一位云彩收集者想了想说：“成为观云者，只因为单纯地欣赏它们。”另一位认为：“每个人都是观云者，只是我承认了而已。”

平尼将云朵视为大自然诗意的结晶。这种水蒸气凝结而成的形态，洁白、美丽、飘逸。它是天空的表情，向人类展露大气的情绪变化。它平等地对待所有人，任何人仰头就能欣赏。

第一批观云者对云的系统研究，奠定了现代气象学的基础。在此之前，云彩仿佛悬浮在空中的未知大陆。

云彩变化多端，但按形状、高度、天气等特征来区分，几乎所有云都可以划入10大种类、100多种亚型。1802年，英国人卢克·霍华德首次得出这一结论。他是个“不务正业”的药剂师，最大的爱好是看云。在牛津郡上学时，他几乎每堂课都走神，目光随着窗外的云飘忽不定。多年后，这位业余爱好者的论文在气象学界如平地惊雷。

两个世纪后，一位协会会员给平尼发了张拍摄于俄亥俄州的照片，画面压抑得如同作品中的末日决战：遮天蔽日的黑云快触到城市的塔尖，它们连成密集的片状，底面粗糙不平，皱褶波涛翻滚。

平尼持续不断收到类似照片。可他发现，现有的分类中并没有这种云。他揣着文件包，忐忑地走进英国皇家气象学会。九年后，也就是2017年，世界气象组织终于认可平尼提出的新云种，它被命名为“糙面云”。这是六十四年来，世界气象组织首次增加云的分类。

媒体将这视为业余爱好者的胜利。平尼则提醒，赏云者不是气象学家，没必要给云编制目录。更重要的是抬头望天，像孩子一样享受看云的乐趣。那一片片始终一样，却又始终不一样的云彩，是天空给人类的永恒慰藉。

只见来船是顺风

□黄永武

很欣赏陈古渔的一句诗：“只见来船是顺风。”真的，许多人只见对面来的船是如何享受着顺风的快乐，并为之眼红。尤其在自己身处逆境时，这种想法会更为强烈。

我很欣赏这句诗，只婉转地侧面表达，正面的嘲讽隐藏不露。人生的路途来来往往，总有几番顺风几番逆风，但人人易忘往日自己也顺风过，只嫉妒别人今日顺风。别人今日顺风，难道往日没有逆风过？

如果换个角度想，就算来船是顺风，也不见得就占尽了天下的便宜。有句名言说：“不能为害之物，亦不能为益。”反过来说，为益的顺风，有时也可能有害。智慧的中国先哲早就一再警告：“有风不可使尽帆！”在平坦大路上发生的车祸比在山地狭径处多，顺水顺风而满载地快速前进，可能比逆风上行时更易翻船。“莫以好风帆力健，最难收是急流中”，好风健帆，浪卷涛飞，也不是可以掉以轻心的情景，何必老以为别人运气太好呢？

当然，天佑的运气有时也不能不信，但总是愈尽力的人，运气愈好。常言道：“天非人不因，人非天不成。”人有时得靠天协助，其实天也得靠人尽力，天助来自人助，自己累积能量，才能顺受于天，这叫“因材而笃”。何况天给人逆风，未必是想毁了他，“不向人间经险阻，哪知世上有蓬莱”，逆风反而强化了美丽的憧憬也说不定。

那些绕过的路，都是风景

□周宏翔

我们家曾有一辆自行车，很旧，我已经不记得牌子。上大学那些年，我和朋友讲起重庆的故事，说到那一座座绵延不断的山，以及穿梭在群山之中被嘉陵江环绕的城市，实际上不允许有自行车的存在。说“不允许”有些言重了，但事实上，和大多数城市相比，重庆的地形确实没有办法以自行车代步，即使是公交，上坡都需要加足马力，行驶起来轰隆作响，好像随时要在半路熄火一样。

我们家的那辆自行车是我爸的，我五岁前，爸爸还是骑自行车上下班的人。那时候一栋楼的邻居大多走路或者坐公交。我爸是在北方出生的南方人，可能因为这个，他能够非常娴熟地骑着自行车在山

路之间穿梭。

我之所以能够那么清楚地记得我们家曾经有一辆自行车，是因为我熟悉那响铃的声音。当时住的库房楼，只要听到自行车的响铃声，我就知道是我爸回来了。童年之中，我对父亲的印象其实很浅，甚至找不到一个落脚点去回忆他的模样。那时候，父母和我确确实实住在一起，但在那个库房楼的岁月里，我唯一能记住的人是外婆。那么关于父亲的记忆，不知道为什么缺失得只剩下自行车了。

那时候父亲应该还是二十几岁，想来竟然和自己现在的年龄差不了多少。他喜欢把我放在自行车前面，一边抱着我，一边骑车。记得有一次，天很黑，厚重的云层让人有些压抑。我问他：“如果天塌下来了怎么办？”他说：“我护着你，天塌下来也不会很重，都是云，正巧可以当被子盖。”顿时我就觉得心安了。

关于我五岁前的记忆都是零星的。比如，我记得父母离婚之后，父亲带我去过一个偏远的乡下，具体是去做什么我不记得了，我只记得他就这样一边抱着我，一边骑车。路很陡，路面凹凸不平，都是石块，我感到昏昏欲睡，又很快被震醒了。当时天快黑了，眼看就要下大雨，他还是奋力往前，可是走着走着突然就停下来了。

“好像走错路了。”“呃……”我睡眼惺忪，根本不知道到了哪里。“再往前走走看。”他好像在对我说，又好像在对自己说。没走几步就下雨了，那时候是七月天，骤雨倾盆。父亲手足无措，就这样骑到了一个山坳里，有突出的岩块，可以躲一躲。

父亲揉了揉我的头发说：“还好没怎么淋湿。”当时他眼中的慌乱和不确定，我记得很清楚。二十八九岁的他，带着一个孩子，在不熟悉的地方迷了路，眼看天就要黑了，田间根本没灯。我说：“爸，我饿了。”父亲一面感到无助，一面又有些想哭（他确实红了眼睛），从口袋里摸了半天，也拿不出什么东西来。他说：“你睡吧，睡着就不饿了。”雨比想象中下得还要久，父亲就这样护着我，他身上大部分已经湿透了。

我睡着了，隐隐约约感觉到他背着我，扶着自行车慢慢往前走。后来大概走出去了，但怎么走出去的，我不记得。我只记得他自顾自地说着话，然后便一个劲儿咳嗽起来。在那之后，他发烧去了医院，病好了就继续上班，我又有很长一段时间没有见到他。他把我放在外婆家，偶尔来那么一两次。

父亲陪我的时间很少，后来他给我买了一辆自行车。他原本是想教我的，但我太笨了，摔了两次，除了大哭什么也不会，最后他果断放弃了，说：“去看电影吧。”

我之所以那么喜欢看电影，

和父亲也有关系。他经常骑自行车带我去电影院，那些年，厂办的电影院还没有倒闭，还能够看到一些比较有意思的影片。有一次看《侏罗纪公园》，对于一个五岁的孩子来说，这算是足够恐怖的电影了，但是就在我一边尖叫一边躲避着看的时候，我才发现父亲睡着了。在那么精彩刺激的电影前，他居然在打鼾，我把他摇醒，他抹了一下嘴巴，看几分钟，又睡了。后来我才发现，原来不管看哪部电影，他都能睡着。

我们往往是最后离场的，我坐在座位上，等屏幕上显示完最后一个名字，才叫醒他。他伸个懒腰，看着满场已经没有人了，冲我笑笑，说：“啊！就这么结束啦。”然后摸着我的头，牵着我走出去。

有时候已经灯火阑珊，我抬头就能看见他的眼睛，充满疲惫、无助、迷茫，但是又带着微笑和勇气，义无反顾地前行。

在我眼里，他是个很笨的父亲，不会唱歌，也不会吹口哨，但是他可以把自行车骑得很拉风，在重庆上坡下坡的道路上随意穿梭。

父亲曾问我：“你和我一起，觉得苦吧？”我不知道他为什么要问一个四五岁的孩子这个问题，我没回答。他想了想又说：“总之，你以后可不能像我这样没出息。”说完，他就长长地叹一口气。

有时候，明明有近路可以走，父亲却总是喜欢绕远路，我说：“你是不是又不记得路了？”父亲说：“难得陪你一次，就想多带你兜兜风，看看风景。”那些绕过的路都很长，长到我总是睡着，总是等他抱我上楼，把我放在床上，第二天醒来又看不见他。

我和父亲相处的岁月，单薄到让我模糊，但是对于这两件事，我始终记得很清楚。一个跟我如今差不多年龄的青年，带着一个四五岁的孩子，摇摇晃晃地穿过市井、山坳，穿过那些岁月的剪影。他说那些绕过的路，都是值得欣赏的风景。

有一天，我骑着自行车在上海的夜色中融入车流时，才意识到父亲教我骑自行车时对我说的话。他教了我很多次，我终究也没有学会，他说：“不学会也好，等你学会的时候，估计也就不需要我了。”

我看着前方跳转的红绿灯，突然有些出神，后面的汽车鸣笛声把我拉回了现实，我骑着自行车穿过那条斑马线，想起父亲的脸，却怎么也不够清晰，原来，我们竟有五年不曾相见了。

鲜　活

□草　予

舌尖五味，酸甜苦辣咸。鲜，不在其列。

什么是“鲜”？我们发现，即便精通词藻，也很难一语中的；或者拨开一堆云山雾绕的形容词，还是不得要领。这是一种飘忽难表的滋味，近乎诗词意境，品得出，却说不清道不明，别有一般滋味在心头。鲜，是一种玄而神秘的东西，由口入心，有渗透身心的愉快。

这不一般的滋味，来源于新鲜。有别于酸甜苦辣咸，这种口舌一新又为之一振的味道，多半没有时光的调和，出了水，脱了泥，便很快上了桌。想要捕捉这样的“乍见之欢”，却发现，那味，总是难以持久保留。

何物最“鲜”？初宰的羔羊，初捕的鱼虾，就地一瓢清水，文火炖煮，取盐开味，仅仅如此，就能品出个鲜！

可见，这鲜味背后，是一片活蹦乱跳的勃勃生机，灵动，鲜明。由此一来，鲜活一词，也从味觉的餐桌，开始走向了欣欣向荣的大地。

大地的鲜活，是万物的生动，是生命的郁郁葱葱，是一种真真切切的力量。里尔克说：“好好忍耐，不要沮丧。如果春天要来，大地会使它一点一点完成。”当然不必沮丧，生意盎然是不可抗拒的，它们终究会将平凡的大地带向春天，带去风景，带来希望。

生命前仆后继，历史也随之勇往直前。

当我在珠峰迷路后

□王元红

1

我在西藏做气象员20多年，发生过很多事情，可唯独下面这件事，因为关乎生死，让我终生难忘。

一次，我和同事到位于珠峰脚下的中科院兰州冰川冻土研究所的大本营办事，晚上就住在那里。第二天早上，当我还赖在温暖的被窝里时，就听到外面有人喊："早晨的珠峰，真是漂亮！"顿时，我的心一阵狂跳，猛地爬起来，胡乱穿上衣服，冲出帐篷。

珠峰，真真切切的珠峰，在我眼前毫无掩饰地出现了，朝霞披在她身上，那样雄伟壮观，美得无与伦比。

吃过饭，背上相机，我和同事彭开军一同出发，我们想距珠峰更近一些，那样就可以看得更真一点。

沿着登山队、科考探险队走过的路，我们出发了。也许是满怀一腔豪情，我们在海拔5200米的高原上一路快走，竟然没有感觉很累。

走不多时，出现了一个岔路口，面前有两条路，一条是上山的路，一条是沿山脚去冰塔林的路。我俩决定，先去壮美的冰塔林看看。

十几分钟后，一条沟挡住了我们的去路，沟下是湍急的河水。几乎没有太多的考虑，我们决定翻过这条沟去对岸。水流很急，河水很冷，赤足过河是不行的。彭开军找到了一个好的渡口，中间有四块大石头，我凭着经验一步一步跳了过去，回头一看，彭开军因为鞋底太滑，而石头上全是冰，根本过不来。没办法，他只好独自折回。

当只剩下我一个人时，我突然有点害怕起来，但我相信自己在天黑前能赶回营地，就没有太在意。这时，我的包里只剩一点茶水和一罐饮料了，独自一人时，水显得非常珍贵。

2

14:00，我感觉很疲累，而此时，踩出的路已经看不到了。由于山体滑坡，路被乱石占据，脚下是大小不一的石头，一脚踩不稳，就有连石头一起滚到山沟的危险。

抬眼望去，冰塔林并不遥远，这是我心中的希望，也是促使我前行的动力。已是16:00，该是返回的时候了，可是那美丽的冰塔似乎已经伸手可及了，这种诱惑实在太大，它驱使着我翻过了一座又一座沙丘，此时，我已经滴水不剩，身体极度疲乏，只能走走停停。

17:00，我终于抵达冰塔林，夕阳斜挂，映照在一座座冰塔上，它们简直就是美玉，洁白无瑕，晶莹剔透，塔缝中因折射而发出蓝色的、翠绿色的光，让我仿佛置身水晶宫中。

我用易拉罐盛上潺潺的溪水，没想到从珠峰流下的水竟如此甘甜，我忍不住一顿猛喝。然后，我把水瓶和易拉罐装满溪水，歇息了一会儿，踏上返程的路。

然而，走到半山腰时，我突然发现，自己把相机落在了冰塔林，那可是同事借给我的贵重物品。当我找到相机，再次沿路返回时，已是19:00。这时，天开始下雪，能见度迅速降低，刚才还近在咫尺的珠峰一下子不见了踪影。

不过令人欣喜的是，我好歹找到了路，让我暂时精神振奋起来。

但是因为下雪，一时昏天黑地，返程的路只能边走边摸索。在极力找路时，玛尼堆救了我，这些石头成了路标。大石块上垒叠着小石块，它的旁边就是登山队员、科考人员和牦牛走过的小道，我终于抓住了足以让我欣喜若狂的“稻草”，沿着这不时出现的玛尼堆，拼命向前狂奔……

20:00，鹅毛大雪开始铺天盖地地落下来，我依然在拼命赶路，因为心中存有一线希望。

慢慢地天黑了，路上又满是石头，看不清路，这时我心头的希望又破灭了，我不得不理智地停下来，找一个过夜的地方。

不远处有一块巨石，下面有一个缺口，走近一看，一只老鼠知趣地逃开了。我搬走下面的小石头，又用石头堵住两边，平着将身体挪进洞里。我在洞口放了几块不小的石头，作为防御工具。这个一米多长，约30厘米宽、20厘米高的洞，的确仅容一人居。

没有遮风挡雨的帐篷，石头缝里吹进的寒风依然刺骨；没有被褥，只能睡在冰冷的石头上；没有火把，只剩无边的黑暗和彻骨的寒冷；没有食物，水也已经喝完；没有找到一个人，更没有一声安慰。

我饥寒交迫地躺在这狭窄的“石洞”里，听得见很响的流水声；听得见因山体坍塌滚下山沟的石头，发出的巨大声响。我真想睡，然而我不能睡，因为这一睡可能将永远睁不开眼睛；我很想回去，然而我不能，因为一脚踩空，我可能与石头一同滚下山沟，最后粉身碎骨。

三

羽绒服已经被雪淋透，我冷得发抖，那时，我身上还有一盒火柴。我划燃了火柴，那微弱的光芒映射在石头上，随后迅速熄灭，一切又都归于寂静和黑暗。我再划燃一根火柴，又再次熄灭……在这样寒冷的夜晚，这一点火焰只有光亮，没有温度。

相比之下，老鼠的生存能力比我强很多，在海拔5200米的大本营，它们肆意地踩在我的脑袋上，在海拔5800米的这里，这块巨大的石头之下居然还有它们的身影。

凌晨1:30，雪总算停了，天上依稀有几颗星星，经过雪的映照，已经能看见路了，而停雪后的天冷得让人难以招架，我索性爬起来赶路，仅凭这点星光，我走了一个半小时。这时几颗星星重新隐入云层，黑暗又铺天盖地地袭来，我又找不到路了，于是只能在一块稍微平坦的空地上停了下来。就这样坐一会儿，站起来走一会儿，又坐一会儿……我不能一直坐着，必须隔段时间走走，以保持我身体的热度。

不知道坐了多久，走了多久，我终于等到了黎明。

初升的太阳虽然孱弱无力地照在我身上，但我觉得浑身充满热情和暖意，我一鼓作气，走下山、渡过河，在距大本营一半的路程时，我意外地发现了自己人，他们也看到了我，大家朝我冲了过来，彭开军喊着：“说句话哪！”然而我已经喊不出来了。

司机刘大胡子率先冲到我跟前，抓住我的手，这一刹那，激动、感动、愧悔、喜悦、悲伤，百种滋味涌上心头。刘大胡子在摸我的脉搏，我虚弱地说：“好着哩。”

听他们讲，大家从昨天晚上8点开始一直找我，直到今天凌晨4点，但都一无所获。回到帐篷，彭开军一句话也没说，拿烟的手一直在发抖，今天早上起来，大家都没心思吃早饭，一起床就出来找我。他们推断最大的可能是，我滑进了冰坑。

确实，生命如此脆弱，在大自然面前，人类显得如此渺小，如此单薄，然而人又是坚强的，因为有不屈的精神在，这种意志力可以帮助我们战胜自己。

结束珠峰之行时，我思潮澎湃，好像做了一场梦，等到梦醒时，梦中的光怪陆离、险象环生、惊心动魄，都复归于平静和自然，只是心中永远无法忘记这段经历。

走出病房，才是完整的少年

□余 麦

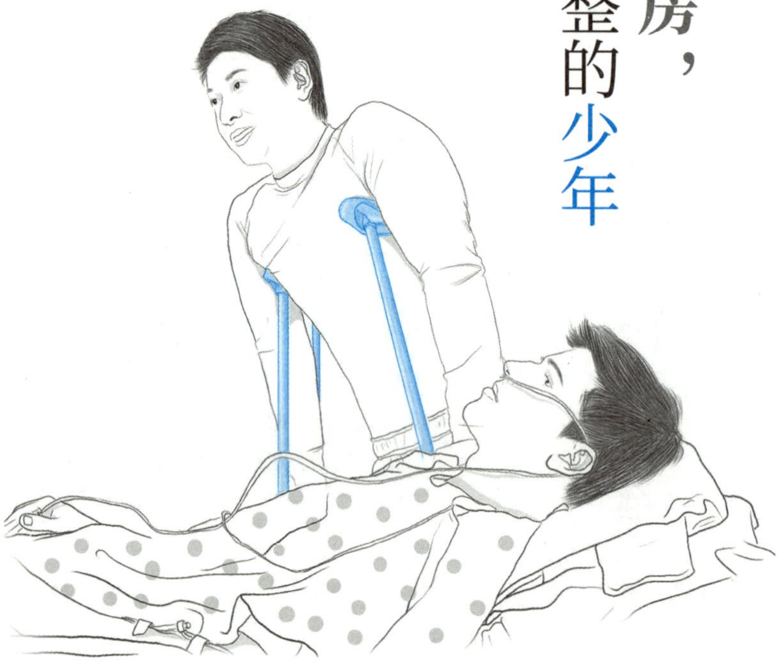

1

等待手术的前一天晚上，我失眠了，不是因为害怕，而是怀着一些激动——那是一种鲁莽的少年气，是对拥有不寻常经历的渴望，是毫无顾忌的冲动。医生和父母跟我说过，手术风险低，术后仅有轻微疼痛。于是我想，一切都会很自然，顺利地完成手术，随后就可以边等待康复边做一些自己想做的事。

我突然想起了一句话：“期待是一种半清醒半疯狂的燃烧，使焦灼的灵魂幻想自己生活在未来。”术后的生活已然在我脑海里上映了，有谁比我更期待自己焕然新生的那一刻呢？

我趴在病房的窗子上向外望着。窗子是靠里的，我看见的是护士站，而非深邃的天空。此后我才意识到，病房的夜晚总不会平静。

护士站整夜灯光通明，不时会传来《致爱丽丝》的简陋铃声。那是病号按的铃。其实，那铃声已经走调得不成样子，且断断续续的，不堪入耳。但它贯穿整夜，常常将未熟睡的人唤醒，即使睡着，也可以迷迷糊糊地听到。听久了，就觉得它带了些虚幻色彩，音调扭曲，一切都如梦境般不真实。

如果病痛只是带着诡谲色彩的一场梦，那该多好。醒来时即使泪水纵横，也总能迎来新生。从对讲机传出的声音总是模糊、困乏且虚弱的，带有各种各样的杂音；内容多是“换药”“上厕所”等需求，还有“还是很疼”之类的反馈。

除此之外，四下悄然无声。我的张皇，就在这嘈杂的声音中渐生。

2

我什么都不记得了，只记得自己被抬回了病床上，周围的人忙碌着。针像毛衣针那样粗，深深地嵌入我的左手手背；右手食指上夹了一个夹子，连着嘀嘀作响的机器。就是从那个时候开始，我渐渐知道了，这场手术，除了伤口的疼痛外，还会有数不清的附带品：全身僵硬、吃不下东西、便秘、左腿肌肉急速萎缩，还有医生都说不清楚原因的肩痛、背痛。父母照顾不过来，于是要请护工。

这里的护工，有一个共同的名字——阿姨。阿姨们的年龄都在四五十岁，穿着深褐色的工作服，操着一口带方言的普通话。她们干起活来很利索而且力气实在是大，也没有闲下来的时候。她们是轮班制，所以即使是在深夜也随时有人待命。

但我一向是不喜欢旁人帮忙的。这是一种十分奇怪且无用的倔强心理。于是，我尽量不去注视。

“抹辛？抹辛？”阿姨这样问着。

过了一会儿我才听懂。其实是“抹身”，即帮不方便洗澡的病号们擦拭身体。不得不承认，在8月的南方，这是刚需。于是，我离她们近了一些。

快与慢在阿姨的手中毫不矛盾：快是熟练和利落，慢是耐心和不语。在她们手中，没有什么是不能解决的。

过了两天，一位阿姨对我说，可以给我洗个澡："是洗澡，不是抹身——还可以洗个头。"

我完全站不起来，创口和针眼又无法碰水，所以即使有轻微洁癖，也从未敢奢望洗澡、洗头。

阿姨说："我有办法。"于是她当下拿来椅子和护理垫，又将我背到洗手间。我坐在马桶上，患腿被护理垫裹得严严实实，架在椅子上，就这样开始洗澡。几经折腾后终于结束，阿姨不知从哪里拿了吹风筒，帮我吹头发，吹干了，将我的皮筋递给我。

那天真是明亮的一天。虽然裹着沉重的石膏，但我感觉身上轻了一些。我很感激，因为这并不是阿姨分内的事，但是她主动提出来了，而且做得这样好。

意料之外的是，我脊柱的一侧一直酸痛。医生看了，说没有问题；护士看了，找不出原因；打了止痛剂，仍无济于事。然后阿姨来了，她麻利地将我的床摇高，又拿一个厚枕头垫在石膏下面。过了一段时间，扶我下床，在病房外慢慢地踱步。

接下来遇到许多事，阿姨总是会说一句"我有办法"，然后积极利落地干起来。疼痛和麻烦让我疲惫不堪，但看到阿姨的坦然时，我渐渐放下了许多，学着像她们一样，用平常心看待病痛。

3

拐杖真的很难用，偏偏石膏又极重。因此当我接触到久违的地面，感受到的不是亲切，而是喘不过气来的压抑和无力。可是我真的好想站起来，一刻都等不了了。

这时病房里的外地老奶奶说："拐杖确实难用。我这个有四个脚，扶着稳，你用用。"

于是我扶着那个助行器，第一次稍稍放松地站在地上，伸直了身体。

看到我可以在地上慢慢挪动了，老奶奶很高兴，说："你用吧，我就放在床边。"

因为手术插管的缘故，我的喉咙总是很痒，咳半天也咳不出什么，睡不好觉，持续了好几天，实在折磨。

病房里有位本地老婆婆，她有很多朋友，常常拿着鲜花和果篮到病房里探望她，谈笑风生。

等朋友们走后，她对我说："你要不要这个润喉糖？他们从香港拿的。治咳很有效，你吃了可能就不咳了。"

我吃后感觉确实好了很多，喉咙清清凉凉的。

她说："太好了！我这里还有好几包，给你一包。"

4

后来我看了《我与地坛》。史铁生在被送进手术室前，有那样的自信和意气：要么治好，要么死，一定不再这样走出来。我以为手术是一劳永逸，以为打了麻药就可以不痛不痒，以为自己已经足够了解苦痛。崩溃时，我也想过"死亡"这个词，但对我这样的病来说，那终究是一场逃避。我知道，我经历得还太少，这些不足以让一个少年走入死谷。

那时我不知道之后还要面临怎样残酷的康复训练和后遗症，我也不知道初入陌生的高中会有多困难；我再也不想回到医院，再也不想记起那场梦魇……但我感谢它，感谢我的父母，感谢阿姨，感谢病友们，感谢这段经历。所谓幼稚，便是在用足迹丈量人生的过程中褪去的。

没有低谷便不会有高峰，人生亦是如此，因而大病初愈是世界上最幸运的事情，因为这相当于给幸福提供了参照。

病房里的一切都是真实的。褪下纹饰，我能看到的，不仅是苦痛，还有无限的价值。

诗剧

临海独坐的一株沉默
最爱晚潮过后的萤火
寂寂而行是匆匆做客的风
水面上依稀只有月儿流落的
沧桑，在无声的思念里渐渐消沉
沉默的依旧沉默，不留倒影
也许，夜风已经老了
只好跟飘动着的几点黯黄结伴离去
不曾留下半句
无奈的安慰话儿
便折一笺
如刀
轻轻挥手，也就轻轻地
把徘徊的梦和萋萋的愁
都切成了蝶儿
教它们慢慢地飞，飞向
蓦然回首的明天

——苇鸣《深夜寄语》

数学，来吧，决斗

□廖左右

I

我的小学时代充满鲜花和掌声，考试几乎回回考年级第一，成为方圆五里的“学习榜样”和“别人家的孩子”。即便我和邻居男孩发生争执，他妈妈也会带着他登门道谢，请我以后多多“收拾”他。每当此时，我都会淡淡一笑，内心浮现一句话：“人生啊，还真是容易呢！”

带着学霸光环进入初中，我的人生之路却渐渐偏离了轨道。对待学习我依旧用心、努力，可大脑中似乎有一个超级黑洞能充分吸收各种数学知识，每次数学课后在脑中搜索一圈，好家伙，XYZ不知全员出逃去了哪个空间。

数学考试开始成为我有生以来最可怕的噩梦，没有之一。

每次数学考试前一天，我都会打电话给老妈哭诉一番：“我觉得这次又考不好了，怎么办啊？人生为什么这么难啊！”

我温柔、善良、有耐心的老妈——杨女士，总会在最后总结一句：“要不吃点啥健脑药？”

从万众瞩目的优等生变为可有可无的普通生，我备受打击，流着泪质问苍天：“我不再是宇宙的中心了吗？你不能让我再次崛起了吗？”老天爷很快给出了答案：下一次月考后，我顺利进入数学补差班，成为一名数学“差生”，还是那种总分120分只考32分的“极品差生”。

不过老天爷还是仁慈的，我凭借“稳定”的数学成绩，一直没有离开补差班，最终被数学老师任命为补差班班长，我是班长呢！

每次数学补差时，我总是挺直腰背坐在第一排——老师最关注的位置！从某种意义上来说，这也算实现“再次崛起”了。

为了逃避数学成绩不理想带来的失落、自卑，我把兴趣转移到了阅读上。从腻腻歪歪的小说到人类未解之谜，从如何养猪到如何破案……初中三年我翻遍了两个租书小店，增加了各种各样奇奇怪怪的知识。

阅读带来的好处显而易见。在几个征文比赛中获奖，文科成绩突飞猛进，“小透明”的我很快便得到文科老师的喜爱和重视。

自信回来啦！我竟然在初三最后阶段信心满满地对班主任说：“刘老师，我必须上市重点高中！”班主任盯着我看了好一会儿，从抽屉里拿出市重点中学的招生简章递给我，语重心长地说：“数学咱们还是得补一补！”我坚毅地点点头，差点说出“此去虽一路艰险，然我辈不死不归”的豪言壮语。

然而，我在参加数学集训后依旧没有逃出补差班的牢笼，依旧是此间无法超越的“王者”！数学老师十分真诚地看着我，说：“数学你就先放一放，去搞搞文科吧！文科是‘背多分’，背得多分就多，只要你肯努力就能得到回报！不像数学是……”

数学老师的话没说完，但聪明如我，猜出了下半句：“数学是聪明人的游戏。”

2

中考前最后一个月，我把大量精力投入文科，取得显著成效，却因为数学短板于升学上并不被师长们看好。在一个美好的早晨，阳光激发出莫名的力量，我拨通重点中学招生办老师的电话，做了一番不知天高地厚的自我推荐。

招生老师听完笑了，温柔地说了句：“我给你寄一套我们学校的真题，要努力哦！”

世界总是充满奇迹，只要你愿意相信！后来，我以刚过联招线的成绩被重点中学破格录取——以“写作特招生”身份。

到了梦想的高中，我很快被更复杂的数学打得趴地不起，连累物理、化学也成了命中新的“煞星”，不但日日在课堂苦练“隐身术”，连平时偶遇科目老师也会卑微地绕道走。

命运是个见风使舵的家伙，它最擅长的就是锦上添花与雪上加霜。我得到命运的“垂青”，早早地体验了后者。

因为学习成绩不太如意，我便时常化悲愤为食欲，高一还没过完就已胖成“吉祥物”，关键我还“胖而不自知”，直到学霸同学给我讲了N次数学题后感慨：“真是个可爱又迟钝的胖子啊！”

我敏感的少女心警醒起来，沮丧地向老妈倾诉：“我太胖了，买衣服都只能买最大码！”母亲大人认真地打量我一番，摇摇头，说：“也不算胖吧！等你上高三学习压力大了，自然就瘦了。”我信以为真，开心地准备去学习，可刚走到卧室门口就听见“奥斯卡影后”杨女士忧心忡忡地对舅妈低语：“姑娘这么胖咋办呢？”

少男少女总希望自己与众不同，我也不例外。平庸的成绩，平庸的外貌，我在很长一段时间里陷入忧伤迷茫，时常暗自感叹，觉得此时只有艺术才能抚慰我受伤的心灵。课余我参加了兴趣小组，从影视欣赏课上第一次知道原来电影拍摄手法有远景、中景、近景和特写。我成了“文艺青年”，爱上电影，热衷读世界名著，听电台播小说，偷偷学戏曲，悄悄写小说，也会追动漫。

渐渐地，我变得风趣幽默起来，总能信手拈来一些令学霸们也感到新鲜奇怪的知识，同学们开始乐于和我交往。我甩开自卑，成了一个快乐而有趣的胖子。

3

高二时，命运前来锦上添花了。在学校艺术节的英语话剧比赛中，由我改编的希腊神话《丘比特与普赛克》获得二等奖。当时我抱着导演哭得稀里哗啦，不能自已。我找到了自己屹立于众多学霸之中的方法，找到了自信的源泉。李白说得没错，“天生我材必有用”，东边不亮西边亮嘛！

成功的喜悦是短暂的，数学考试不及格是长期的。高中三年，我依然反复和数学较量，可屡屡败下阵来。后来我不得不承认，每个人都有自己不擅长的事情，不过我不再自卑，不再逃避，告诉自己这件事做不好，另一件事就要做到最好。

高考时数学我依然没能考及格，然而我的文科综合成绩是班上最高分，我考进了重点大学。那个暑假我积极减肥，又成了亭亭玉立的小美人。

整个中学时代，在与数学的战斗中，我输了。不过在人生的赛道上，我依旧雄赳赳气昂昂地前进着。因为胜败乃兵家常事，输不起便不会赢。能坦然面对失败，拥有自我欣赏能力，坚持不断学习的人，才能擒住命运的犄角，让它臣服，为你的人生锦上添花。

人生之路很奇妙，方向盘在我们手中，只要我们不停下，下一站就会有惊喜。那些你以为走不出的人生困境，过不去的“撕心裂肺”“悲恸欲绝”，若干年后回首，已成了笑谈。而你经历的每一件事，读过的每一本书，都将在你未来的人生道路上帮到你。

如今，因为高中时的兴趣爱好，我成了一名编剧，是意料之外，也是命中注定。

段子铺

把学费拿来念书，还是环游世界更合适？

神回复：在没有充分知识的前提下，即使行了万里路，也不过是邮差而已。

怎么定义“想清楚了”？

神回复：就是以后出了什么问题，只能谴责自己，再也不能抱怨别人。

废品堆里的『艺术人生』

□马宇平

1

位光明现在是“位老师”，而不再是“那个收破烂的”，这事发生得有点突然。

他回忆，半个月里，自己接待了35家媒体的记者，生平被用中文和外语书写、转载：一位艺术家，白天收废品，晚上画油画，养活在老家的妻子和4个儿子。

这故事打动了很多人。

最近，他接到了300多幅画的订单，算一算得画到年底。

位光明回忆，以前一个月能“成交”20多幅画，一幅卖300元，扣除画布、颜料成本和快递费，每幅赚200元左右。每月电费是一幅莫奈的《一束向日葵》，油钱得3幅库贝尔的《海浪》，老家4个儿子的学费和生活费需要15幅毕沙罗、马里斯、希施金的作品。

“有感觉”的时候，位光明能以每天两三幅的速度临摹那些受大众喜爱的大师作品，加上卖废品的收入，每攒够三四千元，就转账给妻子。上个月他出名了，画卖得好，转回家9500元，创了最高纪录。有人提醒他，“废品还得收”，那是“人设”，不能丢。他很赞同，但他还有自己的理由：“网络上这个‘火’也就一两个月，以后生意不好了怎么办？”

他认为自己的绘画水平很低，但他似乎参透了人们关注他的理由：“可能是身份的反差吧，社会需要正能量，平凡之中总会有那么几抹亮色。”

2

7月的一天，“画家”位光明照例去收废品。

负重几百斤的三轮摩托车出现故障，位光明脱了上衣，推车回家。天黑了，气温还稳定在33摄氏度，不到5公里路，位光明推了3个多小时车，喝了3瓶水。

在绍兴市越城区东堰村里，人们习惯喊他“老位”。他租的房子，门框最高处不到170厘米，美其名曰“谁进来都得低下高贵的头颅”。20平方米的房间，一半用来堆废品。废纸板挨着墙堆到两米高，再往上一点，悬挂着十几幅色彩艳丽的油画。来访者曾因此产生浪漫的联想：“老位世界里的艺术，就是比生活高出的那一点点。”

在媒体为他还原的“艺术人生”里，位光明是“苦难画家”，是读《史记》《庄子》《战国策》的读书人。他不舍得买衣服，却买75元一支的英国乔琴颜料和175元一支的伦勃朗颜料，“他喜欢在风浪里画几只海燕，因为那就像他，一生不断迁徙，逆风飞翔”。

“不敢称画家，手艺和艺术是两回事。”位光明毫不掩饰地回应，“那么虚伪干吗？画卖出去就是个生计，卖不出去就是打发寂寞的方式。”那么贵的颜料他不常用，有时候薄涂一层，感受一下。画海燕是因为他小时候读过高尔基的《海燕》，他对这种鸟没特别的情感。“我喜欢狗，黏人又听话；猫不行，嫌贫爱富的，养不住。”

他此前的生活与“富”无关。因为贫穷，妻子生产时没去医院，位光明翻了翻书，自己接生。老家的回迁房6年前就盖好了，他拖到今年才交清房款。但没钱装修，房子一直空着。

“画画是爱好，但更多是为了赚钱。”位光明不避讳提钱，“任何事情只要认真去做，都可以赚钱。”他想过得体面，“让老婆孩子过上好的生活”。

他欣赏“苦”过的人，比如汉太史令司马迁、法国画家米勒。他看不上司马相如，“抛弃为他当垆卖酒的卓文君，是和陈世美一样的人”；他也瞧不起陶渊明，“为人消极，不敢面对现实”。

他谈喜欢的画家，在各种采访、讲座里总是提到米勒，因为“米勒比我还穷，在没有灯的小房子里坚持画了27年，没有任何收入”。他嫌凡·高偏执，“就像我们中国人说的自命清高”。

位光明自认为“从不清高”，只要能活下去，干什么活都行。他在砖窑推过车；在工地做小工，被欠了几个月工资；被传销团伙骗去云南，最后掰断厕所窗户的铝合金条逃了出来；他干城市基建，抡着铁锤砸过碎石，一天赚30元；他去山上挖沟埋电缆，挖一米赚60元；他养过猪，淘过大粪，在码头搬过黄酒……只有收废品这行，他做了十几年，“能赚到钱，也不用看人脸色”。

三

位光明会不厌其烦地向来访者讲述，自己经常在短视频网站发布画作，一名网站的工作人员买了画，还把画画者的故事做成视频发出来，引起了媒体注意。

和很多民间油画爱好者一样，位光明的艺术人生离不开网络。开始学油画以后，位光明就活跃在百度贴吧和微博中。绝大多数情况下，他发的微博只有自己回复，内容是4个选项的循环——“好”“好看”“好画”“画得真好”。他用小刀把那些无人回复的油画习作割破，再劈断，带到村口的垃圾桶旁烧掉，他说先后烧了500多幅。“连废品都不算，都是垃圾。”

他画画纯粹靠自学，但“老师”不少。他回忆，读小学时，曾把宣纸铺在《红楼梦》《三国演义》等连环画上，先摹再临，直到用毛笔勾边时手一点儿都不抖，再照着原图上色。他只记得《西游记》是刘继卣的版本，其他画册的出版社、画家名字都记不清了。

过去几年，他也看了不少美术教学书，练习不同的握笔方法。“想找一种最适合自己的用笔方式，画出一种最适合自己的绘画风格”，但“一直在瓶颈里出不来”。

如今，位光明火了，但他一直提防着突如其来的成名和记者。他怕“被捧杀”，不开直播，担心自己什么“干货”、才艺都没有，却有人打赏，伤了“读书人”的面子。“君子不饮盗泉之水，不食嗟来之食。做人要有骨气，我不能做网络乞丐。”

镇里邀请位光明开“光明讲堂”，给村里的孩子讲“学习艺术的好处”。前一晚，他坐在出租屋的床上练习了一下，花了5分钟讲学艺术的经济回报，和“美”相关的，他想了半天，努力避开“物质”那层，讲了不到两分钟。“什么是艺术？艺术就是生活，就是有品质的生活。”位光明告诉孩子们。

他也想抓住成名的机会，盼着名气能带来资源，“资源比钱重要”。但他有时又底气不足，担心自己不能持续发光。“我知道我水平还不行，不能太把自己当回事。”

他在安静作画时会突然说一句，“艺术这个东西永远不会拒绝任何人爱它”。但半瓶啤酒下肚后，他又说一句，“艺术就是为了炒作价格，就是为了增值，卖得出去就是生意，卖不出去就是艺术”。

他鼓足勇气回绝了一位纪录片导演的邀请。“我没那么多时间，要过生活，要养一家人的。”对他而言，更急迫的还是那些订单。让那些已故大师的名画从自己笔下快速流出，变成老家新房子里的瓷砖、水龙头、燃气灶，变成儿子们的学费和一家人的生活。

段子铺

教育

我还记得我六岁时，我爸直接把我扔进游泳池里，认为这样我就能立刻学会游泳。

说不定真的有用——如果当时池子里有水的话。

称谓

问：一条蚯蚓切成两段，变成两条蚯蚓，那么新的蚯蚓和原来的是什么关系？

答：最熟悉的陌生蚓。

他说我不是一头蠢驴

□韩毓海

我的老师柏庆禹先生去世了，离教师节只差6天。

在我的求学生涯里，柏老师是第一个懂我的人。

如今的我怎么成了北大中文系的教师，而且怎么就成了别人眼中“非典型”的中文系教师？想来想去，我觉得这一切都是因为我遇到了柏老师。

在遇到柏老师之前，我喜欢的是数学，当时老师们说我很聪明，无非就是因为我很擅长解几何题。可惜这聪明没有持续多久，因为对数学的热爱，我萌生了一个极大的困惑——一切推演，并不是为了追求“未解之谜”，只不过是为了证明早已存在的“前提”和“法则”而已。及至学到代数，我的困惑几乎发展成了绝望——所谓数学、所谓解题，无非就是永无止境地强化对于“规则”的确认。

有谁家的孩子，是突然从聪明坠入愚蠢，由好学变为“厌学”的呢？在我看来，如果不是因为遭遇了外在的特别的变故，那很可能是因为这孩子的脑子里突然出现了他想不明白的事。这孩子“想太多了”，而他想到的问题，可能在既定的规范里没有答案。

在大多数家长和老师看来，孩子喜欢胡思乱想起码算是“不专心”，是将来“一事无成”的先兆。

记得有一回，我在数学课上提问说：“我见过锅、见过球、见过正月十五的月亮，就是没见过‘圆’，数学教的东西，包括圆——通通是不存在的。”

数学老师愣了几秒，然后直截了当地说：“你脑子蠢得像头驴，再捣乱，你就给我出去！”

同学们放声大笑，我被自己的这种“错误认识”吓坏了，从此以后，我不但对数学，甚至对“学习”都丧失了兴趣。到了初二，我的成绩一落千丈，在老师和同学眼里，我确实就是一头蠢驴。

今天看来，胡思乱想是孩子的本能，也是人的一种能力。如果教育的目的，就是把胡思乱想通通变成规范的思想，倘若搞到极端，必定会毁掉人的想象力。

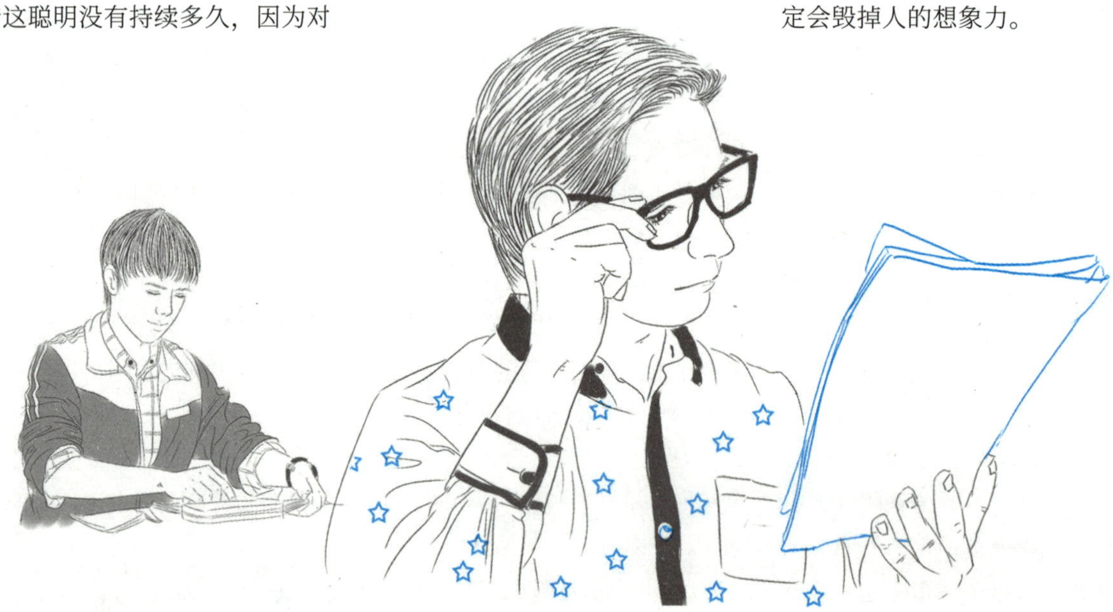

第一个指出我不是“一头蠢驴”的人，就是我的语文老师——我中学时代的班主任柏庆禹先生，起因则是因为我的一篇作文《运动会》。

在那次运动会上，我的任务是帮助参赛选手保管他们换下来的衣服，而柏老师在讲评大家的作文时，破天荒地把我的文章挑出来仔细讲评了半节课。

他这样说：“在运动会上，一般只有两种人、两个视角，一个是观众视角，一个是运动员视角，而

虚室生白

□郭华悦

“虚室生白”，这句话出自《庄子》。

所有过往，皆为序章。轻轻放下过去，眼光投向未来，由满入虚，于是，空而后生，这就是“虚室生白”之意。

在青春岁月，人大多是趋满的。喜欢用一身青翠，将自己打扮得葱葱茏茏。理想与感情，鲜嫩如春，热烈如夏。巴不得将每一日的时光，都安排得满满当当。对于虚，唯恐避之不及。

什么时候，才会开始明白虚的可贵？

一个人有了阅历，渐渐有了一双洞悉世情的眼睛后。此时，再回顾自己的生活，难免于满满当当之间渐感累赘。删繁就简之余，恍然察觉，过往的日子里，自己在可有可无的人与事上，浪费了太多的时间，以致如今前路漫漫。

通过“虚室生白”这句话，庄子想说的是，生止于满，而源于虚。

正如一棵树，经历了春的初生、夏的繁茂，于满满当当之时，就会停下生长的脚步，由满入虚，直至下一个年轮开始。秋冬的萧条，由满入空。而这样的虚与空，为来年的生，腾出了空间。

一半圆满，一半空虚，人生便是如此。年轻时，用理想与汗水将人生填得满满当当。然后，走到某个阶段，便得学会割舍与挥别，腾出空间，重新容纳新的事物，在空与虚之间，让自己步入另一段人生旅程。

这就是“虚室生白”的意义。虚，而后生。

这篇作文的‘奇特’之处在于：从另一个特殊的视角（保管衣服者）出发，把上述两种不同的视角沟通起来，这样一来，也就沟通了场内与场外，台上和台下。”

他接着说：“作者的可贵之处在于‘观察角度的独特’，因此，能够从‘个别’去表现一般，能够置身事外，又投入其中——而这样的态度叫‘鉴赏’，这样的能力叫审美，这样的作品叫艺术。”

他还说，“文似看山不喜平”，艺术的根源就在于“奇思妙想”。

令我终生难忘的是，柏老师讲到这里的时候，顿了一下，方才徐徐地说：“这就是为什么——知识发展的根本动力不在别处，就在于四个字——解放思想！”

那天，我第一次知道，原来被数学老师严令禁止的“胡思乱想”，还可以被称为“奇思妙想”；知识不等于规范，因为知识发展的根本动力，就在于解放思想。

那天，我第一次知道，看世界、看事物不仅有一个视角，而是由多个视角，从多个视角看世界，叫审美，叫批判；那天，我第一次知道人身上有一种能力，使它区别于物，而人所具备的这种能力，就叫艺术能力。

而那天，柏老师告诉我，我不是一头蠢驴，因为驴不具备想象力。正因为我身上具备这样一种叫“想象力”的能力——所以我不是驴。

我永远记得那个秋天，永远想念那个秋天，在那个秋天，我遇到了一位好老师。

沧浪之水

□赵宗彪

楚国很了不起。回望当年的艺术，楚国的绘画、音乐、雕刻、漆器等，都非常瑰丽神秘，洋溢着浪漫与深邃的生命激情。而且楚地出的人才，如老子、庄子、屈原等，都是中华文化史乃至人类文化史上不可或缺的巨子。

说起楚国，总想起那首早在春秋时期就传唱的楚歌《沧浪歌》：“沧浪之水清兮，可以濯我缨。沧浪之水浊兮，可以濯我足。”它优美的旋律早就跨越了楚国的疆界，传遍了中华大地。远在鲁国、精通音乐的孔子对这首歌十分喜欢，他一边教歌一边对学生说：“小子听之！清斯濯缨，浊斯濯足矣，自取之也。”

这首《沧浪歌》，让我想起不同时代的两个楚人：伍子胥与屈原。两人相比，屈原的名声更大。他是战国时期的政治家，也是中国最伟大的浪漫主义诗人，生活的年代比伍子胥迟两百年左右。他是楚国的贵族，曾任三闾大夫、左徒，兼管内政外交大事。后遭同僚排挤，被楚怀王放于沅、湘流域。流放之中，屈原看到国土日益沦丧，满怀忧愤，遂将满腔的忠君爱国之情，倾注于诗歌的创作中，他的《离骚》和《九歌》，是人类诗歌史上难以逾越的高峰。

公元前278年，秦将白起攻破楚国首都郢，流放中的屈原，悲愤难当，跳江自杀。司马迁说，读了屈原的《离骚》《天问》《招魂》《哀郢》，被他的志节深深地感动。在汨罗江畔看了屈原自沉的地方，想到他一生的为人，禁不住热泪长流。等到读了贾谊的《吊屈原赋》，又责怪起屈原来，像他这样有才干的人，如果去游说诸侯，哪个国家不可以容身呢？何必让自己走上一条不归路？可是读了《鹏鸟赋》，明白了生和死本来就一样，去和留都无所谓，突然觉得一身轻松。

另一个楚人伍子胥，是春秋时期的政治家，名气不如屈原大，但是，他的经历比屈原更加曲折。

伍子胥的父亲伍奢，为楚平王太子建的太傅。如果平安无事，楚平王死后，太子建会接班，作为太子太傅的儿子，弄个官当，应该没有问题。

太子成年后，楚平王给他定了一门亲，是秦国的公主。当年各国王室之间都相互通婚，是一种加强联系的方式。受命去接亲的人是太子建的亲信费无忌。当新娘进入楚国后，无耻的费无忌竟然先跑去对楚平王说：“新娘太美了。不如大王自己娶了她，给太子换一个。”楚平王居然同意了。后来，和秦女生了儿子熊珍。

费无忌做了坏事，怕太子即位后报复，就天天在楚平王面前进谗，终于让平王决心杀了太子建和他的师傅伍奢。受命去杀太子的人良心未泯，先告知太子，让他逃命，伍奢则被抓了起来。费无忌知道伍奢的两个儿子厉害，怂恿楚王斩草除根。楚王就派出使者，对伍氏兄弟说：“你们的父亲被关起来了，楚王叫你们去。去了，就放了你父亲；不去，就杀了他。”

伍子胥说：“我们去或不去，父亲都会被杀。我不去！”他哥哥伍尚去了，最后伍奢、伍尚父子被楚平王杀害。伍子胥经历千难万险，九死一生地逃到吴国。为了报仇雪恨，雄才大略的伍子胥先帮助吴公子光成为吴王阖闾，建立了强盛的吴国，并深得吴王信任。

当年伍子胥逃离楚国的时候，曾对他的朋友申包胥发誓说：“我一定要灭掉楚国，以解心头之恨。”为了替伍子胥报仇，公元前506年，即伍子胥父兄被害十六年后，吴王阖闾亲自和伍子胥、军事家孙武率领强大的吴军，攻下楚国都城郢，楚平王和秦女所生的儿子珍（楚昭王）出逃。当年的仇人楚平王已死十年，怀着刻骨仇恨的伍子胥掘楚平王之墓，鞭尸三百，以报杀父兄之仇。

读《史记》，我一直能从行文之间看到司马迁的喜怒哀乐。他对屈原和伍子胥这两个人是非常欣赏的，甚至引为知己。他称伍子胥为“烈丈夫”，认为“向令伍子胥从奢俱死，何异蝼蚁。弃小义，雪大耻，名垂于后世，悲夫！方子胥窘于江上，道乞食，志岂尝须臾忘郢邪？故隐忍就功名，非烈丈夫孰能致此哉”。事实上，如果没有司马迁充满深情的记载，我们谁能知道伍子胥？

为什么司马迁对这两个楚人如此钟爱？因为他俩代表了两种人生的精神。当沧浪之水清澈时，濯缨。浑浊，还行，可濯足。但是，当沧浪之水变成了泥浆或全部干涸，仅有一个沧浪之名了，你如果还想濯缨濯足，不就是自赴泥沼以求死吗？

在屈原生活的时代，楚怀王和楚襄王还有底线，沧浪之水，尽管浑浊了，还能够流动。在伍子胥生活的时代，楚平王没有了做人的底线：娶儿媳、杀太子、害忠良，这一条沧浪之水，已经干涸了，如果你还想濯缨濯足，岂非笑话？

中国的地方戏曲，是真正的社会教科书，在古代，它一直承担着社会教化的功能，民众也以戏曲来表达自己的朴素爱憎。有关伍子胥的戏文各地都有，他都是以正面形象出现，从没有人说，他是一名以下犯上的逆臣。

捣乱者的作用

□［巴西］保罗·科埃略

葛吉夫是一位心灵学大师，他在巴黎建立过一所人类发展研究所，并经常在此给学生们讲课。有一位脾气古怪的老头经常和葛吉夫唱反调，葛吉夫在上面讲，他就在下面不停地抱怨老师讲得差劲，说他的话根本没有科学依据，是个徒有虚名的家伙。

课堂上的其他学生都很厌烦这位老头，可葛吉夫好像并不在意。几堂课后，老头终于没再出现，所有的学生都松了一口气。但让他们吃惊的是，葛吉夫去了那位老头的家，请他继续来听课。老头拒绝回去，说除非葛吉夫给他发薪水，他才去。事情很快传开了，学生们都很气愤，找到老师问事情的结果。

“我答应给他支付薪水了。”葛吉夫回答，“可他不来，你们就很难理解暴躁、偏执等词语的真正含义。现在，这位老人给了我们一个活生生的例证，告诉我们这些负面情绪是如何把人们的正常生活变成地狱的，这样你们就会学得更快。你们付给我钱，想要学会怎样更和谐地在一起生活，现在我花钱雇了这个人，正好帮我从反面教会了你们这一课。”

正如同贫穷可以激励一个人发奋，风雨可以磨炼一个人成长，对手可以促使一个人进步一样，如果运用得当，你就会发现，“坏事情”有时是一件难得的好事情。

行走与静默，都是热爱的方式

□周雪松

很久很久以前，那时候一切都跟我们现在看到的不大一样。比如说：树木。

那时候的树是能够自如行走的。它们用粗短的树根支撑起庞大的树干和更加庞大的树冠，在荒凉的大地上缓慢而笨拙地走动。那个时候世界形成不久，大地常常会毫无预兆地震颤起来，火热的砾石像活物一样弹跳着向四面八方滚动，到处都是深达地心的幽深裂缝，还时不时往外喷出滚烫的蒸汽，像是熔岩中游动着一大群鲸。

与地面的炙热相比，天气又是冰冷的，天空中常常阴云密布，旋风忽来，将大片热乎乎的湿雾卷走，雾气还未散开，就凝成了巴掌大的雪片，纷纷扬扬地在空中乱舞。由于热气的阻隔，雪总是在接近地面的时候被热气又熏蒸成水雾，永远落不下来。

那时候地上并没有多少泥土，树更多地依靠阳光生长，每天它们都撑开枝叶深密的树冠迎向天空，尽可能多地攫取飘飘扬扬的光线，将其小心地储存在自己坚厚的树皮之下，然后树的每一寸枝条、每一片叶子就都有了鲜活的能量。它们急切地舒展开来，在茫茫白雾中搜索更多的阳光，就像从成堆的鱼眼珠中挑出一粒珍珠那样不辞劳苦。

在雾气和阴霾过于浓重影响吸纳日光时，树就会从破碎的岩层中抽出根须，动身去另外一个地方。树木们总是成群地行进，一棵孤独的树不需要跟同伴分享阳光，但常常会不小心卡到地裂里动弹不得，这时候如果没有高大的同伴帮忙，靠自己短小的须根是无法脱困的，最后会被地底蹿出的热气熏成木炭。如果一直见不到阳光，树就会慢慢死去，脱水变干，再过上很多年，干掉的树就会变成石头，永远不会腐烂。

所以那时，人们常常会见到一大片森林摇摇摆摆地远远走来。跟着树林走是件美事，显而易见的好处是不缺柴火烧。运气好的时候，还能捡到树上滚落的鸟窝，里面是满满一窝鸟蛋，松鼠藏在树洞里准备过冬的坚果就更不用说了。于是当树在一个地方安顿下来，人们就像蜜蜂一样开始忙碌，他们纷纷爬上树搜寻鸟蛋，有的人则干脆在高高的树杈上筑起树屋，让树成为能够走动的私家城堡，带着他们长途跋涉。

就这样，树木追随着阳光，而人们追随着森林四处漫游，年复一年。不知过了多久，大地冷却下来，幽深的地裂合拢了，不再喷出热气，土地变得适合耕种，人们来到宽阔地带居住，建造房屋，修筑道路，点起篝火以照亮茫茫黑夜……林木被成片地砍倒。对人们而言，森林就像送上门来的宝藏。对此，树倒是没有多少怨言，在它们看来，人类就像是一群过于活泼的猴子，尽管有些讨厌，但比起追寻阳光，什么样的困扰都不是问题。

然而巨变来到，连绵的大雪从天上落下，严冬成了这块土地上恒久的帝王，无边的冰雪覆盖了原野，草叶和花朵的种子都退缩到岩缝中瑟瑟发抖。天空中厚厚的阴霾隔开了日光，仿佛光线都因为畏寒逃逸而去。只有树仍在艰难地行走，它们每到一处都只作短暂停留，竭尽所能搜集每丝暗淡的光线，但仍远远不够。没有足够的阳光，连树心都冻结起来，成片的树木倒下死去。

这是最艰难的时候，人们躲藏在深深的地洞里，守着储藏起来的粮食和火种度日。每一次他们将头探出地窖，看见的只是茫茫冻原上蹒跚走动的森林和无边的风雪。由于见到最多的东西就是冰雪，人们就用冰来命名这段漫长的时期，每过一年，就在岩洞壁上用白垩画下一段短短的线条用以纪年。

最后，为了减少消耗，树木们不再四处走动，转而向地下寻求光和热以对抗严寒。它们伸出根须，努力撬动铁石般的冻土，一寸寸地向地底掘进，原本短小的根须在经年累月的砥砺中被一截截磨去，就长出更新的，一刻不停。所有的树根都在做同一件事：探索任何可能存在阳光的消息。

树根越来越长，越来越多，向下伸展，四散铺开，每一根都是无坚不摧的长矛，向着深深的地心推进，同时，细小的根须彼此缠结，编织成厚厚的坚盾，抵御寒冷和尖石的伤害。与地面上风雪中屹立不动的树干相比，在幽黑的地底，树根年复一年地繁茂起来，像是一片倒长的森林。

在天长日久的探索中，树木们终于发现了地底的宝藏。这是被储存起来的日光。远古时期的树木死去后，身体里的阳光并未消散，而是深入地层，在接近地心的附近重新凝聚起来，被热力和重压锻造成黑色，更像是坚硬的岩层和砾石，它们深藏地底，仿佛等待召唤的精灵。

苦苦寻觅的根须如饥似渴地缠绕上去，很快，每一根枝条、每一片叶尖都有暗金色的日光在缓缓流淌，宛若新生。

那之后又过了很多很多年，漫长的冰期终于结束了，阳光重新回到大地，几千年的冰雪开始消融，风在旷野上鼓荡，河水满涨起来，四处漫溢的水涌进了地洞，大片大片的白垩脱落，千万年的岁月消融在水中。穴居已久的人们回到了地面，木呆呆地望着解冻的大地，一时无言。

一切都已改变，现在，这是新的世界，漫山遍野都是树，高耸入云的树干，青翠浓密的枝叶，树根深植于地，仿佛从来就不曾挪动过一步。

一切并未改变，不论行走与静默，树木依然热爱阳光，唯一改变的只是热爱的方式。阳光下整个星球的枝条与绿叶迎着风舒展开来，呜呜地发出鸣声，仿佛歌唱，树根在深深的地下纵横交错密密勾连，就像千百双紧握的手。

永远的沉默

□史铁生

小时候看《三国演义》，见赵子龙在长坂坡前威风八面，于重重围困中杀进杀出，斩上将首级如探囊取物，不禁为之喝彩。现在却常想，那些被取了首级的人是谁？多数连姓名也没有，有姓名的也不过是赵子龙枪下的一个活靶。战争当然就是这么残酷，但小说里也不曾对此多有思索，便看出文学传统中的问题。

我常设想，赵子龙枪下的某一无名死者，曾有着怎样的生活，怎样的期待，曾有着怎样的家，其家人是在怎样的时刻得知了他的死讯，或者连他的死讯也从未接到，只知道他去打仗了，再没回来。好像这人生下来就是为了在某一天消失，就是为了给他的亲人留下永远的牵挂，就是为了在一部中国名著中留下一行字：只一回合便被斩于马下。

这个人，倘其心流也有表达，世间也许就多有一个多才多艺的鲁班，一个勤劳忠厚的董永，抑或一个风流倜傥的贾宝玉（虽然他不可能那么富贵，但他完全可能那么多情）。当然，他不必非得是名人，是个普通人足够。但一个普通人的心流，并非普遍情感就可以概括，倘那样概括，他就仍只是一个王命难违的士兵，一个名将的活靶，一部名著里的道具，其独具的心流便永远还是沉默。

只有一朵玫瑰花是特比的

□邱苑婷

我跳街舞多久了呢？这个问题不算太好回答。我的舞者梦，一直处于一种断断续续的状态，就像大部分普通的业余追梦人：5岁和10岁分别上过半年专业舞蹈学校，周末一帮严厉老师逼着小孩狠练基本功，痛到嗷嗷哭，最终没能坚持；但自有记忆起的几乎每个学年，只要有机会就会屁颠颠地参加学校的舞蹈演出。

一点点接触到街舞大概是进入高中以后。忘了从哪看到地板舞的动作分解，出于好玩，我和班上几个男生试图自学“托马斯旋转”——恐怕是为数不多从地板舞开始接触街舞的女生。尽管并未真正练成，但我至今记得那个动作：双手撑在地上、双脚往后踩住地面，左脚先向左前迈，右脚再迈到左脚斜前方……

也曾在网上看分解视频自学“太空步”，左右脚交替着“滑行”在我家的瓷板砖上；模仿过手臂像电流通过一般的动作，但始终不得其法而宣告失败。高考结束后的夏天，一位大学生姐姐趁着暑假回家开了一个小规模的爵士班，一开始没有场地，大家就每天上午在广场集合，对着大楼的反光玻璃外墙练习。“头向左，保持脖子以下身体不动”“胸往左平移，尽可能往远处拉伸”“胸部尽可能往外抻，再往内收”……每天重复练习同样的基础动作，类似的语句，我几乎已经将其融入身体里了。从那时开始，我模糊地有了一个概念：原来，街舞的动作基础就是头、肩、胸、胯各自前后左右动啊！

那时尚不知道这些就叫isolation（身体分离），只知道自己好像逐渐熟悉了某种动作，学会了一种性感的身体波浪——现在回想起来，皮毛而已。真正开始进入街舞文化的内核，其实是来到北京后、近一两年才发生的事。

那时我已经工作了一年，长期的伏案码字让我的颈椎腰椎开始出现不适，找舞社只是为了有机会活动活动筋骨。当时把它视作健身和生活调剂的我，并没有将跳舞当成一件多么要紧的事，去上课全凭心情和时间。

刚到舞社时，挫败感特别强。原本信心满满觉得自己也算有些基础，上课后却发现异常吃力——老师教得太快了，完全记不住动作。以前在学校也上过好几年街舞课，但那时候是一学期教一支舞，每周只学一个八拍甚至更少；而眼下的专业舞社，是每周教一支新舞，不到一小时可能要记住2到4个八拍动作并且跟上音乐。

我平生第一次体会到当班上的后进生是什么感觉。短短10秒音乐跳了两个八拍，动作既快又多，大家到底是怎么记住的？要发力？我感觉自己已经很用力了，为什么老师还是摇着头说我软绵绵的？听音乐？我能感受到音乐和基本的节拍啊，一遍又一遍反复听、仔细听，到底要听什么？动作要有质感，究竟是什么意思？老师问我们这个律动是up（向上的律动）还是down（向下的律动）？什么是up，什么是down？

我渐渐发现自己其实对真正的街舞几乎一无所知。整整一年，我都没办法当堂记住动作，直到老师指着鼻子点我："你啊，要加快记动作的速度，你其实第二天就能跳得很好，但不能一直指望着课后再去练。"然后转向所有人，"如果有一天，你们喜欢的大师级舞者来了，说好想去上某某某的大师课，但大师课都是一节课教完一整支舞，你连动作都记不住，更别提要学到什么质感了，根本没用。"

每隔一段时间，老师都会在课程结束后坐下来，根据每个人的情况指出各自的问题和改进方向。我始终记得，让我下定决心结束三天打鱼两天晒网状况的节点，也是在这样的一次课后座谈上：那天只来了三名学员，都是入门水平，跳完后，一直躲在后排和角落、以为从来不会被注意的我第一次得到了老师的肯定："你们至少都能顺下动作了，我从你们上课的眼神里能看出来，你们是想认真跳舞的。"

那时距我第一次来到那家舞社大概已经一年了。这一年里，我断断续续、有一搭没一搭地上课，只是单纯享受跳舞时的快乐、偶尔释放出的另一个自我，说不上有多大长进。当时同在班上的另两名学员，一年前刚到时我也曾见过，那会儿她们也刚学，看上去没有太多舞蹈基础，身体协调性和动作框架都显出初学者的稚嫩。但那一年里，每次去舞社一定能看见她俩——她们几乎每天风雨无阻地来上课——一年后，两人都有了肉眼可见的进步，叫我自愧不如。

这在某种程度上也成为一种刺激和验证。大概就是从那天开始，我下定决心把跳舞提上雷打不动的日程——最近一年，同事们渐渐开始习惯，每次会后聚餐，吃到7点半左右就会问我："你是不是该去跳舞了？"

我曾以为舞社里大多一定是大学生，年轻，抱着兴趣利用课余时间来跳舞。后来熟悉了，才惊讶地发现这里百分之八十都是上班族：刚提到的两人，一个是机场地勤，有时头天晚上通宵上班，第二天休息半天，下午就坐上一两个小时车赶来学舞；另一个是公司秘书，每天下班后赶来，如果老板有事要找，跳完还得回公司熬夜加班；再比如其他人，有银行柜员，有媒体人，有小学老师、幼教，有程序员，有心外科医生——这位心外科医生常常是做完手术再赶到舞社，或者在凌晨排练结束后又赶回医院，几个小时后便会看见他在群里发这样的消息："我刚从手术台下来。"

"你们都不睡觉的吗？都不休息的吗？"每每听到这样的日程，我都掩饰不住惊讶和钦佩。相较之下，工作时间相对自由的我能够坚持跳舞这件事，简直不值一提。那段时间，打算参加舞社内部"好舞者"齐舞比赛的我们，一周内有好几个晚上要排练到凌晨一两点——而其中的许多人，第二天还要早起上班。

"很累的。"有时他们会这样回答我。

那为什么还要坚持呢？这个问题我从来没有问出口，因为我心里那么明确地知道答案：

因为喜欢啊！

跳舞不是一件只有快乐的事。跳舞是需要努力和付出的，会有痛苦，有挫败，有倦怠，有懒惰，有怀疑，有热情的消磨，有当下苦恼着的好像怎么也过不去的瓶颈，有肉体的疲累和伤痛，有无法确切看到未来的迷茫。

对于这些，职业舞者有更为深切的体会。把热爱当成职业，某种程度上是以牺牲跳舞单纯的快乐作为代价的，看似美好，却也是一种剥夺。这简直像一场过于漫长的恋爱，当最初的快乐甜蜜逐渐掺杂了痛苦、倦意和许多复杂的情绪，许多时候也不可避免地叫人时不时产生放弃的念头；可也正是他们对舞蹈付出的时间、精力、思考，所有这些深入的过程，让他们得以在闪现的时刻，依旧体会到最原始的跳舞的快乐，体会到一种更深层次的快乐——通过理解舞蹈和自己的身体，他们最终也一定会更深层次地理解这个世界。

这几乎是飞蛾扑火般的勇敢，而懦弱、贪图快乐的我，还是只想做个开心跳舞、尽可能进步的"斜杠"青年。我一直喜欢《小王子》的故事：有五千多朵几乎一模一样的玫瑰，可是只有一朵是特别的，因为小王子为它浇过水。

跳舞，便是他们的玫瑰。

把声音关到罐子里

□李松蔚

为了改善慢性鼻炎，我从九月开始学游泳。我总是选择早上开馆的时间，原因是人少。如果一条泳道有人，我就难免觉得自己碍手碍脚。他们从我身边加速超过的时候，我仿佛可以听到他们的嘲笑声：哪来这么一个挡路的笨蛋？

这些超过我的人，每一个似乎都跟专业运动员一样身姿矫健。看到他们在泳道里乘风破浪，我头脑中就会响起一个久违的评论声：死心吧，你根本不适合这件事。

以前看过一本书，叫《一只鸟接着一只鸟》，里面有两个概念让我印象深刻：初稿都很烂；要学会无视头脑中的声音。初稿都很烂，这容易理解。烂并不可怕，可怕的是面对初稿的同时，头脑里会有声音全方位无死角地评论自己烂。你就会把许多时间花费在和这些声音的交战上——甚至更糟，你直接被说服，成了评论的奴隶。那本书传授了这样的方法：

声音响起时，分离出一个小声音，想象它变成了一只老鼠，抓住它的尾巴扔进一个玻璃罐里。以此类推，把每一个声音都变成老鼠扔进去。盖上盖子，看着所有“老鼠”在玻璃罐壁爬来爬去，叽叽喳喳地乱叫。想象罐子上有一个按钮控制音量，可以调大——你可以听到那些声音在如何气急败坏地数落你；然后拧到最小，看着那些老鼠张大嘴却传不出声音，急得跳来跳去。最后把罐子丢到一边，做你想做的事。

但有人会忧心忡忡地问：如果一直逃避自己的缺陷，这不是懦夫的行径吗？假如你也有这些担心，请注意它们也是一些声音。听一听当然也好，但如果太吵闹，就不如一起丢进罐子里。

很多人不了解一条基本规律：人们对你的关注往往比你自以为的要少得多。

有太多人受困于头脑中的声音。可能作为一名在大多数人眼中优秀的研究生，他不认为“别人”可以允许他活成别的样子，这让他无路可走。我相信很多人都受过这种束缚。直到某一刻才意识到：没有“别人”，自始至终只是头脑里的一些声音。

那些旁人的干预，其实只是在纠结对你的定义而已。问题是“我”该是什么样，有几个人真的在意呢？

记得我从体制内离职的时候，有很多人问：太冒险了，万一将来混不下去了怎么办？吓得我也忍不住问自己：那么多人都不看好，这会不会真的是一个错误的决定？但是我还没有想好该怎么回答时，那些问问题的人早就聊别的去了。他们只是问问，压根儿就不在乎我真的怎么想。

你看，我唯一要交代的人就只有自己。这样一想，包袱就小了。怕什么？反正活成什么样只有自己知道！在那些声音上停留的时间越少，人专注于真实的时间才越多。

有一些声音在说你不够好，但声音本身并不会帮你进步。无视这些声音，倒有可能进步。

诗剧

“天天下雨，自从你走了。”
“自从你来了，天天下雨。”
两地友人雨，我乐意负责。
第三处没消息，寄一把伞去？

我的忧愁随草绿天涯：
鸟安于巢吗？人安于客枕？
想在天井里盛一只玻璃杯，
明朝看天下雨今夜落几寸。

——卞之琳《雨同我》

6

永远奋勇向前，但切勿忽视沿途的风景

我的声音陪你长大

□[德]伊萨贝拉·布科夫

2020年春天以来，克里斯蒂娜·杜廷根经常会在所有人都睡着后，轻轻走进孩子们的房间，看着他们安静的睡姿。克里斯蒂娜闭上眼睛，回忆他们刚出生时的样子，她第一次将如今5岁的保罗、8岁的艾玛和12岁的安娜抱在怀里的情形。“我爱你，小保罗。我爱你，小艾玛。我爱你，小安娜。”她弯下腰低声道，“一直到月亮那里，再从月亮上回到这里来。”她抚摸每个孩子的头发，然后轻轻地走出房间。

克里斯蒂娜不知该如何描述这种知道自己时日无多，无法看到孩子长大的感觉。小保罗以后会不会忘记妈妈的样子？忘记她如何笑，有着怎样的声音，以及她有多爱他们姐弟三个？克里斯蒂娜也不知该如何说起三年半前的晴天霹雳——医生说，她的胃里有个恶性肿瘤，必须切除整个胃。

一年后，她的大脑中第一次出现转移的癌细胞，2019年第二次出现，2020年第三次出现。医生说，她应该尽快实现未了的心愿，再跟丈夫奥利和孩子们出去玩一次。医生还说，她不该放弃希望，会有奇迹的。

录制

那是11月一个阴云笼罩的日子。在艾弗尔山区的一个小村，茱蒂丝·格鲁梅尔坐在大木桌旁，戴着耳机，拿着圆珠笔，认真倾听着克里斯蒂娜的声音。

62岁的格鲁梅尔是一名记者和音频传记作家。她为身患重病的大人录下他们的人生故事，制成家庭有声书，作为特殊的礼物送给早早失去父母庇护的孩子。有声书是免费的，制作费来自捐赠。

“声音是灵魂之镜，”格鲁梅尔说，“它也是我们最早遗忘的个人特征。”让克里斯蒂娜如此独一无二的，除了声音，还有她的笑，她的思想，她说话的方式，她经历的事情，她讲给孩子们听的故事。

克里斯蒂娜坐在格鲁梅尔对面的羊皮垫椅子上开始录音。“您可以对我倾吐一切，愤怒、悲伤都行，无须隐忍。”格鲁梅尔说，“但我是记者，不是治疗师。”她的任务不是评价，而是确保克里斯蒂娜说出的是完整的句子，没有错误的表达。“想象一下，您在一栋有很多房间的大房子中散步。”格鲁梅尔说，“我们进入其中一些房间。我们感到很舒服，开始慢慢回忆。明天我们再去其他房间。”

克里斯蒂娜要用4天时间来讲述她的故事，为此，她已经准备了好几周。她租了一套度假公寓，推迟了就医时间和手术安排。她用小本子记录下一些将在特殊时刻响起的音乐，以及她想讲给安娜、艾玛和保罗听的人生故事。

克里斯蒂娜翻着小本子，皱起眉头。她想完美地做好这件事，不忘记任何细节，不说错任何话。这将是她留给孩子们的最后讯息。她深吸一口气，开始讲述。她讲起她孩提时最喜欢的唱片——《汉斯与格蕾特》，也讲起她初遇奥利的那次狂欢节派对，“你们的爸爸，我一生的最爱”——那时她14岁。“我对你们的爸爸一见钟情。”她说，“第二天分别时，我们第一次接吻了，在门外的台阶上。”克里斯蒂娜笑了，眼中都是光芒。

和格鲁梅尔相见前，克里斯蒂娜很兴奋。她该如何在4天内讲完自己35年的人生？格鲁梅尔让她带上所有能唤醒记忆的东西。克里斯蒂娜找出孩子们的婴儿连脚裤、奶嘴、玩具，加上相册和一本她想朗读的绘本，装进了行李箱。

绘本是一个晚安故事，讲的是两只兔子互相表达它们有多爱对方。最后，大兔子对小兔子说："我爱你，一直到月亮那里，再从月亮上回到这里来。"现在，在格鲁梅尔家的客厅，克里斯蒂娜抚摸着书的封面，微笑着说："孩子们喜欢这个故事，他们小时候都听奥利和我读过这本书。"

克里斯蒂娜开始朗读。"'我的手举得有多高，我就有多爱你。'小兔子说。"她边读边将手臂举过头顶，就像她的孩子们正坐在她面前一样。读完绘本，她对着麦克风说："这真是一本美好的书！我希望这本书还可以在我们家保存很多年。如果你们愿意，也许将来可以给你们的孩子读一读。"

晚上，克里斯蒂娜坐在度假公寓的沙发上。录制有声书和回忆往事都让她感到疲惫，但也让她开心。

第二天早上，克里斯蒂娜的脑袋一直嗡嗡作响，无法平静。她知道今天要讲到安娜、艾玛和保罗了，讲他们的出生、5个人的生活，讲到癌症。

格鲁梅尔问："我们应该把这一章命名为'诊断：那一天，一切都变了'吗？"克里斯蒂娜看着她的笔记，点点头。如果可以，她真希望能将这一章抹去。"但癌症是必不可少的部分，否则我也不会来这里录制有声书。"她说。

克里斯蒂娜眼眸低垂，深深地呼吸着。"那一天，一切都变了，那是你们的爸爸和我没有预料到的。"3年前，她开始暴瘦。"我以为又是胃疼。"2017年6月，为她做胃镜的医生说："杜廷根女士，可能是肿瘤。"说到这里，克里斯蒂娜的声音颤抖了，很快就泪流满面。她说，"就在那一秒，不只是我的生活被改变，被毁掉了，你们的生活也受到了可怕的影响。"接下来是胃切除手术和化疗，然后是一次又一次的癌细胞脑部转移、手术和放射治疗。

"每次刚刚好转，就又出现恶性转移。我很抱歉。"她拿起手帕擦泪，睫毛膏在她脸上留下黑色的斑痕，但她控制住了情绪。她想录完。她愿意诉说这一切，为制作有声书，也为了她的孩子。

为安娜。在她住院的那些日子，是安娜承担起了一位母亲的责任。"她在我感觉很糟的时候告诉我，会没事的。"

为艾玛。那时候，艾玛剪下了自己的一束头发。"正是我做脑部手术时被剃掉头发的位置。"

为保罗。他根本不知道妈妈不得癌症时是什么样子。"你还那么小。才3岁时，你就知道坐在我身边照顾我。"

书名

3天的录制结束时，克里斯蒂娜和格鲁梅尔一共录了11小时3分钟的音频，制成的有声书时长将是6小时40分钟。加上特效和音乐，分成50章，只有3章是关于癌症的。"这本有声书不是悲伤的告别，它应该让人高兴。"格鲁梅尔说，"我们用录音赞颂生命。"最后，还要加上目录、前言、后序和书名，这些是克里斯蒂娜晚上的"家庭作业"。

但是，克里斯蒂娜问，她该如何用一句话来总结自己的一生呢？书名要有个人特色，最好能让奥利和孩子们产生联想。《一切都会好的》——听起来不错，但有些悲伤。或者《生命很美好》？这是莎拉·寇娜的一首歌，也是这本有声书的开篇配乐。

午夜时分，克里斯蒂娜望向夜空，星光明亮，她看到了银河，找到了"猎户三星"。"到月亮那里，再从月亮上回到这里来。"她喃喃自语，"书名就是这个了。"她微笑着，眼中却逐渐噙满泪水。

段子铺

理由

身为学渣却是个近视眼，屡屡被人嘲笑。某次，老师质问我："就你这种状态，怎么还能近视？"我幽幽地答道："为了看淡世事，所以模糊了双眼。"

术前准备

一个病人手术前禁食了很长时间，饿得头晕目眩。麻醉医生过来问："你要全麻还是半麻？"病人有气无力地说："我……我要微辣……"

吃土的日子

□黎　戈

水上勉写过一本书，直译就是《吃土的日子》。书的缘起是一群杂志社的编辑，怂恿他在轻井泽的山庄里住了一年，利用手边现成的材料，也就是地里应季采集的菜蔬水果，依照他小时候在寺庙里做小和尚时习得的素菜烹饪方式，料理三餐并写些食记。

写吃食时，引经据典，在写作中是很常见的。水上勉的特别之处，是他写吃食的时候，引的是禅宗故事，并加以诠释，在饮食中悟道。他九岁就到寺庙出家了，性格得以在大师兄和住持的精神塑造中成型。师父并没有成天传授佛学典籍，而是在琐事中指导他。

比如洗完脸，大师兄会说："怎么可以把洗脸水随便乱倒？应该浇在树根上。"他一放学就要去寺庙帮厨，洗菠菜时，顺手扔了被很多泥巴缠绕、很难清理的根部，住持就走过来说："不要把最好吃的部分扔掉。"僧人的生活非常俭省，每次客人来了，住持就对他说："去地里看看，能弄出点什么菜来。"水上勉就去地里采摘，与土地磋商，即兴发挥出待客的菜式。

他的菜谱也简单，很少超过五道程序，取材也不高端，但是手法充满惜物之心。他几乎从不提起师父的传道，倒是记得住持教过他很多做菜的细节，这是与生活相连的鲜活记忆。比如寺庙做梅干的手法很细致：将雨季淋过雨的梅子采摘下来，还要等着配它的紫苏慢慢长好了，一起腌制。在七月最热的日子里晾晒，如果受潮了，就得全部用梅汁重新擦过再晒。

禅宗的修行就是：具体入微。把一根萝卜的各个部位都加以利用，细细理出，做出美味的食物，这就是精进。不同的风土，会长出不同滋味的食物，轻井泽水上家的萝卜特别辣，有股浓重的萝卜味，这是因为轻井泽的土地深情地改变了萝卜的质地。而这种萝卜的个体意志，也必须好好地尊重，吃的人应当细细品尝。

他还说起一个故事，日本僧人到中国求学，看见一个典座（寺庙的高级管理人员，负责僧众的衣食等杂务）走了三十多里的山路去买香菇，僧人很吃惊："你这么大的年纪，怎么不在庙里坐禅辩道、思考公案呢？"而典座作为采买的厨师，尽心致力于服务僧众，心无旁骛，这就是"道"。

一月，所有的植物都在休眠，只能用菜干和豆腐做菜。一块微不足道的豆腐，要洗了又洗，用海带酱油汁慢煮，一边看书一边候着，把滋味都煮进豆腐。食材没有高下之分，野菜也能让人尝出土地的味道。

水上勉出身于一个贫苦的木工家庭，父亲每天都要进山伐木，带的饭盒里，下饭的只有大酱和盐，然后父亲会在干活的地方周围，即时寻找土当归或楤木芽果腹，以这样朴素的方式生活着的父亲，却活到了八十五岁。水上勉小时候觉得父亲很寒酸，可是写着这本山中伙食书的他，半生已过，已然明白：真诚品尝食物的舌尖，才是最高贵的。通过对食物的回忆，他与土地，与父亲，与过往，达成了和解。

四月，位于高寒地带的轻井泽，迎来了春的萌发。穿着高筒靴，水上勉仍然能感到泥土的寒意逼人。在水湄旧处，往年收获芹菜的地方，准时长出了芹菜。这突破冰雪、信守生命诺言的绿叶，让人感动。

雪地上的脚印

□冯骥才

50年前我住一小院，乃昔日大户人家的用人房，只是外跨一个小院的区区一间斗室而已。然时有友人来访，相谈文章绘事，其乐融融。那时穷，聊天不用钱，痛痛快快古今中外一通大聊特聊，亦是真正的大餐。

一天，下了一天的雪，下班很晚，回到家待要开门时，见雪地上有一些脚印。肯定有人来访，被我敲不开的门板拒绝，走了。从脚印很难认出来访者是谁，我却看出是一位陈姓的友人，他是跛足，这雪地上的脚印不对称，一正一斜，一深一浅，一准是他！可是他家住得远，从不骑车，为何大雪天蹒跚地来找我，或有急事？

我没有开门进家，掉头骑车去找他。他见了我非常高兴。我却急着问他找我何事，他快活地说：“接着聊雪莱聊惠特曼啊，我又有许多话想跟你聊。”忽然他好奇地问我，“你怎么知道我去找过你？没有人看见我啊。”

我想告诉他，但不便直说，只说了一句：“还得谢谢今天这场漫天的大雪——一片洁白。”

他怔了一下，跟着明白了，微笑着去给我倒了一杯热水。

七月，是收获山椒的季节。他的外祖母，则是靠着吃罐子里腌制的山椒，活到了八十三岁。在轻井泽的厨房里，煮着以山椒做佐餐小菜的早饭时，水上勉会想到这位腿脚不便、卧病在床的山村老妇人。每天，她把筷子伸进罐子里捞腌山椒，一副吃得美美的、总也不厌的样子。食物除了有酸甜苦辣咸五味，还有第六味，叫作“余味”，就是吃了还想吃的味道，外祖母是深谙山椒第六味的人。曾经滚动在外祖母的舌尖，如今又滚动在水上勉舌尖的山椒，成了他思念外祖母的食媒。

看着看着，我会想起古老的中国。“六月食郁及薁，七月亨葵及菽。八月剥枣，十月获稻。为此春酒，以介眉寿。七月食瓜，八月断壶，九月叔苴”，也是这样与土地息息相关的，循月而至的俭朴生活。

我顶喜欢的事，就是一边看书，一边和妈妈拉家常。摊开一本书在餐桌上，同一张桌子的另一角，妈妈在剥白菜：她先把白菜叶子扒开，再把梗和嫩叶部分切开，前者需要先下锅，后者易熟所以后下锅。最外面一层已经黄掉的叶子，妈妈也不会扔掉，而是拿它包住剩下的菜心，算是一层保鲜膜，免得菜心枯萎。

我对妈妈讲一些书里的内容，妈妈不是很懂，但也认真听着。我告诉妈妈：“你做菜就是水上勉这本书里说的‘道’！”妈妈爱惜食材，有真诚而朴素的尝味态度，耐心又温柔地对待最平常的食物。和她在一起，哪怕过着最简单的家庭生活，吃着青菜豆腐、萝卜白菜这样的粗茶淡饭，我也觉得满足安宁。我对妈妈，就像水上勉对初春的第一丛破土而出的芹菜那样，充满感激之情。

看一滴云如何长大

□郑晶心

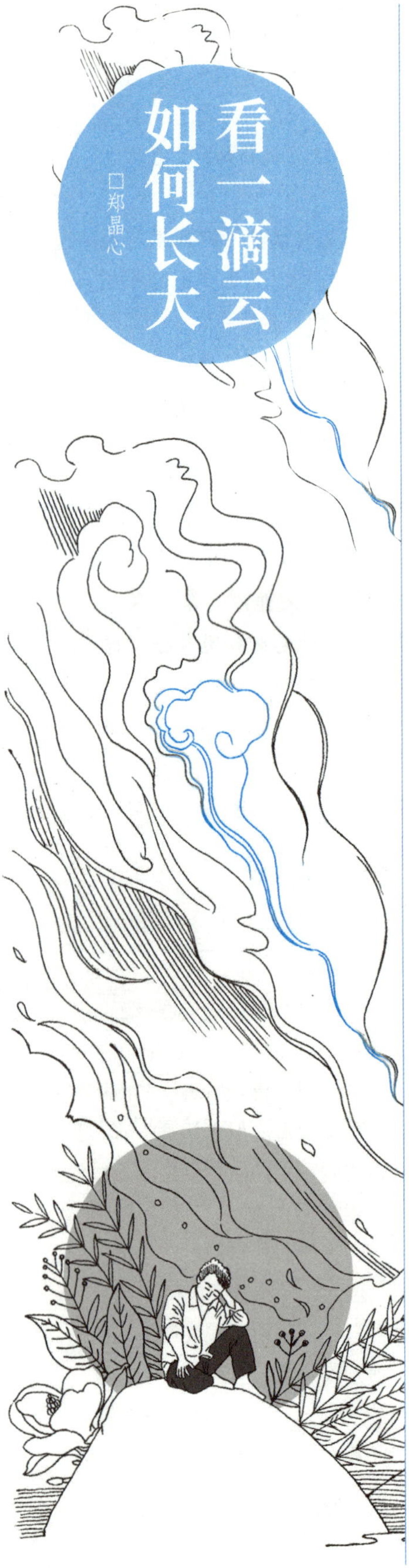

小时候，我在乡下长大，只要不上学，总要为家里干些力所能及的活儿。每到春季，奶奶就会买一二十只雏鹅，带它们到田野上放养的任务就交给我了。我对大自然的迷恋，对文学的喜好，对书写的欲望，都来自那段放鹅时光对我心灵的塑造。

每天，我找到一片空旷开阔的田野，把小鹅赶到那里之后，就把自己放倒，呼呼大睡。我睡在草地上，睡在麦地里，睡在油菜地里；睡在风吹过的地方、太阳晒过的地方、花香熏过的地方。我睡得酣畅淋漓，元气十足。

睡醒了，也不起来，就仰面躺着，看着天，看着在天空中悠然飘来飘去的云。我看着那些云变化来变化去，一会儿像猪，一会儿像狗，一会儿像山，一会儿像屋子，形状各异，变化多端。后来上学，学习萧红的文章《火烧云》时，我开心至极，课文中的每一个字都是我亲眼所见，甚至我所见到的比课文中讲到的还要多。

我的眼睛在看，头脑里同时进行着各种各样的想象活动。这可能就是我最早的创作活动了，没有一个字写下来，却有成百上千个故事在头脑中上演。

我幻想天的尽头，那些大朵大朵堆积在一起的云，就是一座巨大的城堡，城堡里住着很多神仙。城堡里有森林，有草地，有牛马成群，还有大片棉花地，棉花地就是白云的生产基地。他们放牧、种植，他们将收获的棉花织成云朵，抛向空中，这儿抛一片，那儿抛一片……

我幻想蓝蓝的天空下，那些疏朗有致的云朵会自动排出很多字来。我还不识字，正好可以先认认天上那些“云朵字”，那朵云长胳膊长腿是“大”字，那朵云有头有身子好像“人”字……

采访大气物理学教授陆春松老师时，他说的一句话深深打动了我，他说：“看一滴云如何长大。”陆老师说得稀松平常，因为这确实是他的科研内容之一，他说的就是大白话。我却惊叹起来，觉得陆老师好像吟了一首诗。同时，我很惊讶，在我们眼里，云是一片片、一朵朵的；在科学家眼里，云居然是一滴滴的。

“是的，云就是由一滴小水滴长大的。”陆老师依旧说得平常。

那个瞬间，我眼前又浮现小时候看到的变化多端的云。我感慨云彩千变万化的神奇，它小时候的模样就是一滴小水滴。

一朵花、一棵树、一片辽阔的草原，最初的样子，就是一粒小小的种子。

看一滴云如何长大，原来连接的竟是地球生命的起源。

我长大后，常常以为，那些和大鹅在一起的时光，那些睡在草地上、花丛里的日子，那些看过的飘来飘去、变化无数的云彩，那些拂过我的轻柔的风，它们都已经远去，都已经逝去。

可是只要我听到动听的音乐，再次遇到美好的风景，我就会觉得，虽然我的童年不在了，可是它们还在，它们并没有远去，还陪伴在我的身边，并且将会永远陪伴下去……

三朵花

□陆春祥

《东坡集》中记载了这样一件事：房州（今湖北房县）通判许安世写信给我说，我们这个地方有个异人，头上经常戴着三朵花，没有人知道他的姓名，此人能写诗，意境神妙，他还能绘画写真，许安世希望能得到一本。房州人至今都称那人为三朵花先生。

有人说三朵花姓李，隐居在州里的福溪岩。他每回上街，都戴着三朵花，市人都围着叫他三朵花，他只是笑笑说："休打里。"休打里是房州的方言，意思是"不要这样"。有两三个老头，经常和他一起玩，有次到山里去，老头说请他去城里喝酒，三朵花说你们先走，我随后就来。老头们回城时，三朵花已经先行到达。到酒店喝酒时，酒钱已经用完，但酒还没有喝高兴，三朵花就伸手到腰间的小竹篓里掏钱买，直到喝醉。老头们偷偷看那小竹篓，里面什么东西也没有，而只要三朵花把手伸到小竹篓，就有钱取出。

很久以后，三朵花忽然向众人告别，不知道去了哪里，他原先隐居的地方，石壁上保存着他的塑像，房州人还为他写了首诗：戴花三朵镇长春，谁识玄中不二门。醉里自传神似活，终当不老看乾坤。尾句或者是：不知不觉到黄昏。

绍兴初年，江淮一带有个大盗叫张琦，他也自称三朵花，想冒充三朵花来诱惑百姓。

不知姓名的三朵花先生，云里雾中，神龙不见首尾，极其神秘，不过，他依然散发出浓郁的人间烟火气。

男人戴花，在古代并不稀奇，唐代新科进士赶赴琼林宴时，都要隆重戴花。但这里的三朵花，还是有点怪，不是一朵，不是两朵，而是三朵，什么意思？一朵单调，两朵成双，也单调，三朵正好，三生万物，三朵花先生，一定是道士，他隐居，他喝酒，他写真，均有道士做派。

两宋时期，男子戴花似乎是时尚。宋徽宗每次出游，都是御裹小帽，簪花，乘马。翻翻《水浒传》，很多好汉都喜欢花：浪子燕青，鬓边长插四季花；病关索杨雄，鬓边爱插芙蓉花；短命二郎阮小五，鬓边插朵石榴花；蔡庆，干脆诨号就是一枝花，因为他生来爱戴一枝花。

苏轼也戴花，不过是酒醉时。他有一首《吉祥寺赏牡丹》，别有一番情趣："人老簪花不自羞，花应羞上老人头。醉归扶路人应笑，十里珠帘半上钩。"赏花喝酒，酒喝多了，顺手摘朵花戴在头上回家去，一路上跌跌撞撞，路人围观，沿街人家的女子都卷起窗帘看他。

陈洪绶画有一幅名作——《阮修沽酒图》，画中阮隐士头戴黑色簪巾，右侧居然有一朵小白花，长长的胡须，有一根竟然拖到了胸膛上，左手提大黑壶，右手策粗长杖，杖上挂着什么东西？你猜，几串铜钱，一串红果，阮修一定是从山野隐士朋友那里来，喝了一整天的酒，对影成三人，但还不忘野花、野果。这是阮修吗？这反常的笔法，分明就是老莲自己的写照嘛！明亡后，老莲回到故乡诸暨，混迹浮屠，纵酒自放，醉后恸哭不已。他哭什么？为坠落的朝代，为未竟的理想。

花只是装饰和象征，无论男女，不过，三朵花，依然给人以美好的想象。

最后一堂语文课

□德川咪咪

“关于高考，你印象最深刻的是什么？”

真奇怪，看到这个问题的时候，我想到的是高考前最后一堂语文课。

那时，已是初夏，暖风熏人，各科的考卷多如牛毛。复习课统统成了答疑课，我不听课，借来同学的手机玩泡泡堂。不听课的同学占多数，除了打游戏，也有人睡觉、聊天、自顾自地复习。老师也不管我们，自顾自地讲课。

在那堂语文课上，我偶尔抬头，看到一道阳光将教室一分为二，光柱下有点点碎尘，老师就站在这碎尘之中。她不紧不慢、娓娓而谈，每一粒碎尘都炫目地飞扬着，构成了我高中生活最后的图景。

老师正在分析一篇现代文阅读理解题。这是我在学生时代看到过的最奇怪的一篇文章，开头便是：

我登上一列露天的火车，但不是车，因为不在地上走；像筏，却又不在水上行；像飞机，却没有机舱，而且是一长列；看来像一条自动化的传送带，很长很长，两侧设有栏杆，载满乘客，在云海里驰行。

这段文字句句带着隐喻，仿佛梦呓，作为阅读理解题，让人抓狂。老师问：“你们有谁看懂这篇文章了？”

回应者寥寥。当她的目光扫过我时，我赶紧摇头，她便微笑着说：“我不指望你们能看懂，但我非常喜欢它。”

于是，在我高考前的最后一堂语文课上，我的老师倚着讲桌，从杨绛的这篇《孟婆茶》开始，散漫地与我们谈生死。她说，那是一列通向死亡的列车，我们每个人终会登上它。她讲钱瑗和钱锺书的先后离世，“不要害怕死亡，在漫长的生命中，生和死会交换位置，死亡变轻了，而活着才是最沉重的事”。在最后的铃声响起来之前，老师说：“我希望各位能在高考中取得好成绩。但我更希望，当你们背负着越来越沉重的人生往前走时，依然不会失去感受幸福的能力。”

很多年后，我试图回想起当时听到这些话时的心情……我大概是“哼”了一声吧。整个高中阶段，我都觉得，这个语文老师是一个情感细腻得过头的人，总是将生老病死挂在嘴上，总说一些死呀活呀的话，让当时的我很不耐烦。那年我18岁，“中二”倔强、充满朝气、自以为是，死亡对我来说，是一件无法想象的事情。而活着，又怎么可能变成一件沉重的事情呢？

半个月后，高考的最后一门结束了。在走出考场的路上，我看到她和其他老师一起，站在门口送考。人群如潮，我们只有匆匆一会。她见我喜上眉梢，便问：“考得不错？”

当时我点着头，心里想，这

一天终于来了，我终于能够抛开过去，抛开那无聊的、课业繁重的每一天。我满心骄傲地计划着：从今天起，我要为了自己的理想快乐地生活。

多奇怪，那么多年过去了，当我回忆起高考时，关于考场的种种印象均已模糊，我只想到了老师在最后一堂语文课上说的那些话。很多年以后，我开始多多少少明白了其中的意思：高考前的人生轻薄如纸，越往后走，生活才越显出复杂与沉重的本来面目。如果有一天我们再相见，我一定要问她："究竟怎样才不会失去感受幸福的能力？"

可惜我不会再有与她倾心交谈的机会。2012年年初，我的老师于春秋鼎盛之年因病逝世。

在她的追悼会召开的前一晚，我梦见自己回到高中，穿过人来人往的校园，紫色的花瓣像蝴蝶一般停留在我的肩头，又翩翩而去。我看到老师在人群中出现了，带着微笑，许多学生走上前揽住她，她们并肩走一段，然后又分手。而我在不远处凝望，偶尔她看向这边时，我就招招手，可她并没有回应我，然后在斑斓轻柔的风中消失了。

第二天，我去送她，所有学生都传看着她生前的最后一封信，信里写道："从知道得病至今，我一直坦然和平静。我总是想，人不能只允许自己遇到好事，不允许自己遇到坏事。当不顺或困境找到我时，我会反问自己，为什么不可以是我？于是能平静地去面对。"

那天，我看着这几句话，用袖子擦着泪水，却越擦越多。

如今，距老师去世竟然又过去了3年。每当夜深之际，想起她留下的这些话，我的眼泪依然会夺眶而出。老师啊，倘若你我还能相逢，大约会是在那列"在云海里驰行"的火车中了，我并未辜负你"在高考中取得好成绩"的第一个希望，想来也不会辜负你的第二个希望：背负着沉重的人生向前走时，依然不会失去感受幸福的能力。

观　云

□李海鹏

这一生中，我还从没看过那么多流云。傍晚时分，倚在山坡上面对晚天，啃一块难以下咽的干粮，只觉得满目空明，心旷神怡。云朵倏来忽往，幻化无穷，忽而旌旗招展，号角嘹亮，迈过群山；忽而又婷婷袅袅，在天边逗留片刻便化为乌有，只留几抹微红，如失去的好梦。傍晚时分，落日驱散了薄阴，云翳变得透明，只有饱含冰晶的青色。

云首舔舐着五极八荒。猛然间光辉迸射，好似一声呐喊，万物齐齐焕发，史前人类或可称为天堂的那个地方宛如洒金画屏一般，看得我瞠目结舌。鱼骨状的乌云被看不见的大风拉扯着，变换着形状，陡然间战意浓重，满眼斧钺之影，满耳裂帛之声，又似金农提笔，急急地刷上了数行磅礴的漆书。当其时也，我心神飞扬，仿佛一根草茎，一粒灰尘，随流飘荡，任意西东。直到夜色浓重，全然的寂静如羽毛般降落在坡地上。万里洪荒，唯我一人而已，一切都不复存焉。回过神来，想起古人所说，"一人一笠一杖"，如今我亦如此。

甚至斗笠都没有一只，意何如哉？若我是这世上独余之人，又有何妨？

有些人向来有一份矜持，可是别人对他们何尝不是视若无物？他人看我，也恐怕觉得我不值一提，那么又哪有什么"何妨"？兀自观云罢了。

睡在月光里

□王　晓

睡在月光里，就是夏天的模样。

儿时的夏天真热。老家的房子，青砖砌墙，七架梁，梁上椽子，铺旺砖，盖小瓦，这种房子，看起来气派，就是不隔热。暑气穿过屋顶，直达室内，在封闭的空间里蒸腾，家里哪都热，桌子板凳烫人。空调没有，风扇不多，那风吹到身上潺热缠人，不如不开。夜幕降临，想睡个好觉，成了难题。从小暑到中秋两三个月时间，除了下雨，基本都睡在屋外。现在的孩子，包括年纪相差不大的城里人，都很难想象。睡在月光里，岁月淘洗，留下乐趣和惬意，困顿和艰难如稻秕子被风吹走。

门前的砖地，奶奶用扫帚仔细扫过，痕迹新鲜，清晰可辨。地面也洒过水，压下浮尘。吃过晚饭的小桌子，不收，留着乘凉。竹床搬出来，就着晾衣绳，挂好蚊帐。椅子、凳子也都搬出来。这是一家人对抗暑热的武器。再热，觉还是要睡的。

各人依据身形，选择合适的地方睡觉。小孩子皮肤娇嫩一些，睡竹床，有顶尼龙帐子，也好挡挡蚊子。爸爸身形高大，吃饭的小长桌躺上去正好。其他人，躺椅可将就，几张椅子拼起来也可睡，最不济两张板凳一合，也是床。

天气太热了，睡觉不会那么早，我家门口是邻居们自然聚集的地方。大家都热得睡不着，摇着蒲扇，趿着拖鞋，聚来了。小杌凳子、大蒲团搬出来，分给大家坐，来迟没坐的，门槛上挤挤。蒲棒头点起来，艾叶子熏起来，蚊子们似乎怕了，恼人的嗡嗡声远了一些，偶有一两只不怕死的，大蒲扇一拍，也遁得无影踪。

夏夜纳凉不点灯。月光如银，倾泻在整个村庄，到处白花花的。家门口敞亮无树，一地丰厚的雪花银。纳凉的女人还带活来干，剥毛豆，扣鸡头米，月光白亮，自如得很。两旁厢房和树木的剪影，在月色里黑白分明，是我们最初关于建筑、关于光影的美学启蒙。巷道里，光影移动，那是时间的具象，小小的心里也生出丝丝缕缕的惆怅。

奶奶通常先收拾好锅碗，再收拾我们，给我们洗好澡，拍好痱子粉，把我们撵到小竹床撑好的蚊帐里，帮我们压好四边，要我们安静躺着。哪里安静得下？汗，顺着脖子往下淌，很快纠缠一窝。大人们在月下讲农事周期，讲家长里短，讲前庄后舍的奇人趣事，我们哪里待得住？趁奶奶不注意，溜出蚊帐，和小伙伴们用点亮的蒲棒头打仗。红红的火点，在对方面前画八字，看到对方畏惧不前，开心大笑。自己被对方吓过的经历也就此一笔勾销。偶有失手被烫者，鬼哭狼嚎，声嘶力竭，不到一袋烟工夫忘到脚后跟，又玩成一团，大人追着屁股都喊不回。看我们疯得汗如雨淋，奶奶就说这澡白洗了。

奶奶的那趟澡本来就是白洗的。我家临河居，一条南北向的三王河，明亮如绸，流淌许多古意。聊天人群中的二爷，水性最好，也最喜欢孩子。看我们热得慌，他会带我们去几步远的水码头夜游。他敢游到对面再回来，我们只敢站在

爱是连接

□刘雨晴

《小王子》这本书让我印象最深刻的，便是“连接”这个词。当然，书中说的是驯养，或者是建立关系。

小王子原本在他的星球上，深爱着唯一的玫瑰花。后来他离开了，到了另外一个星球，在花园里居然看到了无数的玫瑰花。小王子瞬间跌入巨大的失落，他原以为自己拥有的是独一无二的玫瑰花呢，事实却是一朵普通的玫瑰花！

直到他遇到狐狸。狐狸告诉他，驯养彼此，就是彼此建立紧密关系，就会彼此在乎。“如果你驯养了我，我的生活就会充满阳光和温暖。”“麦田对我来说本来毫无用处，但现在，你的头发是金色的，因为我们有了深刻的紧密关系，所以那金色的麦浪会让我想起你的秀发，这是多么浪漫美好的事情啊，我会因此爱上风吹麦浪的声音。”

小王子渐渐明白，原来爱就是驯养，就是连接。那么，他驯养过的玫瑰花，自然是他的唯一了。

看到过一则故事。有位老爷爷，老伴去世不久，十分孤独忧郁，觉得生活没有任何意义，唯一可做的就是等死。可是有一天，有个小女孩在超市里遇见他，便走过去拥抱他，说今天是她的生日，她想索要一个拥抱。后来，小女孩每周都去看望老爷爷一次。从此，老爷爷变得越来越快乐，他又找回了生活的意义。

生命的意义，就在于有温度的连接。

没水的石板上，蹲下站起，乡人谓之在水里“端”几个回合，浸湿全身，身上有水，速度如风，好似有了阵阵凉爽。二爷带我们上岸来，衣服也不换，还坐之前那个位置，暑气一会儿就将他的衣服烘干。

打过仗了，戏过水了，肚子自然就饿了。这个时候，最宜杀个大西瓜，解饿又解渴。奶奶最懂我们的心思，抱出用井水憋了半天的黑纹瓜，一刀下去，咔嚓有声，凉气四溢，恰如汪曾祺笔下所述“连眼睛都是清凉的”。众人分食，笑声朗朗。隔一天，他们会带来自家炒的蚕豆、煮菱角、嫩莲蓬给我们解馋。我们很愿意乡邻来分瓜，长大后，这成了乡愁的一部分。

吃饱喝足，我们有了倦意，自个儿爬上竹床，边看满天星星，边听大人讲话。奶奶摇着蒲扇，安抚我们：睡吧，睡吧，心定自然凉。我们躺在竹床上，虽然还是热得睡不着，好在竹床吱吱嘎嘎催眠，不远处蛙鼓虫鸣、群鱼吻水都往耳朵里钻，好似有风，从水边芦苇叶尖上赶来。水泥船舱里长的慈菇、菜地边的薄荷、后塘里的莲藕……丝丝缕缕的香气都送到鼻子底下，燠热生出的烦躁渐渐平息。

月色笼村庄，也罩着我们，眼皮渐渐搭上。心，借着月色升高了一些。再远的地方，隔着一条河，稻花正秀，桑叶正饱，无花果一点点变红。大地上的一切，都和我们没在银子样清亮的月光里，梦有凉意，滋生甜味。

离京返乡后，我发现慢生活没那么容易

□出云破月

昨夜又一次在电闪雷鸣中被惊醒，看着窗外能将黑夜照成白昼的惊雷，我默默感叹是哪位喜欢熬夜的道友正在渡劫？早晨醒来，发现家里的温度果然继续攀升。数场大雨一过，即使是身处海洋气候的北方城市，我也立刻觉察暑气扑面而来。再过不久就是夏至，算算我从北京回老家休养，居然已经过去了大半年。

说起来，我当初离京返乡算不上衣锦荣归，甚至有几分狼狈逃离的意思。在北京待了五年，我不断预警的身体终于吃不消，顷刻间土崩瓦解。无法忽视的病痛折磨让我不得不离职回家休养，半推半就开始朋友们口中令人羡慕的慢生活。

然而期待中的所谓田园牧歌式的悠哉生活并没有让我的身体好转，反而每况愈下。无所事事的日子让我越来越焦虑，尤其是看到朋友圈里大家都有自己的事业，过得风生水起时，我甚至怀念当初为了完成项目而挑灯奋战的无数深夜。

“把自己当成永不停歇的工作机器”的自我驯化，在我身上无疑是成功的。

反观我临近退休的母上大人，才是真的享受慢生活。早在我丧着一张脸如游魂般在家飘荡的初春，一直跃跃欲试要把颓败了一个冬天的阳台重新种满花草的她终于动工了，在网上买花苗种子、花盆、化肥、泥土等，每天下班回家就在阳台上快乐忙碌。

刚开始我因为好奇去看了一眼，她如数家珍般给我介绍埋在土里的种子分别是什么花什么草，仿佛它们才是亲生的。我闲着没事也观察了一两天，因为始终没什么长势变化，我很快失去耐心。

我承认我讨厌一切短时间内看不到成效的东西，不过我的一个同事急性子程度比我更甚。记得每天下楼去吃午饭的时候，由于电梯使用高峰期总是人满为患，他从来都等不及，疯狂按下行键，期待电梯能快点来。好不容易电梯来了，发现里面已经满员，又会在刚刚关上门的瞬间，马上在外面按键，造成电梯门不断开合的境况。里面的人下不去，外面的人也永远等不到下一趟电梯。

当等待的过程只有几分钟时，我尚且会开启嘲讽模式，默默吐槽同事，但其实我也好不到哪里去，照样想违背自然规律，马上看到种子破土而出。

或许现代人在快节奏的生活里，已经变得不习惯经历过程，而是要马上得到结果。便利店、快餐和加工食品带来便利的同时让我们不再需要等待。我根本不知道也不在乎食物是怎样来的，种子怎样生长成为粮食，“一分耕耘一分收获”已经是过气的名言。

然而，时间只有在自然里才发挥着它最大的魔法。

当天气变暖，日照时间越来越长后，我被要求每天必须去阳台晒足半小时的太阳。阳台已经一改两个月前的颓败，当看到大大小小的花盆里尽是生机勃勃的花草，满眼皆是绿色和我叫不出名字的鲜花时，我几乎被这旺盛的生命力俘获。

在欣赏满园春色时，我发现缠绕在栏杆上的“藤蔓”有绿有黄，凑近一看，惊讶地发现这种植物居然不是长出新叶，而是原本枯黄的叶子从根部开始重新变绿！母上大人解释，这是风车茉莉，在冬天里没有掉落的叶子，到了春天就会重新变绿，很快还会开出白色的小花。

看着那几片半绿半黄的叶子，我彻底被大自然这位造物主所深深折服，它永远会在意想不到的时候疗愈人的心灵。此刻，我就像电影《秘密花园》里女主玛丽的小表弟科林一样，为花园中从未见过的盎然春意而热泪盈眶。

电影中的表弟科林是个病弱的小少爷，因为身体不好，常年关在不见天日的阴暗房间里。按照现代医学常识，我们知道不晒太阳对人的身体和心理有很大的负面影响。好在玛丽偶然间发现了荒废数年的花园，并埋下无数种子，细心呵护。

花园不但复活，更给了科林生的希望。轻抚娇艳欲滴的花朵、闻着青草与泥土的气息、和小鹿嬉闹、看鸣鸠拂其羽，科林苍白的面色一天天变得红润，直到有一天虚弱到只能坐轮椅的他成功靠自己的双腿站了起来，在自然与阳光的滋养下获得生命力。

原来人类是如此急切地需要和自然连接，这种连接已经缺失太久。我们将自己关在高楼里，享受着在手机屏幕上动动手指就有的智能生活时，像科林一样和自然彻底隔绝。

《万物生灵》之所以成为去年年底的热门剧，不在于它描绘了20世纪英国的乡间生活，而在于让我们看到了人与自然和动物是如何和谐地相处、共生。试问还有什么比看着每一帧都可以入画的如诗风景里，有爱的兽医帮助有灵性的动物们更治愈的呢？

其实焦虑并不能单纯靠慢生活缓解，它只是提供一个可能的环境，让人多个选项，而不是一味不管不顾地向前冲。想要被疗愈，不是靠无所事事，而要真正去关心自然、了解生命包括人类本身在时间的机制下如何变化生长。

由此我开始真正感受到自己活在这个世界上，体验到我与万物息息相关。大自然有春夏秋冬，人生亦复如是。

植物的生长，不是只有破土抽芽的一瞬间，生活也不可能始终保持在最佳时刻。累了病了就休息，饥来吃饭困来眠，我要尊重身体的运行方式，就像尊重其他动植物的生长规律一样。

记得背诵过的《诗经·七月》里写：“六月食郁及薁，七月亨葵及菽，八月剥枣，十月获稻，为此春酒，以介眉寿。七月食瓜，八月断壶，九月叔苴……”小时候不懂其中深意，只觉得六月吃葡萄、七月煮豆吃瓜、八月打红枣摘葫芦，这有什么好写的。现在才发觉，生命的流转是如此可贵。

以前我最喜欢说，我偏要勉强，觉得霸气又自信，现在却觉得顺其自然似乎也是不错的选择。

我忽然想起无数个加班回家的深夜，那时万家灯火尽熄，只剩一轮孤月高悬。我常站在公寓楼下抬头静静看着月亮，有时候它是一弯新月，有时候它是满月，还有很多时候它只是被云层遮住，透出一点光华照亮我回家的路。原来，我也在繁忙拥挤的都市中，这样靠近过宇宙自然。

我终于明白，慢生活的重点不是慢，而是生活。当你真正愿意去感知宇宙天地，觉察万物有灵地活着，不管在城市还是乡野，都一样会被治愈，会获得源源不断的生机。

诗剧

是飘落深谷去的
幽微的铃声吧，
是航到烟水去的
小小的渔船吧，
如果是青色的珍珠；
它已堕到古井的暗水里。
林梢闪着的颓唐的残阳，
它轻轻地敛去了
跟着脸上浅浅的微笑。
从一个寂寞的地方起来的，
迢遥的，寂寞地呜咽，
又徐徐回到寂寞的地方，
寂寞地。

——戴望舒《印象》

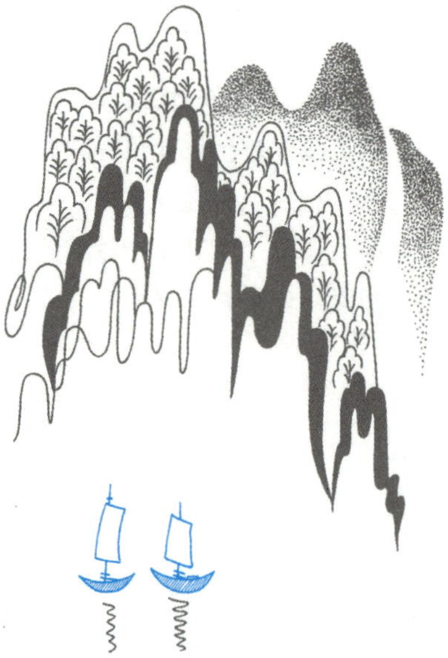

雾的课堂

□韦　伶

我的自然课是在大地课堂上的，而我的美学课是在雾气里上的。我的老家是一个有着大山大江的地方。大山大江里，常常涂抹着像大雾那样浓重的自然色彩，演绎着奇妙景观里呈现的故事和场面。

我等着雾来，想在里面找到明朗晴天找不到的东西。

它就来了。

雾时常在早上我上学的路上出现。它使我平时看到的山道、树林、房子还有人都像躲猫猫一样躲了起来，周围的世界从明丽的水彩色变成了朦胧的水墨色，在一片时淡时浓的乳白云烟里变得神秘莫测。

我向着雾走去，向着一团一团遮掩着我熟悉的山路、树林、房子的浮在空中的湿漉漉的乳白色走去。我睁大眼睛，在心里对躲在雾中的树子和房子说：出来吧！我知道你在那里，你不出声，我就过来抓你了啊！

我小心地在山道上朝着我记忆中的方向试探地快步走，啊！看到它了！碰到它了，我握住它了！那棵树！在平时上学放学的路上，我从来没有这样仔细地注视和抚摸过路边的树干。都因为它们今天在雾中躲起来，我才若有所失地想要找到它们。而这一刻，我在大雾中抓住那棵树，抚摸它。这个动作只有我和它知道。我们被罩在一片大雾里，我找到了躲起来的它。

这就是雾带来的感觉。在一个朦朦胧胧、若隐若现的世界里，你真真切切地去寻找，羞羞涩涩地去表达，你反而在不清晰的视觉里发现了光天化日之下从来没有注意到的隔着距离的美，还有那种若有若无中的牵挂和爱意。这也许就叫诗的意境，或者浪漫的距离吧。这是家乡的雾给我上的美学课。

还记得一个雾中的小故事。

雾中的上学放学路上，有一条山腰小道，宽度只容两个人并行。虽然那是一条笔直的山路，但是因为大雾罩着，我看不清路的另一头。我一个人，要在雾中从路的这端走向那端。朦胧中，乳白色的路的那头，冒出一个灰黑的影子。那应该是一个人，慢慢向我这头走来。

一片大雾，一条山路，两个慢慢要相遇或相撞的人。我听到了我的心跳。不，我并没有害怕。那我的心为什么跳得这么快呢？因为我觉得从雾的那边走过来的是一个男孩，一个我想要见到又有点儿犹豫要不要见到的男孩。从雾中他灰色的轮廓和走路姿势，我认出了走过来的那个男孩。

他是我熟悉又陌生的邻居家的男孩，我们几乎没有说过一句话，但是我收到过他写给我的一首诗和一个剧本。他托人带来一封沉甸甸的信后就没有了消息。

谜一样的男孩出现在大雾中的那头。我朝着他走去，想问他："是你吗？我给你回过信，你收到了吗？"他走过来会对我说什么吗？我可以问他一直想要问的话吗？在这一片雾的世界里，只有两个人。我想对他说："告诉我吧！那一切是怎么回事？"

望着穿过雾气走过来的那个越来越近的人影，我觉得可以望见雾的那端一双灰黑色的眼睛也望着我。两个人在路的两头一步步走近，我仿佛听见了大雾中咚咚咚的心跳声。那如果不是我的心跳，就一定是他的心跳。

雾中，眼看我们就要撞上了。

忽然，我看见他在前面停了下来。

然后，我看见他转身，走了回去。也许是雾太浓，也许是他跑了起来，他的身影很快被雾裹住，消失不见了。他躲入了雾中。雾可以让他把真实和胆怯掩盖起来。他是一个不敢走出大雾的男孩啊！

我一个人站在那里。雾一片一片从我身前身后移过。我用手掌接着它们。我喜欢雾的到来，可是我不喜欢永远躲在雾里不敢走向明朗的人。

雾是我们审美的诗，而阳光和风却是我们生命的养料和呼吸。如果只有雾天没有晴天，不少东西都会长出霉来。

荒木寂然腐熟

□傅　菲

有很多荒木，倒塌在荒林野地。荒木是自然死亡的老木，有上百年的，有几十年的。长得越慢的树，寿龄越长。寿龄越长，荒木烂得越慢。

有一条叫野鱼鳍的山谷，我去过很多次。山谷里树木茂密，大多是阔叶林。谷底溪水潺潺，野鸟映趣。林里有很多荒木，倒在溪边，倒在芭茅地，倒在路边。荒木大多直条，二十余厘米粗，树皮发白。用手撕扯一下树皮，整片拉扯下来，露出焦黑的裸木质。木质上爬满蚂蚁和米白色的虫蝥。在芭茅地，还发现过粗大的苦槠树，木心完全空了，踩在树身上，用脚跺，跺几脚，木齑粉扑簌簌落下来，呈黄白色。

有的树，是因为烂根死，根被腐蚀，树叶慢慢枯黄，树皮变成了浅色，被风吹倒。有的树被虫蛀空了木心，暴雨来临，雨水往树心里灌，树从里往外烂，烂两年，树便倒了。有的树是被雷劈倒的，闪电落下电锯一样的幽蓝色火球，落在树冠上，往下劈，树倒了半边，另外半边却坚强地活了下来。

倒在溪里的树，最先烂。树吸水，水成了腐蚀剂，再坚硬的树也成了石灰，树脂溶解，纤维腐化，用手抓一把，全是粗纤维。

树叶烂一年，成了肥泥。树枝开始一截截断，最后剩下粗壮的树干。这又是另一个漫长的消亡过程。假如不是烂在水里，烂不了三两年，树身会长出小蘑菇，或小木耳。苔藓和地衣，以包围的形式，占领了树的全身。我看过这样的腐木，厚厚的苔藓包裹着，长出兔耳朵一样的蕨类植物。

我运过腐木回自己的院子里。腐木烂光了，剩下一截树蔸。树蔸有八仙桌大，根须交错纵横。

树蔸拉回来了，搁在一块巨石上。过半年，春天来了，树蔸的中间空心部分，长出了一棵榕叶冬青，筷子长，一根独苗，开出八片幼叶。我也不知道这是什么树的树蔸，木质硬硬的，还没腐化。树蔸太大，有三个树根交错出来的凹洼，我堆上肥泥，种了几株指甲花。在巨石侧边，又种了三株忍冬。五月，忍冬覆盖了巨石和树蔸，整个院子，弥散了花香。冬青长得特别顺溜，蹿着身子高上去，像个郎当少年。

原本是想看树蔸，怎么腐化成泥的。看它一日一日地烂，一月一月地腐，哪承想，又冒出了一株冬青，还是榕叶的。天成的，是最好的。

啄木鸟在腐木里筑窝，也是天成的。腐木的木心，很容易被鸟喙啄空，嘟嘟嘟嘟，木粉被风吹出来。中空的树洞，是鸟的最佳栖身之所。很多鸟，都喜欢在腐木的洞里筑窝。腐木，似乎是安徒生的王国，树洞是王国里最奢华的宫殿，住在里面的鸟，几乎可以称作公主或王子。

公主和王子也会做噩梦。噩梦里，蛇是难以战胜的恶魔。蛇缠缠绕绕爬，悄无声息，爬进了树洞，张开地狱一样的嘴巴，把小鸟吞进去，也可能吞一窝小鸟，或一窝鸟蛋。鸟再也不敢来了，树洞空着，成了山鼠的乐园。黄鼬来了，一夜吃完山鼠。黑蜘蛛在洞口粘网，听着夜露的滴答声。哦，这是人无可享受的天籁。

荒木要烂多少年，才会变成腐殖层呢？我不知道。泡桐腐化五年，肌骨不存。山茶木腐化二十年仍如新木。碾盘粗的枫香树，只需十年便化为泥土。木越香，越易腐化——白蚁和细菌，不需要一年，噬进了木心，无限制地繁殖和吞噬。

树死了，但并不意味着消亡。死不是消失，而是一种割裂。割裂过去，也割裂将来。死是一种停顿。荒木以雨水和阳光作为催化剂，进入漫长的腐熟。这是一个更加惊心动魄的历程，每一个季节，都震撼人心。

对于自然来说，这是生命循环的重要一环。这一切，都让我敬畏。如同身后的世界。

赶 海

□钟友梅

闲来无事时，我回老家赶了一趟海。

老家沙扒是一个海边小镇。每逢退潮，沙扒湾就会裸露出一大片海滩，许多来不及随海水退却的小鱼、小虾、螃蟹、海螺等搁浅在海滩淤泥，或者躲藏在岩石缝里。那片海滩成了我们赶海的天然场所。

赶到沙扒湾的时候，是下午四时左右，海水正缓缓退去，一大片海滩露了出来。闻“汛”赶来的人们带着小水桶、耙子、铲子等，有的人还戴着手套、穿着雨鞋，全副武装，在海滩上四处寻觅，不时传来一阵欢呼声。

我也随着人群，迫不及待地向着海滩深处走去。由于刚刚退潮，海滩上到处是一个个大小不一的水窝，许多来不及随潮水回到大海的小鱼、小虾躲在小水窝里。一见人走近就惊慌乱窜或连忙钻进洞里的，有跳跳鱼、虾姑；在海水退去后干脆钻进淤泥里一动不动装“石头”的，有海贝、螺；还有的一有动静就将身子沉下来，小心地伏在小水窝里，比如螃蟹，只留出两粒眼珠子警惕地打量着前后方，若你再逼近，它就会冲出来高高地举着两个大钳子示威似的盯着你，像威武不屈的大将军。当然，这些伎俩都瞒不过我的眼睛，只需用铲子在水窝里那么一搅，或者一舀，这些自以为聪明的家伙就会惊慌失措、四散奔逃，乖乖成为我的篓中之物。

所以，赶海，经验很重要，说大一点就是需要“上知天文，下知地理”。所谓“上知天文”，就是要掌握天文潮时间。“初一十五落大潮”，每年5～8月是赶海的旺季，而每月的农历初一至初五、十五至十九是天文大潮汛，大潮汛时海水退得又远又快，一些行动迟缓的贝类、海鲜就会被搁置在滩涂或礁石上，是赶海的最佳时间。“下知地理”就是要熟知地理环境、熟知大海的脾性、熟知小海鲜的生活习性。比如螃蟹喜欢躲在石头下，比如猪肚螺、白贝喜欢藏在滩涂里，并且喜欢扎堆，如果找到一只螺后继续挖下去，往往会找到一窝海螺，给你一个大大的惊喜；比如方额列虾姑，身上长着斑马一样的条纹，当地人称之为斑马皮皮虾，喜欢钻进沙子里，会在沙滩上留下小洞口，若用抽桶往洞口的方向抽一下，或用绳子吊一颗钉螺放进洞里，就能轻易地手到擒来。

沙扒湾东高西斜，开阔平缓，在海湾的西侧是一片悬崖，礁石壁立嶙峋。熟知行情的当地人最喜欢这个地方，因为退潮时常有石斑、石九公、海鳝之类的大家伙藏在石头缝里，是赶海的“富矿”区域。所以一到退潮，本地人就会率先奔那片礁石林而去。礁石缝里更多的是一些小螃蟹，由于石头缝细小狭窄、表面平滑，人很难进去，也就无法捕捉，所以小螃蟹们在石头缝里成群结队地攀爬游荡，见着人也不躲避，一副有恃无恐的样子。还会发现一摞摞附着在礁石上的鸡爪螺，由于礁石很滑不易采摘，需要用铲子或刀在礁石上敲凿一番才能取出来；附着在礁石上的还有青口，青口其实叫青螺，因其外壳缘口上有一道弧形的青蓝色花纹，颜色鲜艳亮丽，让人爱不释手。

如果运气好，还可以在礁石缝里发现石九公、海马、海星、海胆等渔获。石九公，当地人也叫石

火上功夫

□尤　今

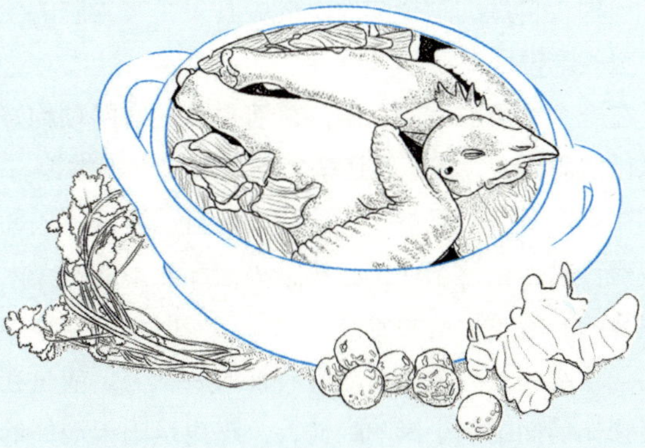

盐鸡在福建省的漳洲极负盛名。到云岩洞去玩，有一道长长的石阶迤迤逦逦地伸向高高的洞口，石阶两旁，露天小食店多如过江之鲫，全都主打盐鸡。

点了一只。伙计从鸡笼里把鲜蹦活跳的鸡只抓出来，刀起刀落，嫩鸡魂归离恨天。剥毛、洗净，居中剖开，放入黑色大锅中，再将一层粗盐和多丛班兰叶密密地覆盖在鸡只身上，然后，把黑锅搁在以砖块砌成的土灶上，压上盖子，用慢火天长地久地烧。在缓缓升高的温度里，盐气与盐味不动声色地形成了一股气流，强悍蛮横地侵袭鸡，鸡束手无策，被势如破竹的气流团团夹攻。

一个小时后，取出。哇，嫩嫩的鸡肉，软软的鸡骨，全都缠着缕缕若有若无的盐香，热腾腾香喷喷光艳艳，是美味的极致，吃得心花怒放，幸福满满。

次日，到闹市的一家餐馆，意犹未尽，再点盐鸡。然而，只浅尝一口，便搁箸悲叹——鸡肉绵软无弹性，味儿死咸，简直就是在蹂躏我可怜的味蕾。

当地朋友向我分析，小食店做盐鸡，用的是自己下足心思饲养的嫩鸡，现宰现煮；而在烹制时，又不怕麻烦地采用了传统的老法子，自然风味十足了。大餐馆呢，用的是养鸡场大量生产的"样版鸡"，又采取"急就章"的方式来烹制，当然也就味同嚼蜡了。

记得在南非旅行时，我也曾碰过类似的经验。

好些餐馆，总爱在菜单上慎重地声明："本店的牛扒是炭烧的"。原本不知道炭烧与铁板烧有何差别，尝过之后，才知道天差地别。

铁板烧，只要轻轻松松地调好烧烤的时间，时间一到，便大功告成。五分熟、七分熟、九分熟或者是全熟，一丝不苟，规规矩矩，一切都在意料中，是"制服化"的产品；像畜养的小牛，温驯乖巧。

炭火烧却是耐心与功夫的考验。守在热气逼人的火炭前，慢慢翻转、慢慢烧烤，火候全由人力控制。烤好的牛扒，焦焦黑黑无甚看头，一咬下去，偏又咬出一泡软软香香的油脂；表面上枯干如柴，嚼在嘴里偏又嫩滑如水。

用了多少功夫，便显现多少成绩，放之四海而皆准。

狗鱼，肉质嫩滑鲜美，一直是我们的至爱，但石九公的背鳍坚硬而锐利，稍不小心就会刺得你鲜血直流，让人又恨又爱；还有虾蛄，也叫濑尿虾，全身披着铠甲，爪子锋利，性情凶猛，在海水里横冲直撞；而海胆，活像一只海底刺猬，浑身乌黑、长满一根根又尖又利的刺，让人望而生畏。是不是美好的东西都需要刺的保护，是不是柔软的心灵都需要坚硬外壳的抚慰？或许，造物主早已作了最好的安排。

背着鱼篓在海滩上溜达，我早已没有了少年赶海时的急躁。人到中年，跨过了踉踉跄跄的时光，脚步变得沉稳。我忽略了赶海的目的，却在不经意间收获了惊喜。

下雨天，就去逛美术馆吧

□杰　西

北京的春天算不上气候宜人。领教了卷土重来的沙尘暴和接连数日的浮尘天气，连阴雨天竟然也变成了一种大自然的款待，雨水洗刷着天空被弄脏的土脸，空气难得地潮湿氤氲。

在一个细雨霏霏的日子，拿着提前在官网预约好的通行密码，我走进了暌违多年的本市公立美术馆。

徜徉在各个主题展区，间或发现自己喜欢或关注的画家作品，倍感亲切，心头暗喜，那熟悉的逛美术馆独有的心有灵犀的感觉又回来了。展厅里观众寥寥无几，不必担心人太多只能盯着谁的后脑勺，或是在一幅画作前面站久了影响到他人，这也是雨天观展的一桩好处。

作品看完，徐徐步出主馆，撑着雨伞穿过由几棵高大笔直的松柏点缀的户外名人雕塑展区，找寻到美术馆附属的纪念品商店。买上一本砖头般厚重的《凡·高手稿》，坐在旁边由透明玻璃穹顶包裹的咖啡厅里，喝上一杯温热的曼特宁手冲咖啡，听着雨水啪嗒啪嗒落下的悦耳妙音，伴着咖啡香气随手翻阅后印象派大师文森特·凡·高的信件手稿。

“我还是孜孜不倦地在我的画布上耕耘，就像他们在自己的土地上耕耘一样。”凡·高做过很多工作，半路出家学习绘画，勤勉努力。他和弟弟提奥书信往来频繁，弟弟是他精神上的诉说对象和物质上的绝对支持者。他在信中事无巨细地谈起自己在绘画技巧上的进展，附上最近的素描作品，以及一些找模特买材料的画家日常琐事。

翻看着这些手稿，仿佛和他的作品建立了沉浸式的情感连接，欲罢不能。这就是在美术馆里和自己相处的美好的一天，我心安处，赏心悦目。

我喜欢旅行，每到一处陌生的目的地城市，一个很重要的行程就是去逛美术馆。套用巴尔扎克的一句名言：“我不是在美术馆，就是在去美术馆的路上。”以至于日后对那座城市的印象中总是夹杂着美术馆里的细枝末节，比如哪些馆藏佳作令人念念不忘。

三年前，也是在这样一个春风卷挟着细雨的灰蒙蒙的天气里，我独自伫立在阿姆斯特丹的凡·高美术馆内，看着那幅《杏花》，瞬间泪流满面。

那是凡·高完成于生命最后一段岁月里的作品，是他住在疗养院里画给弟弟提奥新出生的幼儿的礼物。一边是为弟弟一家添丁喜讯感到由衷的欣慰和开心，另一边是因疾病和生活事业的不顺而备受折磨的痛苦，下笔力透纸背，蓝色天空背景下的白色杏花透露着春的气息，宛若那个以他的名字文森特命名的侄儿给全家带来的新希望。

作家陈丹燕写过一本博物馆旅行书《往事住的房间》，里面写道：“每当我走进博物馆，常常闻到一种博物馆特有的空气，沉重，安宁，散发着象征着旧物的干燥气味。也许那正是往事自带的气味。”

博物馆是往事住的房间，那里有隐秘的磁场，我还记得驻足在那幅《杏花》面前，让我久久无法移步的感动，仿佛在和曾经的伟大心灵交流，那一刻共情

能力到达峰值。我无法解释这种感受以及为什么偏偏是这一幅，但那种感受又很清晰。这大概就是“借他人酒杯，浇胸中块垒”吧。

其实下雨天和美术馆最配了。旅行中往往无法预估天气，欧洲又多雨，总要调整行程，“看天吃饭”。下雨时在美术馆里耐下心来细细参观是最妙的行程安排，三四个小时看下来，外面已是另一番景象。记得那次从凡·高美术馆走出来时雨已经停了，太阳的光晕打在玻璃外墙上竟有些晃眼，提醒我回到现实世界。

前些年到处走走停停，带着朝圣的心情去拜会大师们的原作，法国巴黎的卢浮宫和奥赛美术馆，意大利佛罗伦萨的乌菲兹美术馆，西班牙巴塞罗那的毕加索博物馆，荷兰阿姆斯特丹的国家博物馆，美国纽约的大都会艺术博物馆，一粒粒散落各处的宝石珍珠串联起心中的艺术王冠。

和很多人一样，我大概是在开始海外旅行后才迷上美术馆的，此前除了知道寥寥数幅世界名画外，艺术知识储备基本为零。从在旅途中爱上美术馆开始，发展到为了某个美术馆而进行一场说走就走的旅行，这是个会上瘾的爱好。

艺术欣赏不应该有门槛。画家陈丹青老师在艺术纪录片《局部》的访谈中一再强调，“观看艺术，无关乎技法、流派、艺术史，而是出于人的天性：爱美与好奇心。你站在一件作品面前的直接感受，永远不应该被其他叙述或媒介所取代。希望观众肯定无知，不要为无知焦虑，意识到无知的可贵”。

作家祝羽婕曾到英国圣马丁学院进修艺术策展专业，写过一本书叫《人到了美术馆会好看起来》，记录留学期间参观过的欧洲大大小小的美术馆，把个人的观展体验写成一篇篇随笔。书中写道：“所有的走马观花都只能看到表象，倘若深入交流，你就会发现每一条纹理都在传递情感，如大地的沟壑，爱人的皱纹。哪个生命长得过艺术？”这也正是艺术之于普通观众的魅力所在。

“我们都生活在阴沟里，但仍有人仰望星空。”艺术作品的熏陶对人生的艰难无能为力，但它可以是平凡人心灵寄托的乌托邦，暗匣里的珍珠，镶嵌岁月的瑰宝。它离我们并不遥远，也许只需要等一个下雨天。

启蒙了钢琴家的动画片

□千　鹤

《猫和老鼠》是中国观众耳熟能详的经典动画剧集，1940 年问世以来，给全球无数观众带来了快乐。这套动画片完全以闹剧为特色，情节十分夸张热闹，用今天的话说就是“各种无厘头的脑洞大开”。

但是，在欢乐的同时，《猫和老鼠》在音乐与动画的配合上也开了先河。很多古典音乐作品在这部动画中散发了新的活力。在这部动画剧集中，你可以听到约翰·施特劳斯的《春之声圆舞曲》《皇帝圆舞曲》、肖邦的《革命练习曲》《光辉圆舞曲》、罗西尼的《塞维利亚的理发师》、柴可夫斯基的《睡美人圆舞曲》等古典音乐作品，可以说是古典艺术同动画艺术完美结合的经典之作。

《猫和老鼠》凭借着这种结合，从 1941 到 1953 年间获奖无数，尤其是该系列 1947 年获得奥斯卡最佳动画短片奖的作品《猫的协奏曲》，更是将李斯特的《匈牙利狂想曲 2 号》完美地融入这部妙趣横生的动画中。这部 8 分钟的短片，制作周期却长达 18 个月，汤姆猫弹奏钢琴的指法与现实弹奏完全一致，可见当时的动画师们制作之精心。

20 世纪 80 年代，有一位中国少年就因为这部《猫的协奏曲》对钢琴产生了浓厚的兴趣，开始了他的钢琴生涯，后来他成了全球知名的钢琴演奏家，他的名字叫郎朗。

结交唯结心

□张怡微

《古今小说》中有多则友谊故事，奠定了中国文学文本对于“友伦”的基本概念。如第七卷《羊角哀舍命全交》，说的是春秋时，贫士左伯桃往楚国谋前程，路遇另一儒人羊角哀，相谈甚欢，抵足而眠，并决定相携一同去往楚国。不想天气恶劣，路又不平顺，伯桃受冻不过，舍命将身上的衣服和干粮给了羊角哀，后来羊角哀果然飞黄腾达，厚葬旧友。故事到此，虽是同袍真情，却看似平常。谁知后来，左伯桃阴灵竟被荆轲和高渐离欺负，羊角哀想了很多办法帮助他都失败了，最后决定生死共处，自刎前去助战。小说末尾感慨，“古来仁义包天地，只在人心方寸间”。真正的友谊，是我愿意为你的前程献身，与此同时，你也绝不能贪生怕死。

又如第八卷《吴保安弃家赎友》，早在唐故事中就有记载，说的是传奇中的两位主角吴保安和郭仲翔之间诚恳而动人的友谊。郭仲翔是兵部尚书郭元振之侄，在李蒙的讨蛮部队中任判官，吴保安是他的同乡，因郁郁不得志，便向郭仲翔投书求助，获得了管记（管文牍的官）一职。后来，李蒙兵败身死，郭仲翔被俘，非千匹之绢不能赎回。吴保安抛妻弃子历经十年筹措营救郭仲翔所需之物，将郭仲翔救出。后吴保安夫妇故去，郭仲翔大为悲痛，亲自背负吴保安夫妇骸骨练囊，步行数千里，且行且哭，感人至深，还为吴保安之子的前程做了谋划。正所谓“频频握手未为亲，临难方知意气真”。可见真正的友谊，就是真正的恩义，都在危难中显出光辉。

再如第十六卷《范巨卿鸡黍死生交》，以现代的眼光来看更为奇异。汉明帝时期有一个叫张劭的秀才出门应举，投店时救了隔壁一个患了时症的秀才范式，两人结为兄弟，却都误了应试的日期。范式非常感动，想要登堂拜母（“汝母即吾母”），两人相约在第二年重阳，张劭在家设鸡黍宴。到了第二年，张劭等到半夜，范式都没有来，只来了一阵风。原来，范式忙于家务忘了日期，为了守信，他想着“人不能日行千里，魂能日行千里”，于是自刎而死，魂驾阴风，特来赴鸡黍之约。“鸡黍之交”为八拜之交之一，是我们非常熟悉的友谊典故，范式、张劭的情谊可谓如梦如醉，千里幽魂叙旧盟。不仅为我们定下了“你妈就是我妈”的友谊标准，且“人没有来风来了”，其实也影响到了后世小说如《聊斋志异》中的《王六郎》。

《王六郎》选自《聊斋志异·卷一》。故事说的是许姓以渔为业，以酒为好，打渔饮酒时，顺便把酒洒在河边以祭祀水中亡灵，感动了水鬼王六郎，因王六郎本身也是“沉醉而死”。为了报答情分，王六郎暗中帮助许姓打到更多

永远警觉

□［新西兰］吉尔·比斯

有只狮子，随着时间的推移，年龄越来越大，身体也越来越差，逐渐丧失了东奔西跑、捕杀猎物的能力。狮子暗自思忖：“我必须想方设法捕捉猎物，否则我会因为吃不上食物而被饿死。”

老狮子左思右想，终于想出了一个歪主意：躺在洞里装病，然后把消息传出去，等大家来探望他的时候，那些不知情的探视者就会变成他的美味佳肴。老狮子打定主意以后，马上就采取了行动，结果许多好心来探视他病情的小动物都成了他的盘中餐。一天，一只狐狸也来探视狮子的病情。狐狸生性聪明，他来到洞口先四处观察一番，忽然心中一动，发现了一些蹊跷。于是狐狸站在洞口大声喊道：“狮子先生，您的身体好些了吗？”

狮子回答：“我的身体糟透了，请您进来坐坐吧！”

狐狸笑着说：“我是想进去坐坐，可是我发现地上全是进去的脚印，没看到一个出来的脚印。我想如果我进去了，恐怕再也出不来啦。”

说着，狐狸赶紧离开了洞口，把狮子这个可怕的阴谋告诉了其他动物。

最后，这只狮子因为吃不到食物，被饿死在洞里……

这个故事告诉我们：危险就在身边，任何时候我们都要睁大眼睛、保持警觉，远离危险的环境。

的鱼，结下了深厚的友谊。有一天，王六郎突然对许姓说，他的业报已满，将要重新投身人间，所以两人离别在即。许姓开始有些害怕，后来很快有了惜别之意。虽然伤心，但两人畅饮并互诉衷肠，加深了情谊。次日，本应有一女子渡河，溺水而死，代替王六郎。但王六郎看到她怀中的婴儿，不忍心伤害两个人的性命，放弃了这次机会。于是王六郎与许姓一如既往，饮酒捕鱼。王六郎的好心肠感动了玉帝，他又将赴任异地新神，两人又要告别。王六郎走后，许姓不忘旧情，一诺千金，不顾家人反对，置办行装去往几百里外的招远。在路上，许姓遇到许多帮助他的人，都是王六郎托梦拜托的。当夜，许姓梦到六郎衣冠楚楚地来到，与过去大不相同。王六郎情深义重，化作清风盘旋，送别旧友，款款情深，难舍难分。作家笔下所创造的王六郎这个形象生动深情，令人难忘，堪称一个理想友人的化身，充满人格魅力和影响力。篇末的“异史氏曰”以“置身青云，无忘贫贱，此其所以神也”，讽刺了社会中普遍存在的贵贱之间无真情的世相。

有趣的是，这些令人难忘的友谊故事都发生在男性之间，且都以死亡作为检验标准。不管“你的前程就是我的前程”，还是“报恩”，抑或是“守约”，以至于我们可以很容易联想到其他男性结盟的古代故事，如《水浒传》《三国演义》等，让我们确认关于中国式男性“友谊”的常识，即“不求同年同月同日生，但求同年同月同日死”，如果没有“同年同月同日死”，至少也要“灵輀若候故人来，黄泉一笑重相见”。

『势利』的大脑

□岑 嵘

《红楼梦》中有个经典的桥段：贾母让刘姥姥尝一尝茄鲞，刘姥姥细嚼了半天说：“虽有一点茄子香，只是还不像是茄子。告诉我是个什么法子弄的，我也弄着吃去。”

这时凤姐笑道：“这也不难。你把才下来的茄子把皮刨了，只要净肉，切成碎丁子，用鸡油炸了。再用鸡脯子肉合香菌、新笋、蘑菇、五香豆腐干子、各色干果子，都切成丁儿，拿鸡汤煨干了，拿香油一收，外加糟油一拌，盛在磁罐子里封严了。要吃的时候，拿出来，用炒的鸡瓜一拌，就是了。”

假如你无意间吃到这道菜，它会好吃吗？从油炸，到鸡汤煨制，再到封存，茄子可能早已成了黏腻的糊，而这层糊再包裹上坚硬的干果，这样的口感，恐怕称不上美味。刘姥姥对这道菜评价也很一般：“虽有一点茄子香，只是还不像是茄子。”

但是当刘姥姥听完凤姐的介绍再去吃这道菜，味道还会一样吗？

加州理工大学教授希尔克·普拉曼斯做过一个实验，他让二十位志愿者品尝不同的葡萄酒，并用扫描仪观察志愿者大脑的活动。

志愿者被告知有五种葡萄酒，以及它们的价格，实际上，这些价格信息可能是虚假的。但是，志愿者一旦得知葡萄酒品质很高，价格很贵，就会表现出明显的偏爱，哪怕这种酒其实是低价葡萄酒。

同时普拉曼斯教授发现，一旦志愿者得知葡萄酒价格昂贵，大脑扫描仪就会发现其内侧前额皮质活动增强，也就是说不管这酒是不是真的昂贵，也不管志愿者原本是不是喜欢这种酒，此时大脑都会让志愿者产生明显的愉悦感。

杜克大学的行为经济学教授丹·艾瑞里和斯坦福大学教授巴巴·希夫等人做过一个类似的实验，研究者向志愿者介绍一种新药“维拉多尼”，并告知在临床试验中92%以上的人服用10分钟后疼痛会显著减轻，止痛效果持续8小时。

志愿者手腕被施以一定强度的电击，并让他们记录下疼痛强度。这时再让他们服用新药“维拉多尼”，15分钟后继续接受电击，并再次记下疼痛强度。

这个实验最有趣的一点在于，当志愿者得知每片药品的价格是2.5美元时，几乎所有人都声称该药降低了疼痛感。而另一组志愿者得知每片药品的价格是10美分时，声称有效果的只有“2.5美元组”的一半。而事实上，所谓的“维拉多尼”只不过是普通的维生素C胶囊。

这样的情况在消费市场上很常见。宝拉·培冈是一名化妆品专家，也是美容专栏作家。她认为，虽然A、B两种品牌的产品外观及针对人群不同，但都是同一公司旗下的品牌，其哑光粉底都是由同一家工厂生产的，粉底的成分几乎是一样的。手头比较宽裕的人们更愿意购买售价为37美元的A品牌哑光粉底，而非售价为8.99美元的B品牌哑光粉底，但这两种粉底在效果上并没有什么大的不同，最主要的区别就是价格。

乌尔辛纳斯学院是宾夕法尼亚乡下的一个小型自由艺术学院，1999年起招收的学生越来越少。为

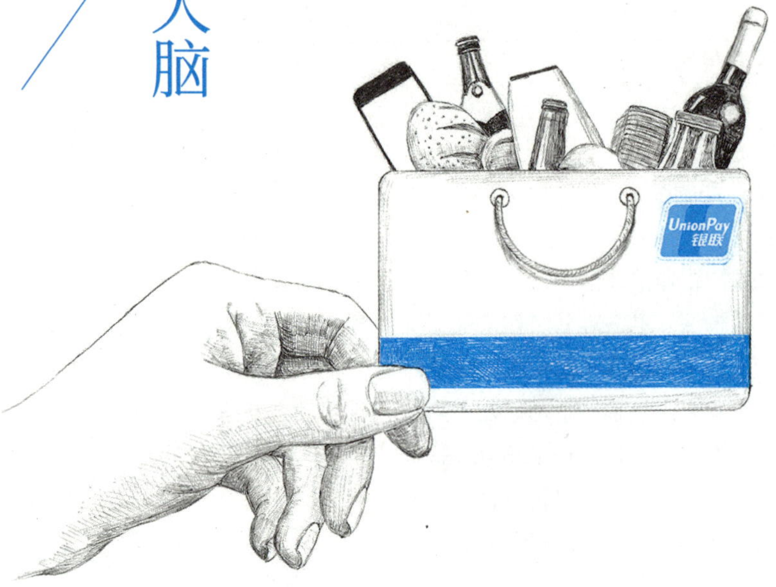

了鼓励学生报考，校长并没有降低学费，反而将学费提高了近20%，但是新生人数因此增加了35%。通过变身为一所“昂贵的艺术学院”，乌尔辛纳斯学院向未来的“顾客”表明，它也是一所精英学校。价格重塑了人们对这所学校的认识。

普拉斯曼教授关于葡萄酒品尝的实验证实，我们的大脑相当“势利”，仅凭知道一件物品是昂贵的，即使它只是价格标签上的数字，也可以使人有真正愉悦的体验。正因如此，我们的大脑会认为价格越贵的食物口味越好，价格越贵的药品和化妆品效果越好，收费越高的学校教育质量越好……

当刘姥姥听完凤姐的这番话后，摇头吐舌说：“倒得多少只鸡配它，怪不得是这个味儿。”此时如果她再次品尝这道用银子堆出来的茄鲞，一定能品尝出神奇的美味，因为对金钱的认识“改变”了人们的味蕾。

沈从文的恬淡

□唐宝民

1956年10月，沈从文先生被中国历史博物馆派往济南考察文物。10日，他走进山东师范学院，在大门口，门房把他拦住了，问他：“干什么的？”沈从文开玩笑说：“什么也不干。”门房也笑了，就让他进去了。他来到文物室，在这里看了两个钟头，出来的时候，正赶上学生放学，学生们挤着出门去食堂，他夹在中间被挤来挤去，没有一个人知道他是大作家沈从文，因为他没有向他们公开自己的身份，他觉得这样挺有意思的：“我想还是在他们中挤来挤去好一些，没有人知道我是干什么的，我自己倒知道。如果人都知道我，我大致就快到不知道自己究竟是干什么的了。”

考古学家王序曾在文章中回忆过他与沈从文最初的交往过程，那是1953年7月间的事，当时还是志愿军军人的王序到中国历史博物馆参观，馆内没有其他观众，就他一个，“我刚一进门，一个穿着白衬衫的五十来岁的人就站起来，跟着我看，然后就跟我讲，那是铜镜展柜，唐宋的铜镜，几十面，一个柜子。这一个柜子就给我讲了两三个小时，使我非常感动。两个人约好了第二天再来看。我就这样一个星期看完了这个西朝房……那个时候我有许多问题，对文物可以说一窍不通，这位讲解员就非常耐心给我讲，就像教幼儿园的孩子一样。在这期间，我们每天中午就到劳动人民文化宫，就是原来的太庙，去吃一个面包，吃一根香蕉，算是中饭。吃完了饭说说话，甚至还带我到他家里去吃饭，好像是吃面条……我一直没有问老先生是什么人，叫什么名字，越来越不好问。到分手的时候就非问不可了。我说：‘这么多天你陪我，我一直张不开口问你尊姓大名。我非常感谢你花了这么多时间陪我。’他说他是沈从文，我吃一大惊”。

许多有点名气的人，都容易犯以自我为中心的毛病，在与人交往的过程中，生怕别人不知道自己的名人身份，于是有意显露自己的名人身份，以此来满足内心的虚荣。但沈从文先生恰恰相反，作为一位大师级的作家，沈从文把自己放得很低很低，在与人交往的过程中，一点儿都不张扬，甚至刻意隐瞒自己的名人身份，表现出了难得的恬淡。这种恬淡的境界，是一种宝贵的人格操守，令人仰望。